家庭水電 D.I.Y

妥當教戰手冊

目 錄

編著者：陳盛允

水龍頭的故事

小時後暑假到水電行打工，有一天來了一個客戶，説要更換水龍頭，老闆説一支水龍頭 70 元，工資 100 元，客戶聽了大叫 只是舊的拆下 鎖上新的。這麼簡單的事情要 100 塊工錢，於是客戶只花 70 元買一支水龍頭回去自己換，過了大約 30 分鐘，客戶跑來説 100 塊工錢要給我們賺，原因是舊的水龍頭牙頭斷在牆內了，水一直噴，都止不住，老闆説現在工資要 500 元，客戶很阿沙力一口答應，因為家裡已經淹大水，於是我跟師父火速前往，先關掉水源再處理牆內龍口裡的斷牙，處裡斷牙是要靠技術的，是經驗的累積，處裡完後，客戶還直呼感謝，師父説拆水龍頭不能使用蠻力，要有進退，連拆水龍頭都是有學問的，如果當初客戶肯花 100 元，就不必多花 500 元來處裡善後。技術不是用想像的，也不是用看的，更不是用講的，是要靠經驗累積的，一個學徒到半桶師 到師父級 是很漫長的，羅馬不是一天造成的，技術也不是三兩天就學會的，在成為師父之前其實薪水都很低，當初暑假打工將近兩個月老闆才發 4000 元薪水，説是學技術其實也是付出很多勞力，到了師父級也應該回收了，所以您不要計較水電師父三兩下就把問題解決，要收幾百塊錢工資，畢竟他是靠技術賺錢的，套一句老師父講的：「您認為這麼簡單，何不自己處裡，為何大老遠叫我來？」其實很多爭執是業主事後諸葛心態造成，他應該回想在師父來之前，手足無措的窘境。

直流電與交流電

日常生活中我們接觸到的直流電，大概只有電池一種它的電壓是固定的：

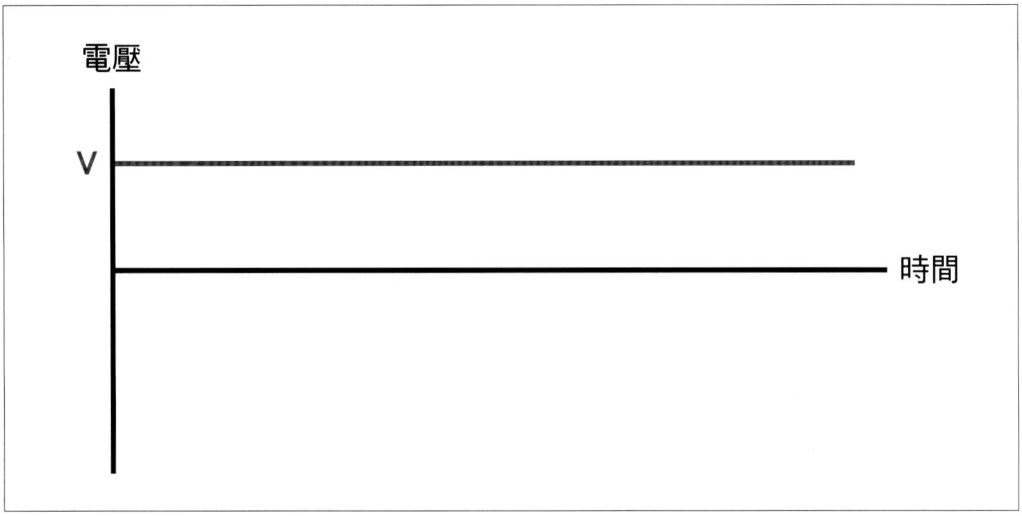

V是電池的電壓，大小常用的有 1.5、9、12、24 等。另外還有手機及可充電式手工具的電池（它們的電壓隨機種而定），雖然電池是輸出固定的電壓但使用時間久之後，電池的能量會漸漸耗盡，它的電壓也會隨之降低：

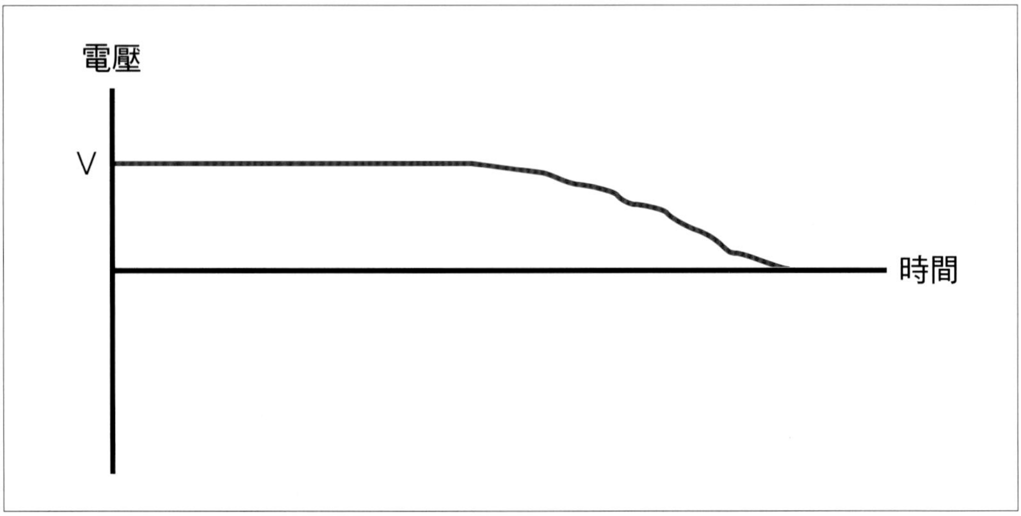

而交流電它的電壓大小與正負是隨時在變的，我們以家庭內常用的 110V 來討論：

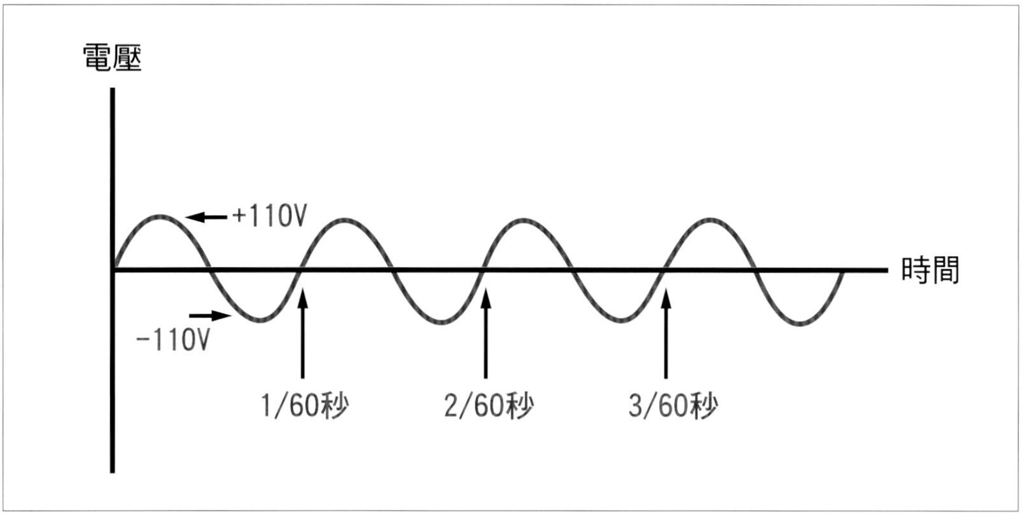

上圖紫色的線條是交流電的電壓波形，它類似三角函數的正弦波（sinθ），而我們台灣的供電頻率是 60HZ，也就是他每一秒旋轉 60 次，上圖中 1/60 秒算旋轉一次，2/60 秒是第二次，3/60 秒是第三次。

如果是 220V 呢？它的頻率是一樣的！只是幅度大小不一樣而已：

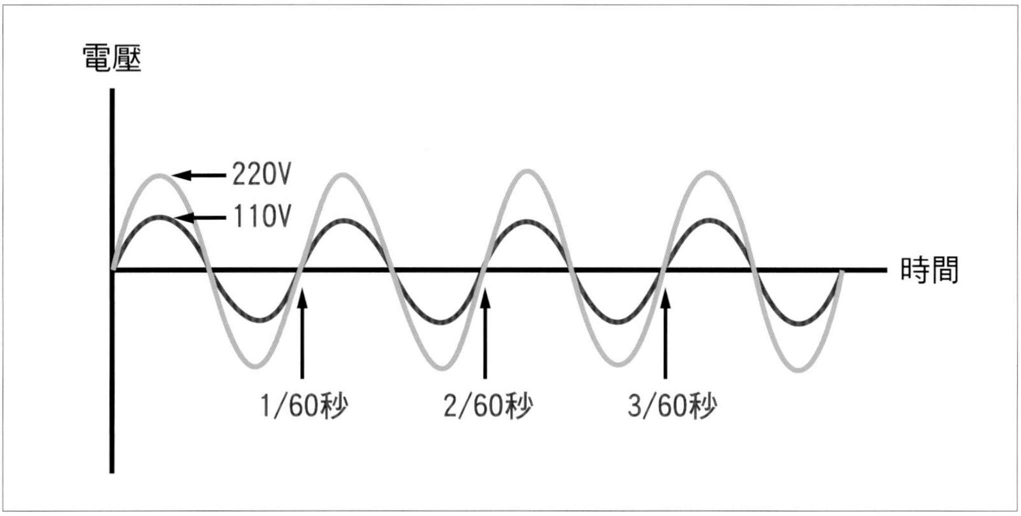

很多人以為直流電不會電人，交流電才會，其實是錯誤的觀念（因為我們平常接觸的電池都是在 30V 以下）。不管是交流電，直流電或靜電，只要電壓夠大，就會電人。譬如 9V 的電池（長方體的那種小電池），若您用嘴唇接觸它的正負兩極就會感受到強烈的電擊，但是為什麼電力公司要給我們交流電？，其實以輸電而言，直流電的效率比交流電高很多（輸電線就是從發電廠到我們家附近的變電所之間的高壓線路），最主要的原因是交流電可利用簡單的雙繞組變壓器改變電壓，只要一個變壓器就可將高壓電變成我們家裡常用的 110V，而直流電要大幅度變壓是很複雜的，設備費用比交流變壓器高太多，所以以目前的技術，電力公司只能給我們交流電，而且是正弦波狀的。

電線走火

電線走火最可怕之處是引發火災，我曾經親眼目睹三次電線走火，每次都驚天動地大驚小怪，第一次是小時候，晚飯時間突然電燈泡閃了幾下就熄滅了，然後看見一團火沿著紅白交叉的電線前進，而且伴隨小火球滴到地面，最後是父親趕緊將電燈的插頭拔下才平息。

第二次是在一個工地，接很長的延長線被貨車壓扁了，然後從壓扁處開始著火，很快的而且越來越快幾乎整條延長線都著火，最後是那個跑很快的師傅將電源關閉才結束。

第三次是在大地震後的拆除現場，突然批哩啪啦地很大聲，只見電力公司 60 平方接戶線的接線點在起火燃燒，原因是怪手扯斷電力公司的接戶線，而裸露的銅線剛好碰觸到建築物的鋼筋，剛開始是「相打電」的聲音，後來就變成接戶線在燃燒。

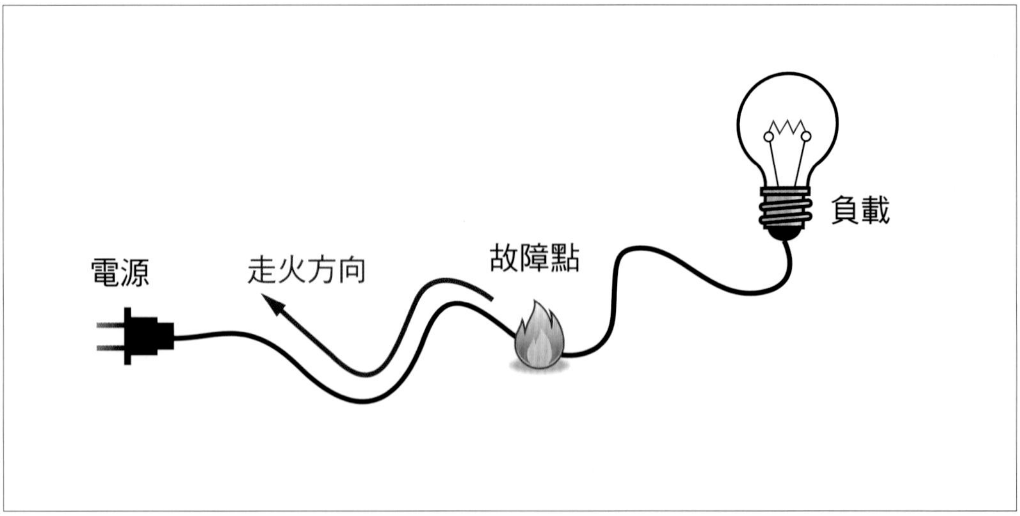

電線會走火的原因是電流超過電線的安全電流值，超過越多電線就越熱，直到絕緣皮承受不住熱度而開始溶解燃燒。

在學理上有一個公式：$W = I^2 \times R \times T$

W：電線的發熱程度

I：電線上流通的電流

R：線上電阻

T：時間

1. 其中電流是被平方的，所以電流佔很大的因素。
2. 時間越久，熱量累積越多。
3. 在一個已成形的電流迴路裡，電阻較大之處，相對的發熱程度就越高。

造成電線走火的原因有短路，過載，漏電；這三種原因造成的共同結果就是產生大電流，說穿了就是異常大電流使電線過熱而發火。

其實每一種規格的電線都有它的安全電流值，電流超過了，電線就會過熱。經濟部頒布的「室內線路裝置規則」(俗稱電工法規)對於短路，過載，漏電等都有嚴謹的保護規範，遵照規範施工，造成電線走火的機會微乎其微。但事實上電線走火的事件還是常在發生，最常見的原因是違規使用花線(包括透明線喇叭線等)。花線的線徑較小，線路阻抗較大，所以發生短路時，短路電流太小，不足於讓保護開關(NFB)跳脫，但是這個不太大的短路電流卻會讓花線承受不住而起火燃燒，另外一個原因就是接觸不良，電線相連接處若連接不良，連接處就會發熱，隨著時間的累積會越來越熱，最後起火燃燒，若剛好旁邊堆積易燃物就會產生火災。

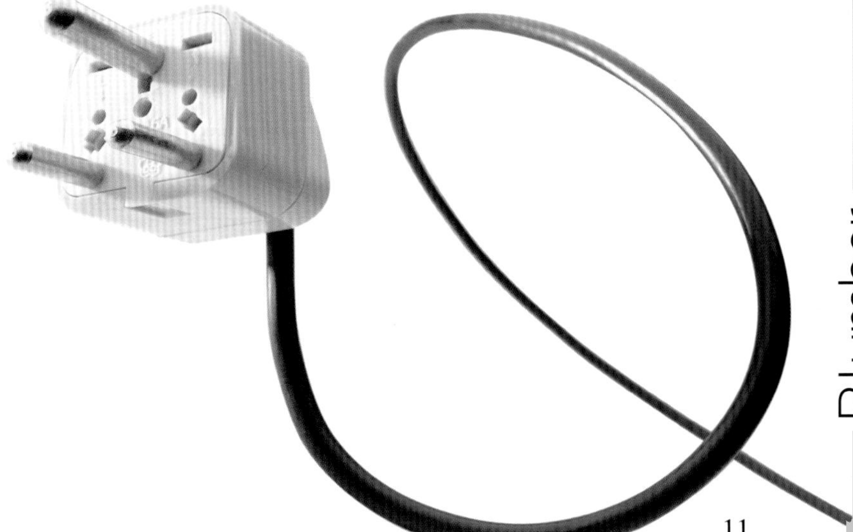

為什麼火線會電人而地線不會？

下圖是我們家裡的單相三線 110/220V 的電源示意圖，在變壓器的右邊（二次側），有二條火線（L1，L2）和一條地線（E），標示了每兩條線之間的電壓。

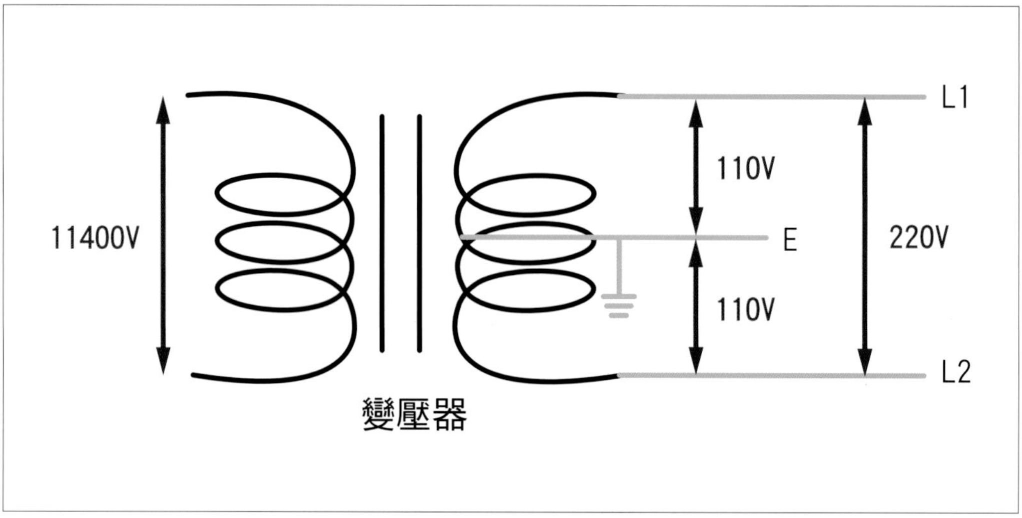

E 被稱為中性線也就是我們稱的地線，它在出變壓器後就被接地，所謂的被接地就是將它連接一條電線到大地，通常是利用接地棒或接地銅板，如下圖：

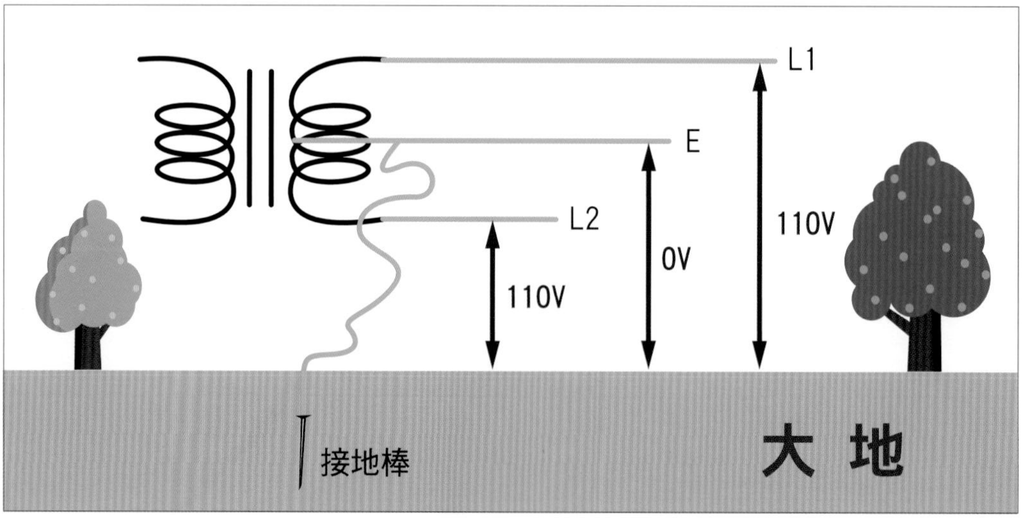

E 被連接到大地，因此與大地同電位 (兩者之間的電壓為 0)，另兩條火線對大地的電壓變成 110V，所有連接於大地的導體都與 E 同電位包括我們家的地板及牆壁。下面是被電到的電流路徑：

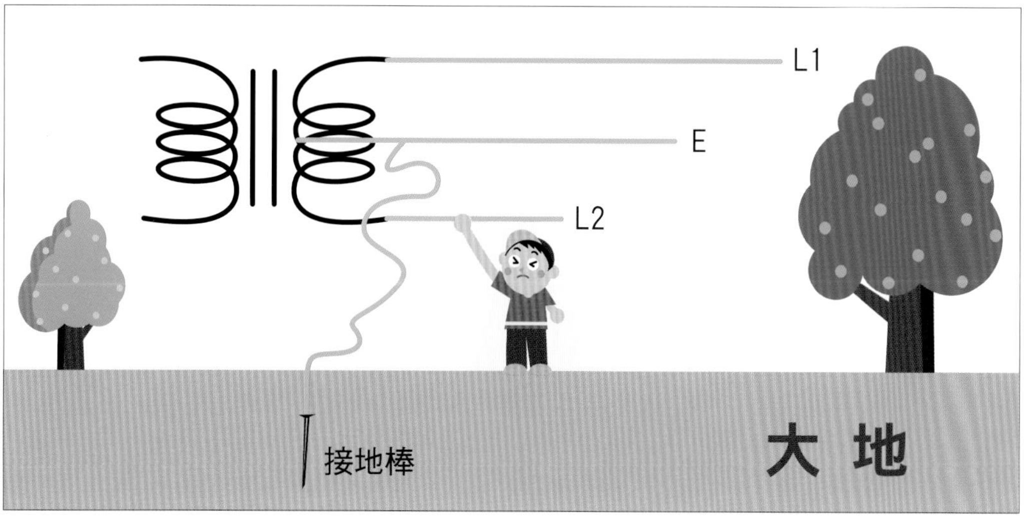

小黑站在地上，不小心手碰到火線，因此被電到，他被電的電流路徑如下：

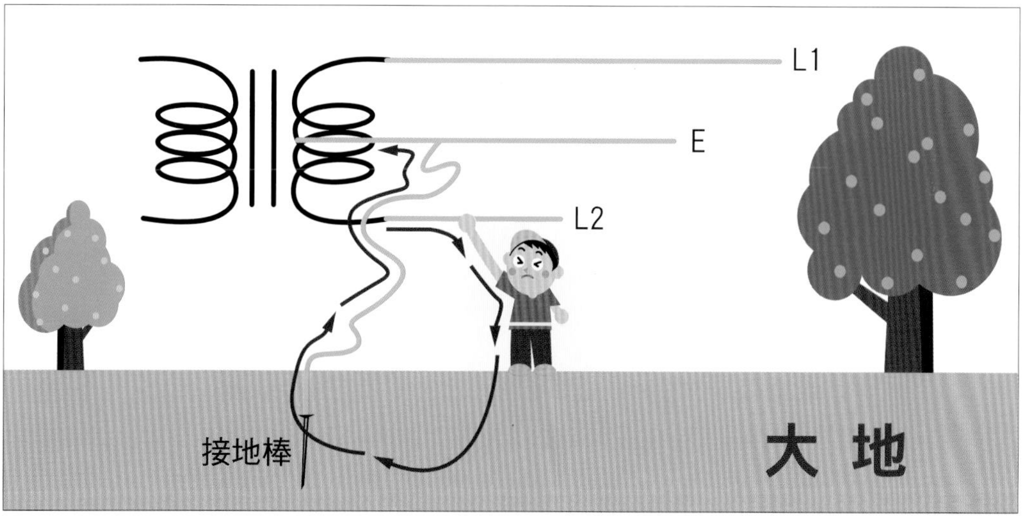

電流經小黑的手→身體→腳→大地→接地棒→接地線→ E 形成一個電流迴路。

但是如果小黑當時穿著橡膠底鞋：

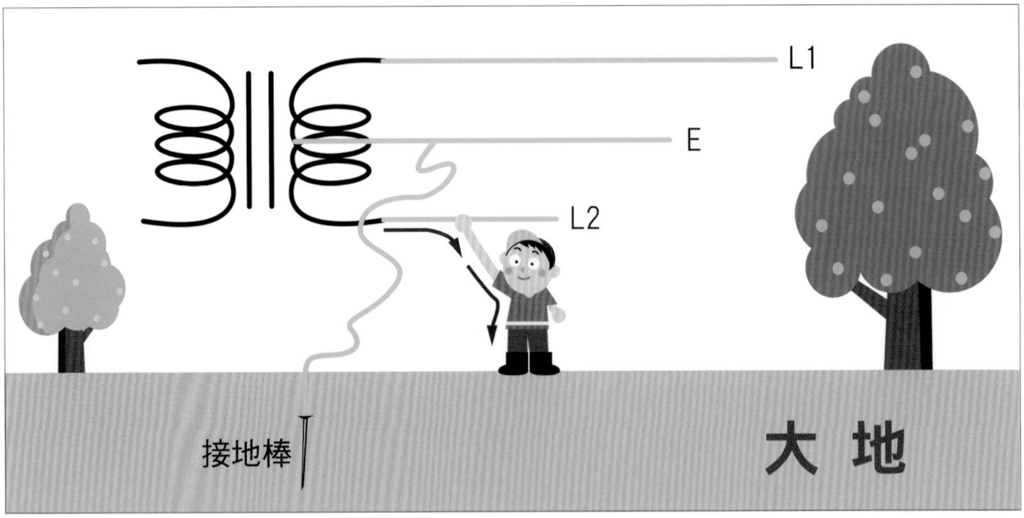

回路被橡膠打斷了，因此小黑沒被電，如果這時小黑的朋友小黃跑過來，小黑摸了一下小黃……

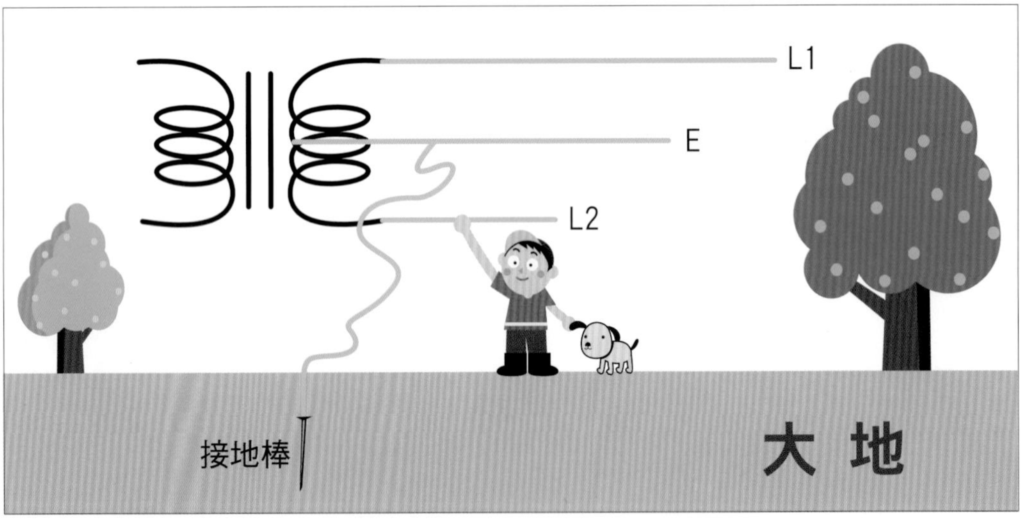

就變成……

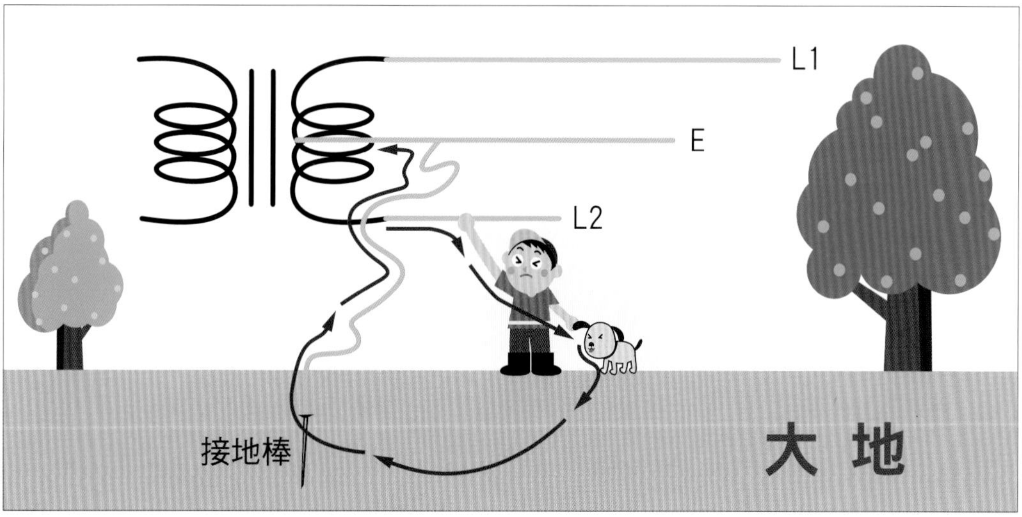

小黑和小黃同時被電到，因為小黃沒有穿橡膠鞋。

水塔管路積空氣的問題

每當停水之後，水公司送水了，屋頂水塔也滿了。但是水龍頭還是涓涓滴流好像沒水似的，過一段時間（可能是一段很長的時間）它才會正常供水，原因是屋頂的水平給水幹管在當初配管時有一處「隆起」如下圖：

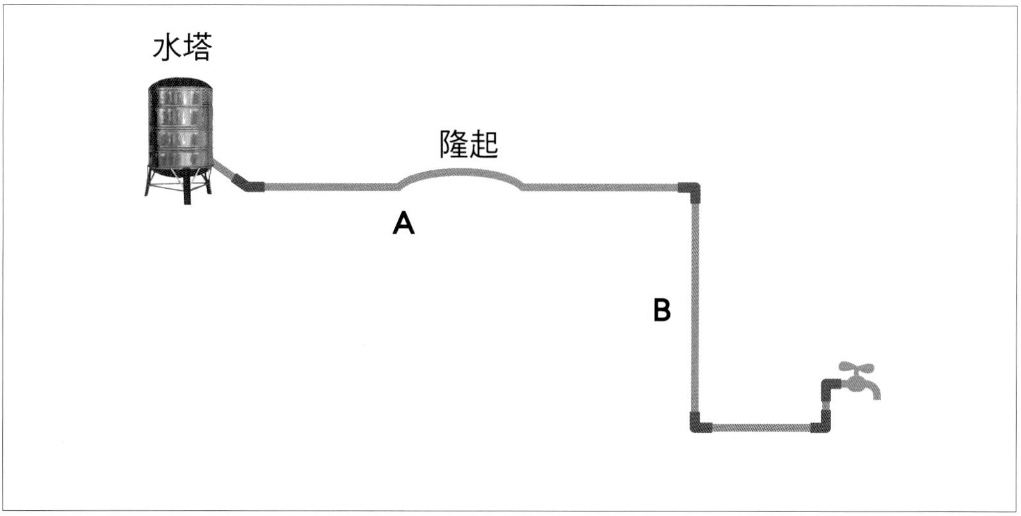

在正常的情況下幹管裡面充滿水，因連通管原理及虹吸效應，這個「隆起」並不會影響正常供水。

但是停水之後水塔內的水用光了，這個「隆起」會造成給水幹管內有一部分是水而有部分是空氣，如下圖：

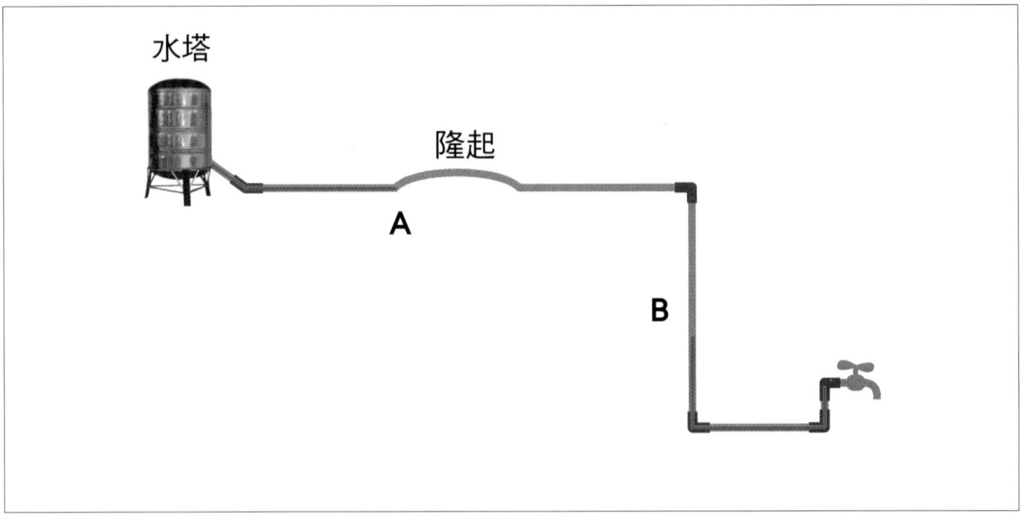

給水幹管在 A 與 B 之間充滿空氣，因此阻斷了連通管原理及虹吸作用，而且水塔的水壓不足於將 B 與水龍頭之間的水擠出去，它只能在水塔與 B 之間慢慢地做水與空氣的交換，一直到 A 與 B 之間充滿水，才會變成正常供水，一般的及時處理方式：

1. 使用 CO_2（一種綠色小鋼瓶，裡面充滿高壓氣體，是水電業常用的工具），將水管內的積水全部打回水塔內使其重新供水。
2. 使用乾溼兩用吸塵器將管內的積水吸掉（一定要用乾溼兩用的）

當然以上的方式只是治標不治本，每次停水就要處理一次，若要一勞永逸，解決的方法是在「A」與「B」之間加裝透氣管，如下圖。

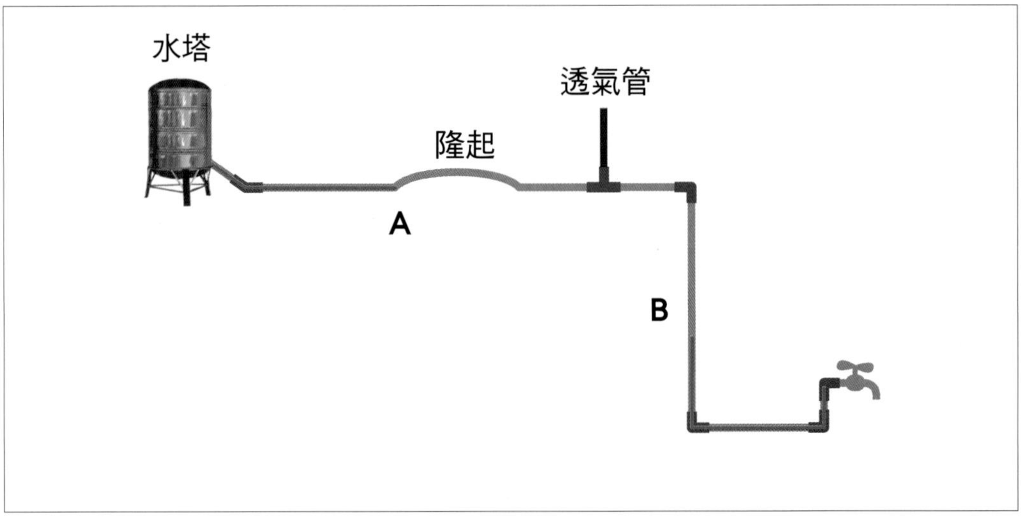

管內的空氣會因為水塔的水壓從透氣管排出，使整個管系充滿水，連通管因此形成，供水就變成正常了。

透氣管的位置很重要，一定要在 A 與 B 之間，有很多師傅將它裝設在水塔出口處，其實那是無效的，現今新建的透天厝都會在屋頂加裝加壓機，因此就不存在「積空氣」的問題，當然，裝了加壓機就不必裝設透氣管了。

最常見的積空氣問題是發生在屋頂水塔的水平明管配置：

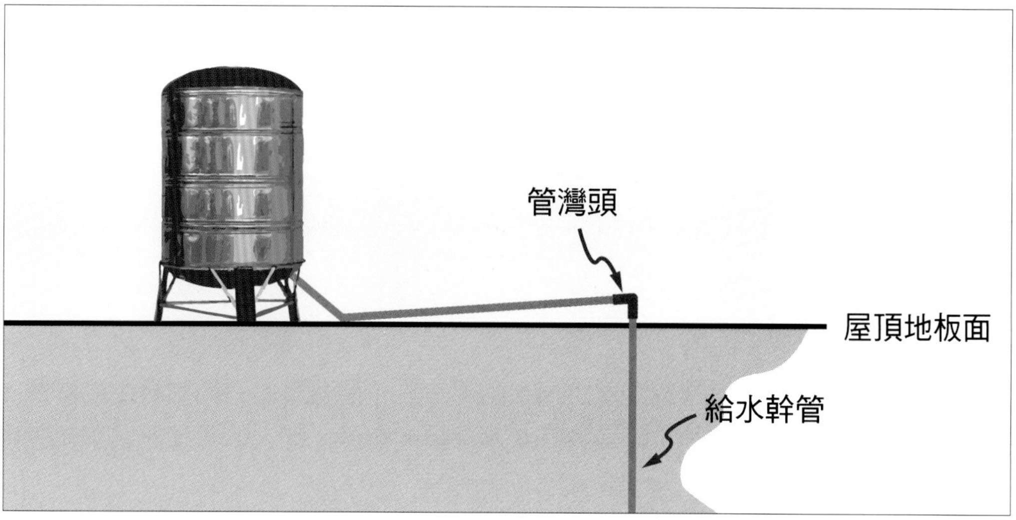

水平明管經由管灣頭才能與伸出屋頂地版面的給水幹管連接，因此這個管灣頭造成「隆起」，甚至有下面的配管方式：

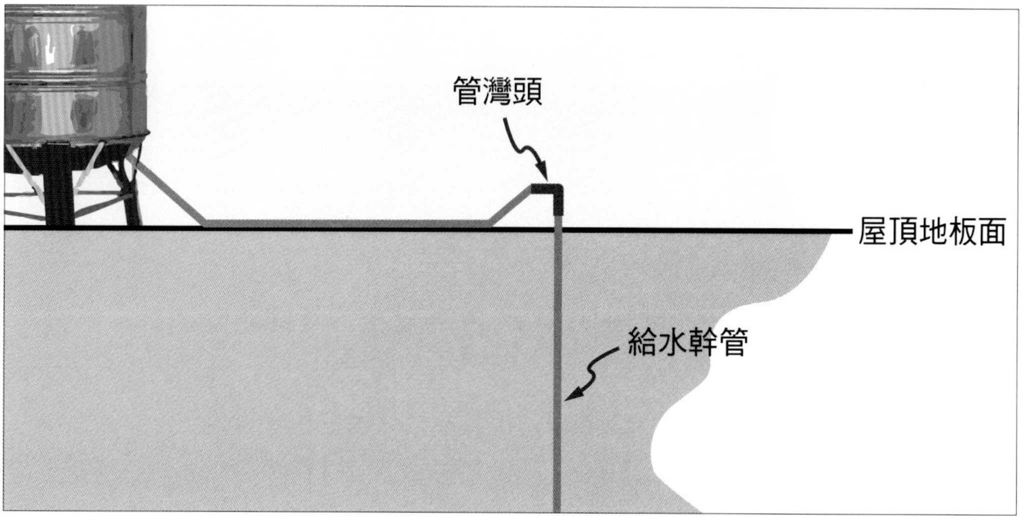

這是典型的積空氣位置點（管灣頭處），最佳的透氣管位置也是在那裡，如下圖：

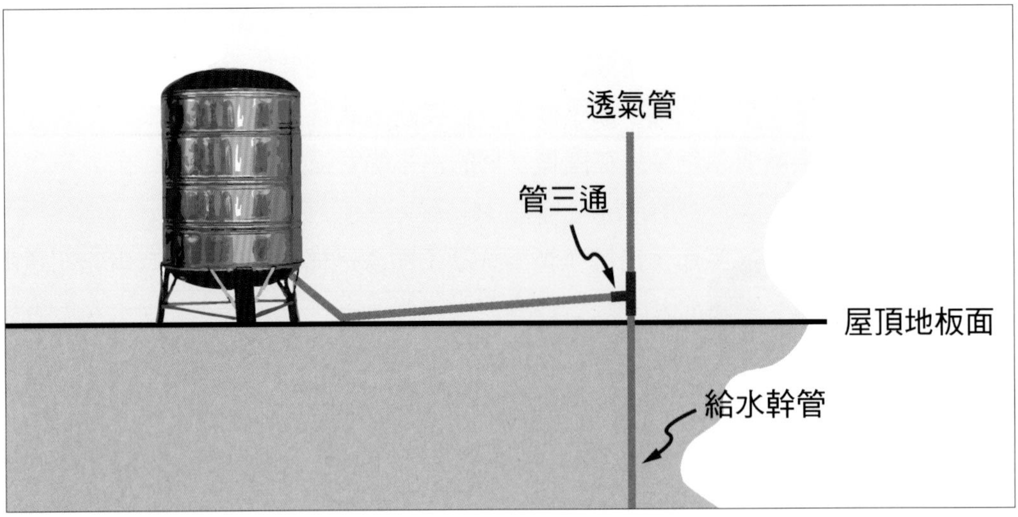

水塔管路積空氣問題造成用水上很大的不方便，而且是長時間常發生的問題，其實這個問題是可以避免的，只要提升給水源頭的高度，而且水平管路有下降坡度，就連透氣管都不用裝設：

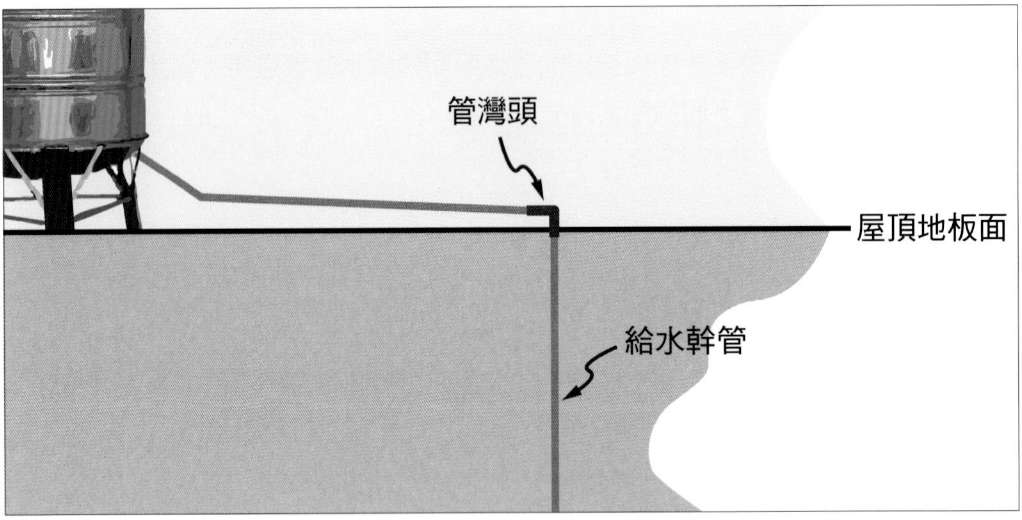

這個常被稱為水栓的問題，其實只是屋頂給水幹管的配管問題。

被電的滋味

很多人說做水電的不怕電，其實水電工最怕電了，在接電線時一有風吹草動就會嚇得跳起來，汗毛直豎，神經緊繃。並不是怕那 110 伏特或 220 伏特甚至更高的電壓，怕的是不預期的電擊，這不預期的電擊才是水電工的惡夢！

可能是殘廢或失去生命，活電作業對水電工而言是駕輕就熟，因為事先知道那條線會電人，所以會做萬全準備，但再好的防備還是會有疏失，所以有經驗的水電師父除非不得已，會盡量避免活線作業，因為他們知道不怕一萬只怕萬一，所以做愈久的師父就會愈小心。

被電的滋味只能用難受兩個字形容，一種強襲刺痛又瞬間麻痺的痛苦經驗，而且過程中還會感受到交流電 60 赫茲頻率的變換……一種快速抖動的拉扯。

被電時會因驚嚇而本能反應大動作避離現場，如果是站在馬椅（註）上會因重心不穩而摔落地面，如果在狹窄空間被電，常因無法掙脫而造成遺憾，這是不夠小心的悲歌。

愈了解電就愈怕電（愈常習慣關掉電源再施工），因為看多了，也聽多了，所以怕了。

註 馬椅：一種合梯，攤開來可做登高之用途。

水電師父叫新進的學徒去拿一隻馬椅過來，幾分鐘之後那個天兵學徒卻小心翼翼的抓一隻螞蟻回來，還特別強調說那隻是母的！水電師父氣到手發抖，一陣謾罵之後，詰問學徒如何分辨公蟻和母蟻，經多方查證後才知道原來工蟻都是母的，因此學徒第一天上班就贏了一組阿比（威士比）！

馬桶與透氣管

用完馬桶之後，按下沖水鈕，只見一股力道，將馬桶內的一切全部吸光，然後再補充清水，豈是一個「爽」字了得！這股力道是因液體在管內的重力造成的吸力，姑且不論馬桶的型式，但因污水吊管的配管方式錯誤，使這股力道消失了。

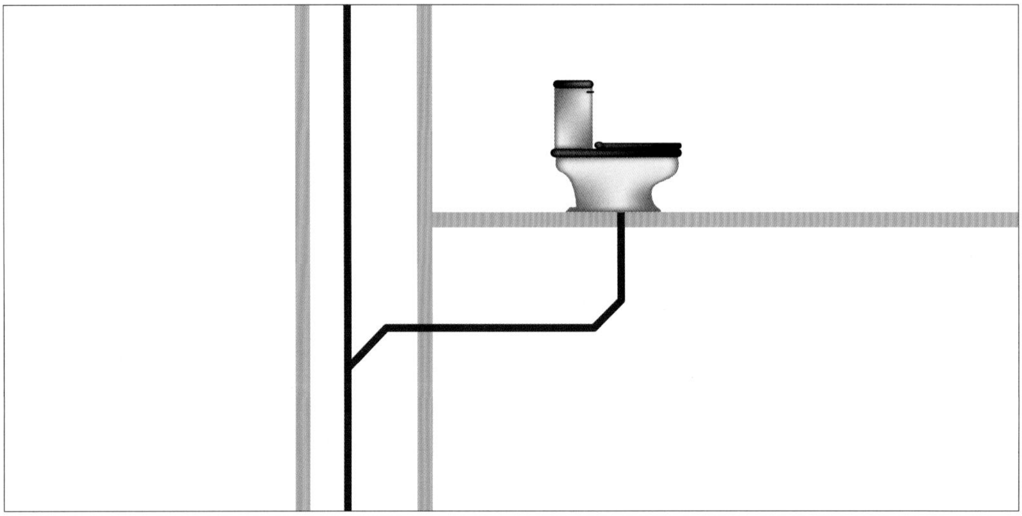

上圖是馬桶的基本配管，當按下馬桶沖水鈕之後，水就被排至水管內（藍色），而原本在水管內的空氣（青色）會被擠到幹管，然後從屋頂排出去

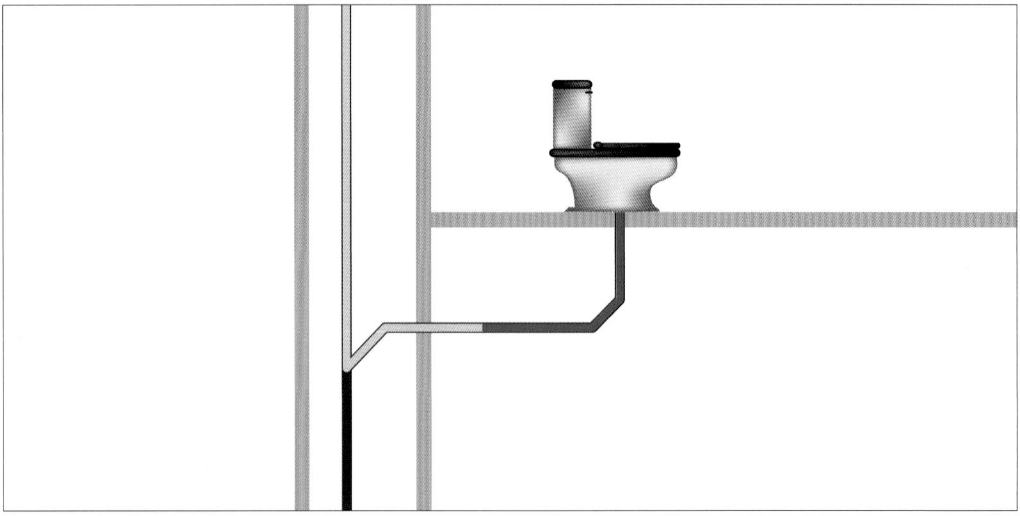

當水管內的水順著水管排到一定程度時，會在後端造成真空（綠色部分）。

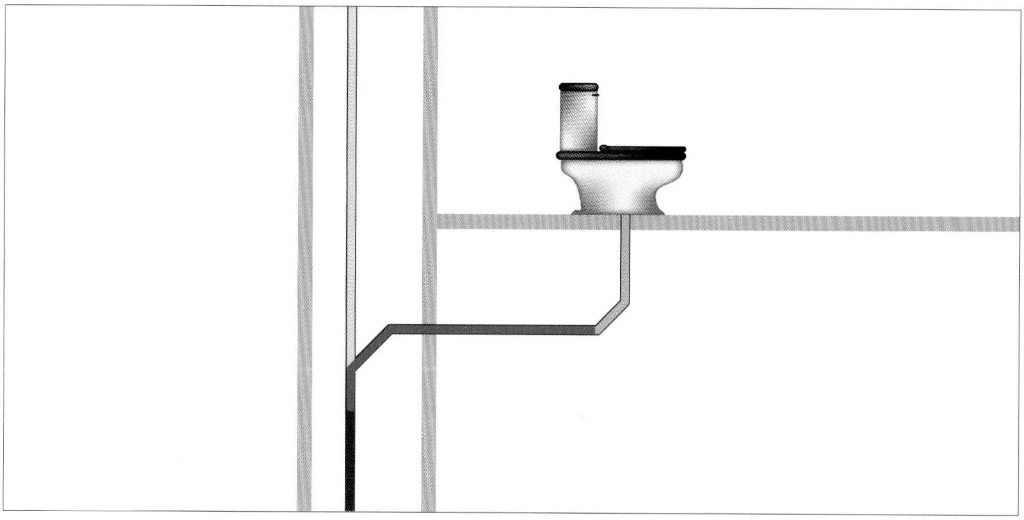

這段真空會對馬桶造成一股吸力，會將馬桶內雜七雜八的東西全部吸光，然後馬桶水箱再補進清水。

在高樓層的公寓或辦公大樓因為各樓層共用同一個幹管(sp)，因考慮各樓層同時沖馬桶，造成管內的空氣互相擠壓的問題，所以在管道間內另外配置透氣幹管(vp)，每一層樓 sp 與 vp 必須連接一次。

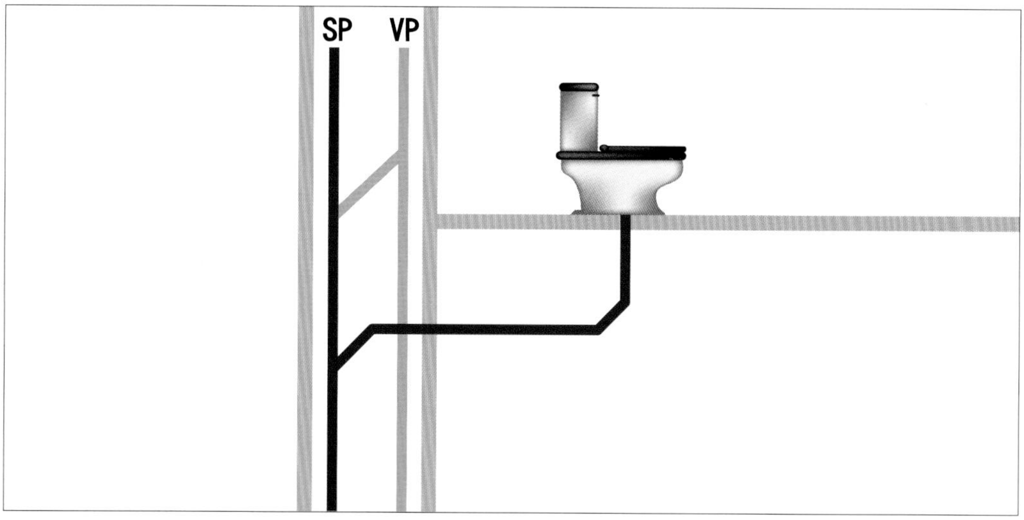

Plumber

管內的走向圖如下：

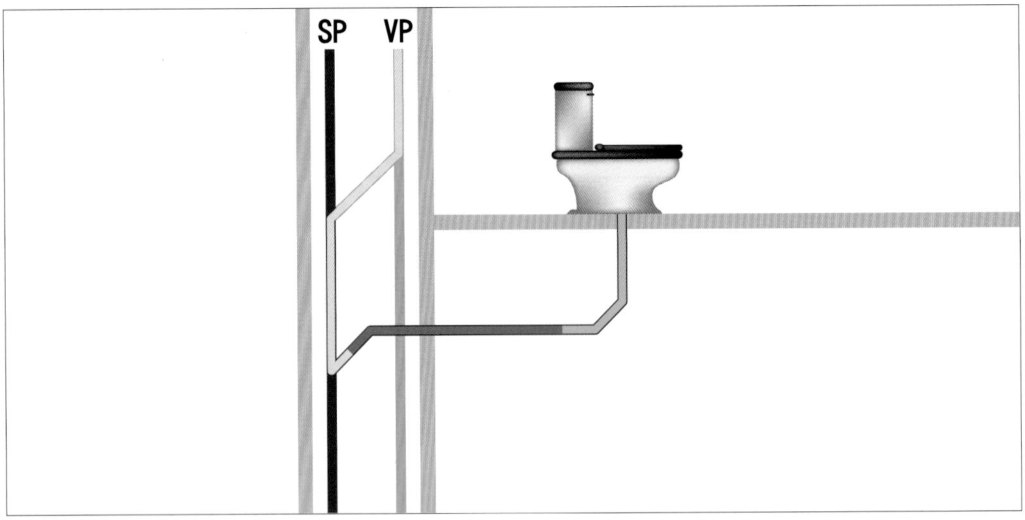

這樣配置仍然很順暢，但是很多設計圖卻錦上添花，多一處透氣管。

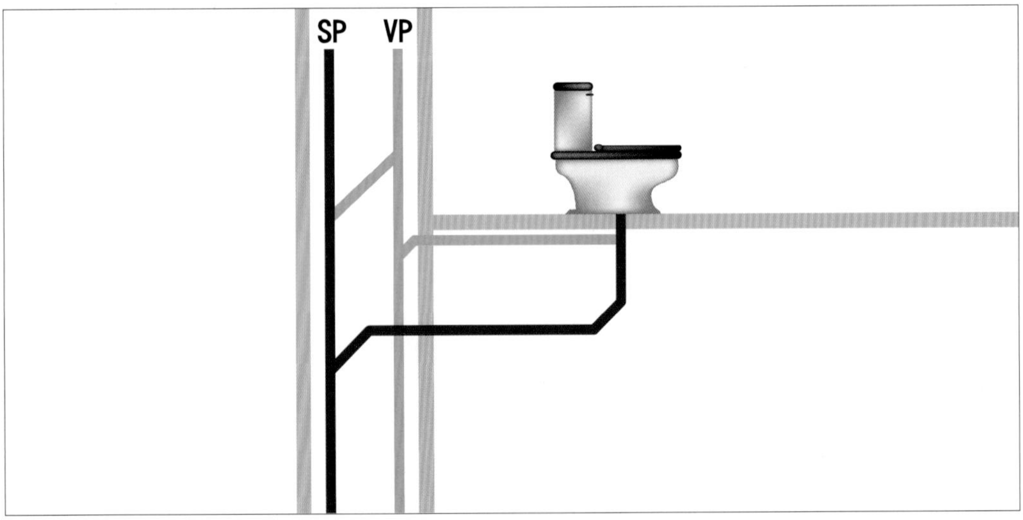

在最接近馬桶處加設透氣管，這會造成馬桶沖水的同時，空氣立刻補上來，如下圖的青色部分。

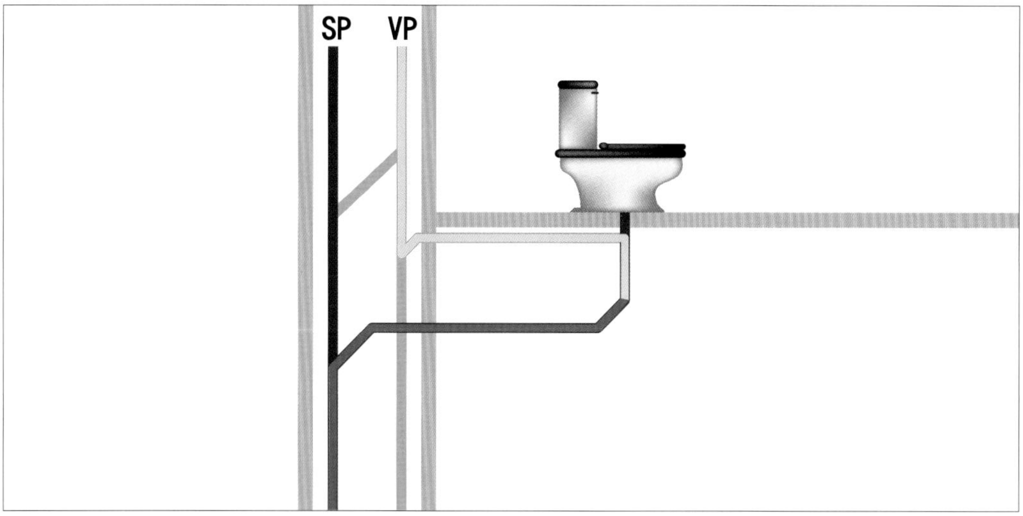

使原來該有的綠色真空部分消失了，也因此沒有那股吸力，沖馬桶的爽勁也消失了，而且在配管上也多加不少成本。

單相 110/220V 馬達的正反轉

一般能提供動力的單相馬達最常見的是 110/220V 共用的感應式馬達，它可用 110V 供電，也可以用 220V 供電，而且可以改變它的旋轉方向，只要改變接線方式就可。此類馬達是由 3 個繞組（線圈）組成。

其中 1-2 及 3-4 兩個繞組是主繞組，5-6 繞組是啟動繞組。

啟動繞組都會串聯適當的電容器（有的是裝在馬達裡面，有的是裝在馬達的接線盒裡）

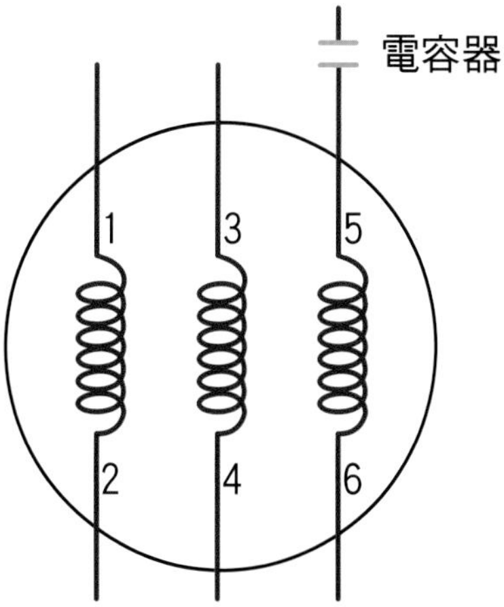

Plumber

下面是 110V 的正轉接線圖：

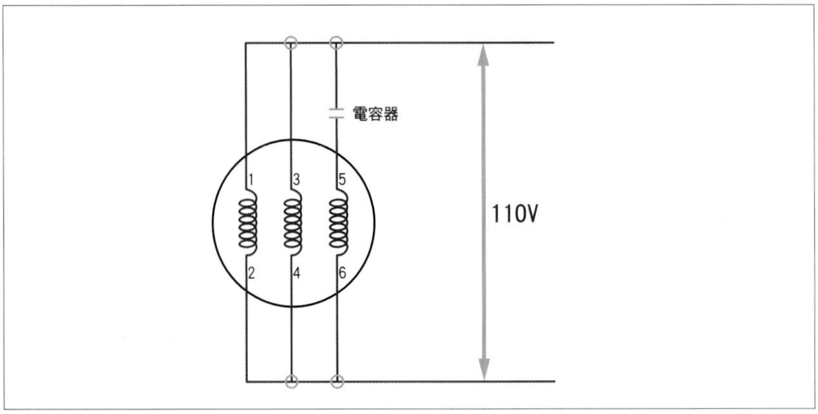

若要反轉就將啟動繞組反接，如下圖：

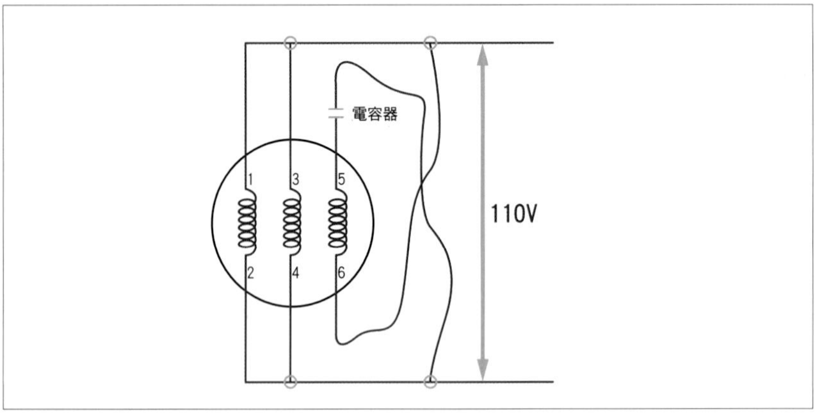

下面是 220V 正轉的接法：

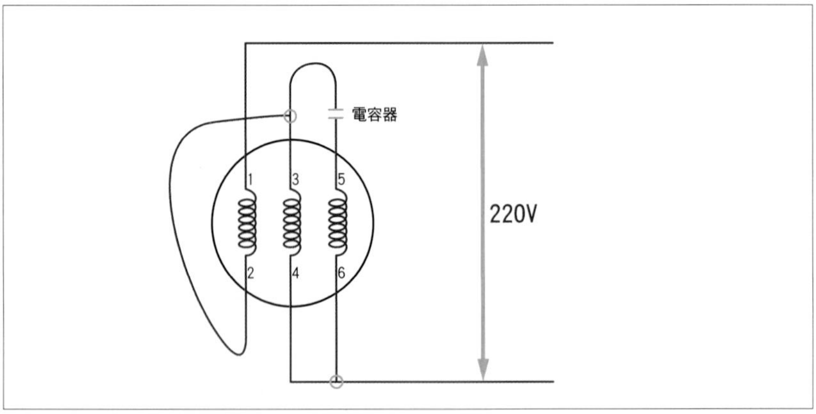

若要反轉就將啟動繞組反接，如下圖：

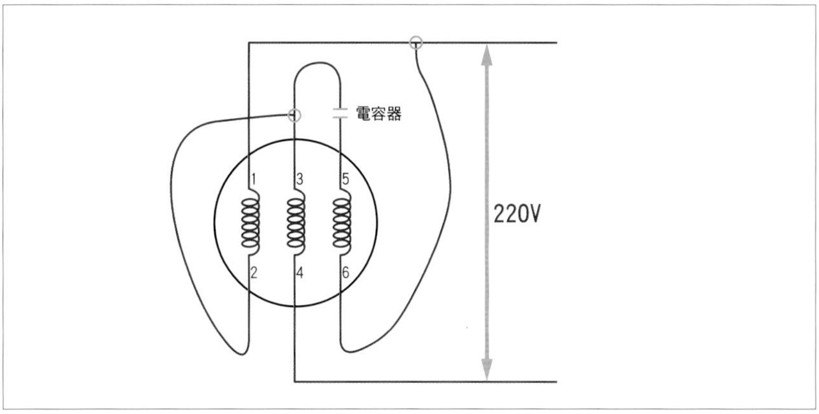

它有共通點：

1. 110v 時兩個主繞組是並聯的。
2. 220v 時兩個主繞組是串聯的。
3. 馬達的正反轉是依啟動繞組的正反接而定。

另外有個很重要的觀念：

三個繞組之間具有相對的電磁方向性，所以 1-2，3-4，5-6 不可錯接。

Y - △ 啟動

Y- △啟動在水電業界是耳熟能詳的名詞，在實務上也經常會碰上。老一輩的師父口耳相傳的術語叫「ㄙ ˇ ㄉㄚ ˋ，ㄌㄧㄡ ㄉㄚ ˙」。它是降壓啟動的一種方式，目的是降低啟動電流，馬達在剛啟動那一瞬間，電流非常大，這個大電流會造成電壓降低，也就是在馬達啟動那一瞬間，整個電力系統的電壓會下降，會影響其它正在使用的用電設備。

最明顯的例子是電燈突然變暗或熄滅，為了解決這個問題最常用的方法是使用 Y- △啟動，它是先用 Y 形接線啟動之後再轉為△形接線作正常運轉。

下圖是 Y 型接線：

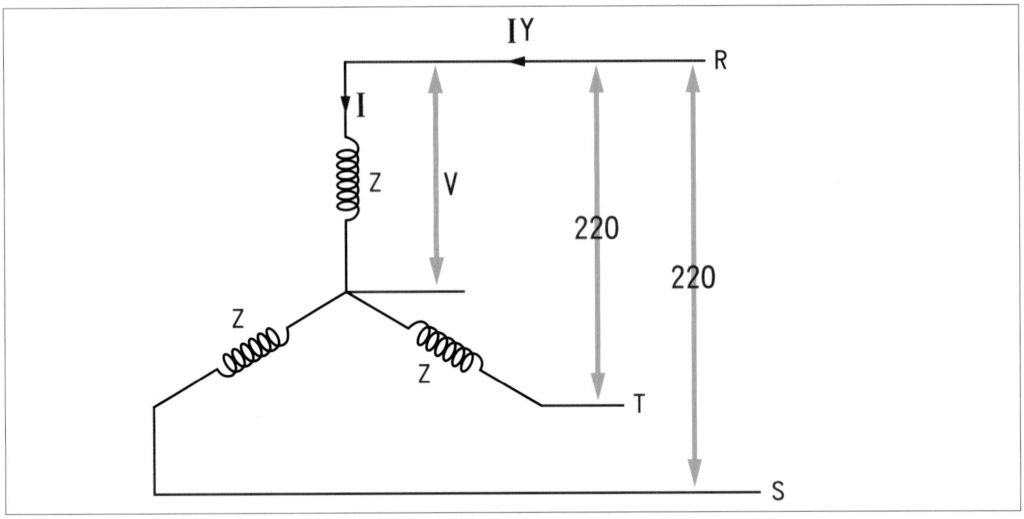

Y 型接線有一個定律是線電壓 = $\sqrt{3}\times$ 相電壓，也就是相電壓 =1/ $\sqrt{3}\times$ 線電壓，在上圖中，線電壓是 220V，而相電壓 V 就是 220/ $\sqrt{3}$，相電流 I=V/Z=(220/ $\sqrt{3}$)/Z=1/ $\sqrt{3}\times$(220/Z)。Y 型接線有另一個定律是線電流 = 相電流，所以線電流 IY=I=1/ $\sqrt{3}\times$(220/Z)。

下圖是△接線：

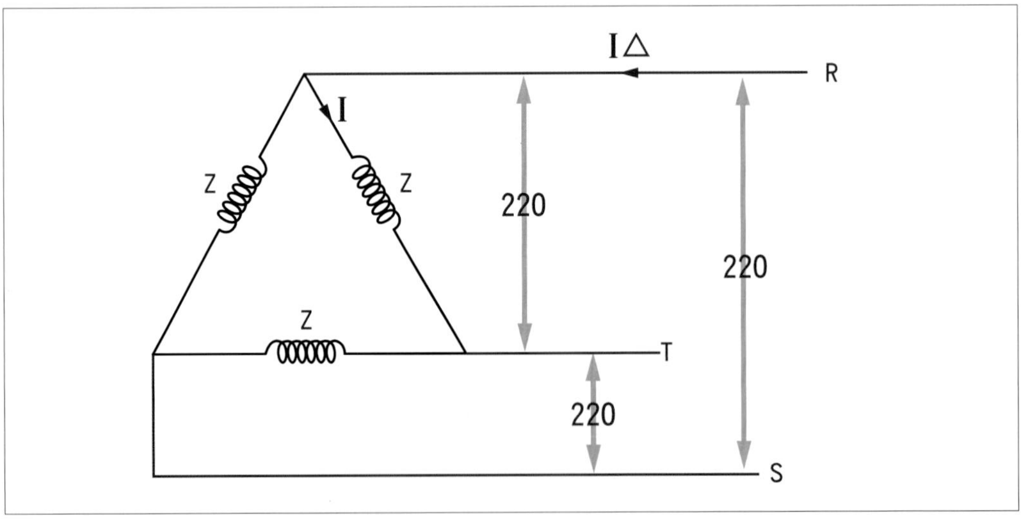

相電流 I=V/Z=220/Z，當然△型接線也有一個定律是線電流 = $\sqrt{3}\times$ 相電流，因此線電流 I △ = $\sqrt{3}\times$(220/Z)，再與 IY=1/ $\sqrt{3}\times$(220/Z) 做比較，得知 IY=1/3 I △，也就是 Y 型接線的線電流只有△型接線的 1/3 倍，這也是採用 Y- △啟動的主要因素。

再來是介紹三相馬達：基本上三相馬達是由三組線圈繞組組成。

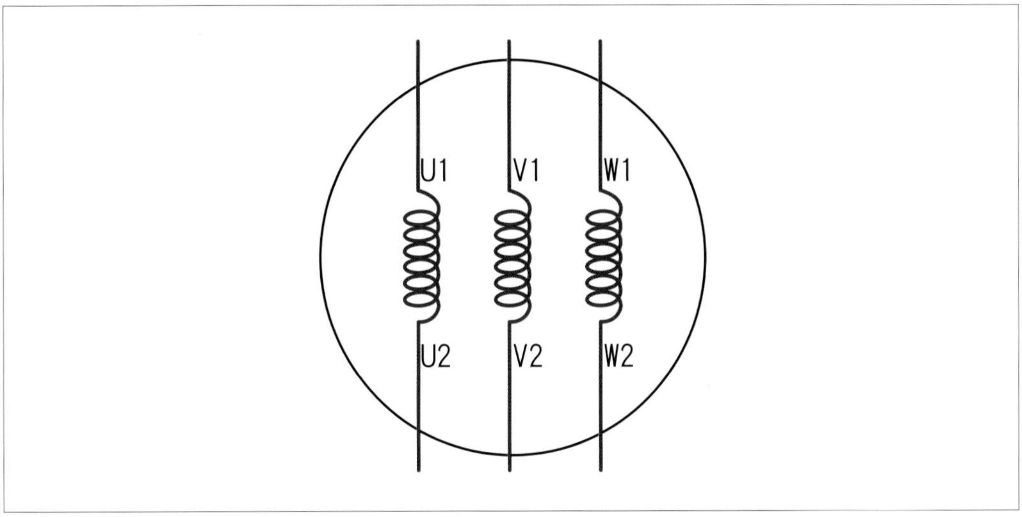

● 每組繞組的線頭及線尾都有編號，U1、V1、W1 是線頭，U2、V2、W2 是線尾。如要接成 Y 型，就將線尾 U2、V2、W2 接在一起，而線頭 U1、V1、W1 分別接上三相電源 R，S，T。

如下圖：

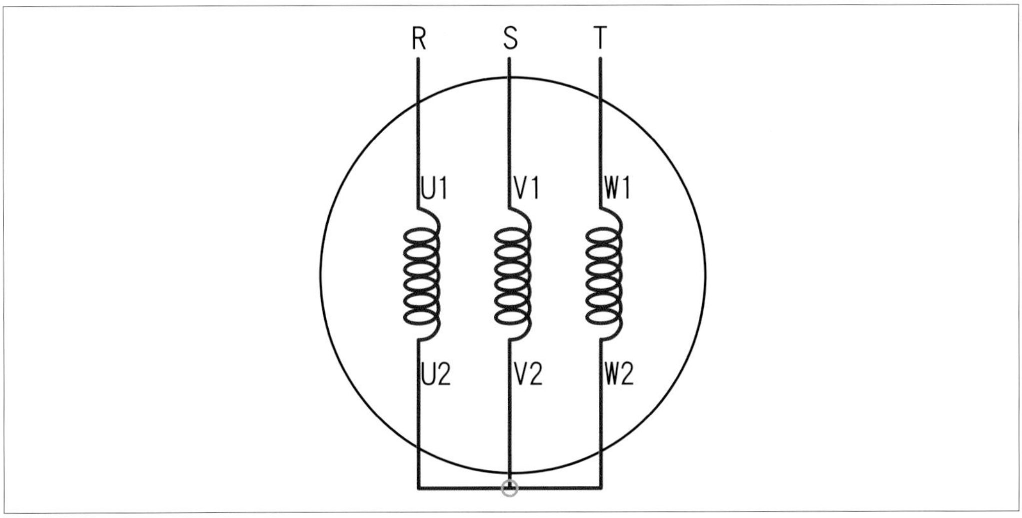

就是 Y 型接線。

●若要接成△型就Ｕ１與Ｗ２接在一起再連接電源Ｒ
Ｗ１與Ｖ２接在一起再連接電源Ｔ
Ｖ１與Ｕ２接在一起再連接電源Ｓ

如下圖：

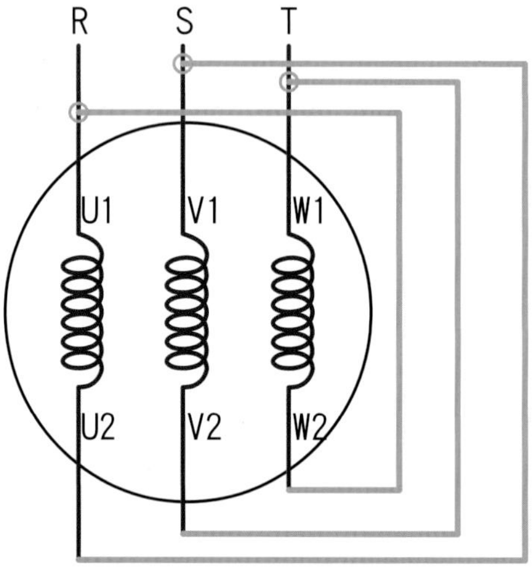

就是△型接線。

在水電的自動控制的範圍中，是將每個預期的線路都預先接好，再利用電磁開關（或電驛）的接點來控制線路的接通或不接通。

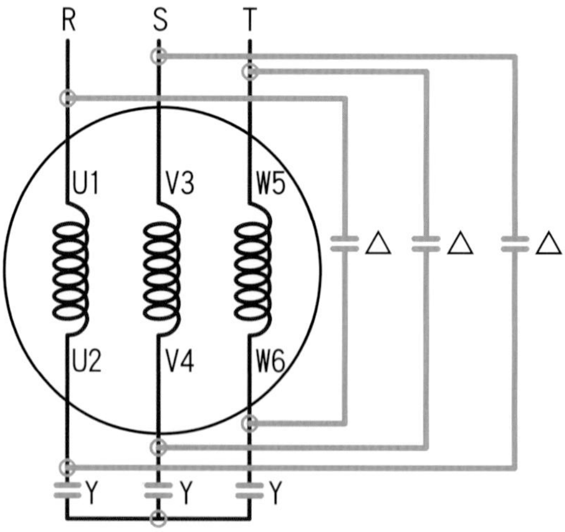

Ｙ電磁開關動作時，Ｙ的ａ接點接通 —— Ｙ型接線；
△電磁開關動作時，△的ａ接點接通 —— △型接線。

下圖是 Y- △啟動最簡單的控制線路圖：

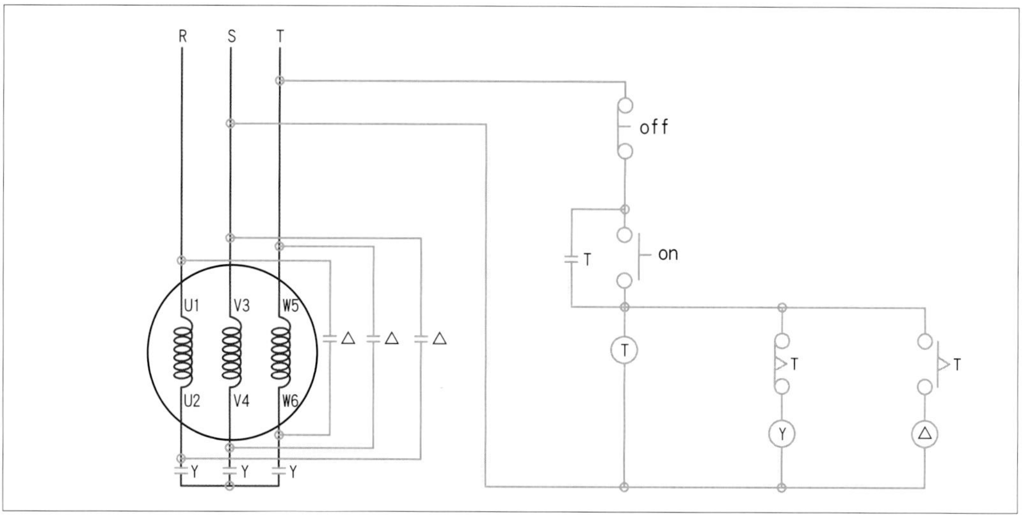

而下圖是每個符號的名稱：

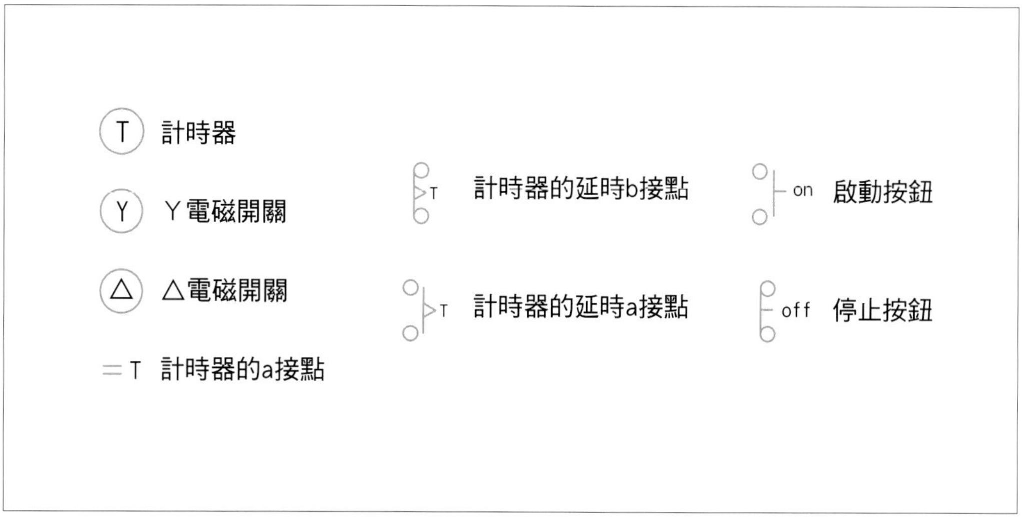

要啟動馬達時只要按下啟動按鈕（on），此時計時器 T 動作，計時器的 a 接點接通；放開啟動按鈕（on），線路仍然是接通的，因為計時器的 a 接點已形成自保迴路；計時器開始計時，同時因計時器的延時 b 接點是在接通狀態，使 Y 電磁開關動作，帶動 Y 的 a 接點接通，馬達開始作 Y 啟動。

當計時器的設定時間到了，計時器的延時 b 接點跳開，Y 電磁開關停止動作，Y 的 a 接點打開，而同時計時器的延時 a 接點接通，使△電磁開關動作，帶動△的 a 接點接通，馬達轉換成△運轉。

於是馬達的啟動過程就完成了，至於計時器的設定時間是看負載的大小而定，馬達運轉穩定之後就可轉換，一般都設定在 3 至 7 秒內。

抽水機的極限

抽水機可以利用動能將低處的水抽到高處，他的原理很簡單，就是利用大氣壓力，例如下圖，要喝杯內的飲料可以插入一根吸管便可將飲料吸入口中。

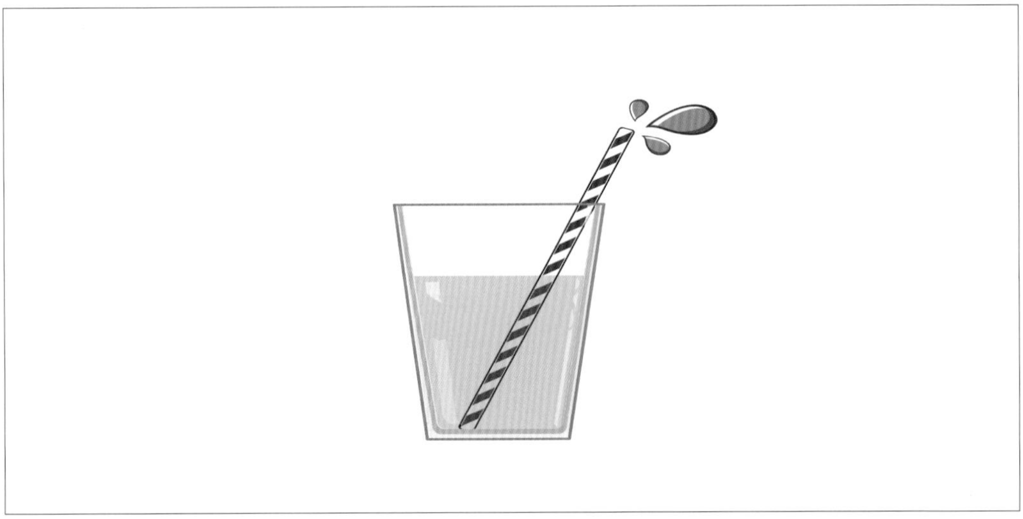

吸管內其實有一半以上的空氣，這些空氣被吸走之後，飲料會自動遞補上來，，然後就可持續吸食飲料，飲料會持續吸入口中是因為大氣壓力的關係，大氣壓力一直都在彌補真空，當吸管內被吸成真空時，大氣壓力迫使飲料進入吸管來填補真空，抽水機也是利用相同的原理：

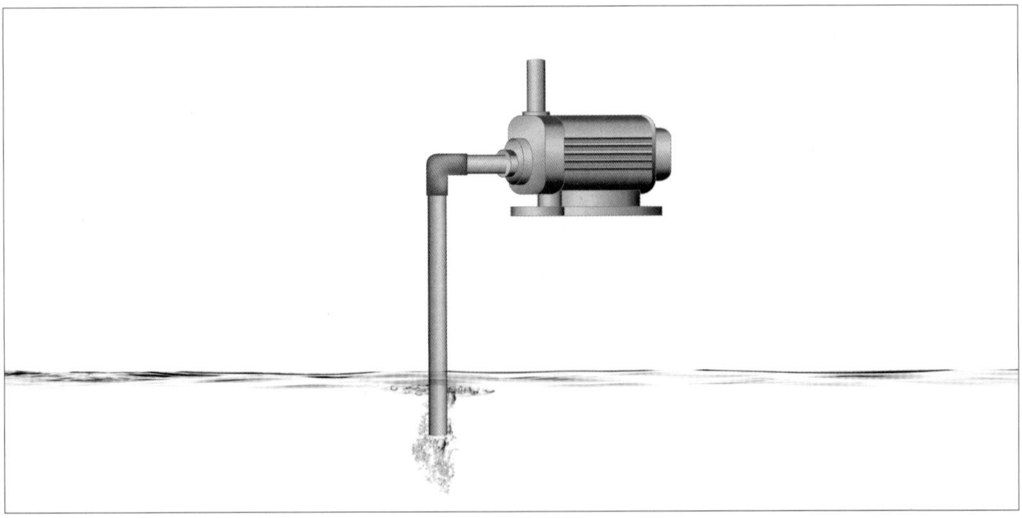

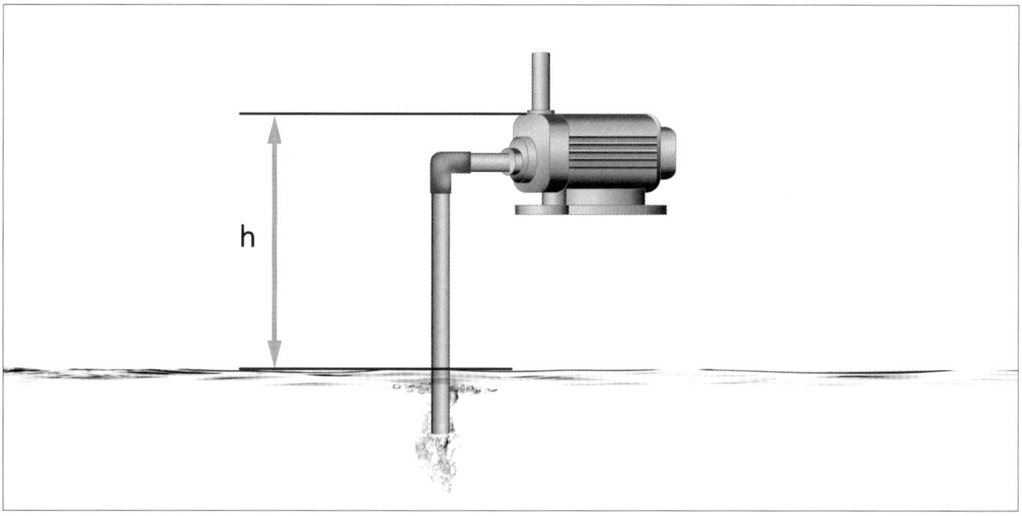

上圖 h 是井水的深度，大氣壓力以水柱而言是 10.33 公尺，也就是大氣壓力只能將被抽成真空之管內的水擠到 10.33 公尺的高度，如果超過這個高度，再精密的抽水機都無法將水抽上來，這個高度就是抽水機的最大極限 10.33 公尺。

一般的抽水機無法製造真空，它必須在裝滿水時轉動葉片才能在葉片與水之間造成真空，於是井水才能被抽上來，也就是抽水機與抽水管必須充滿水，被稱為水母。

如下圖：

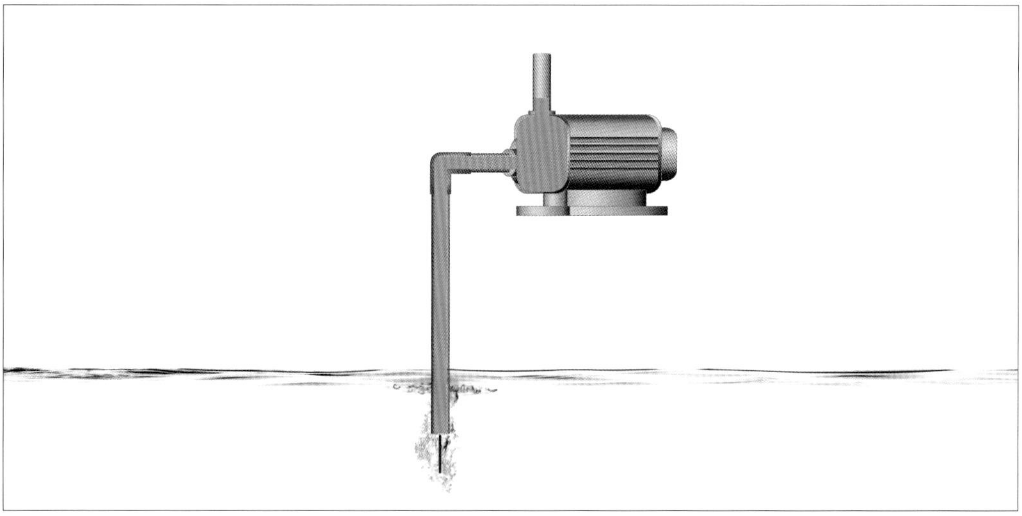

為了保住水母所以在抽水管的最底部裝一個底閥，底閥是一個活頁門，水只能往上不能往下，當抽水機停止後水母不會消失，若水母消失或初次安裝，可從抽水機上的水母頭灌水：

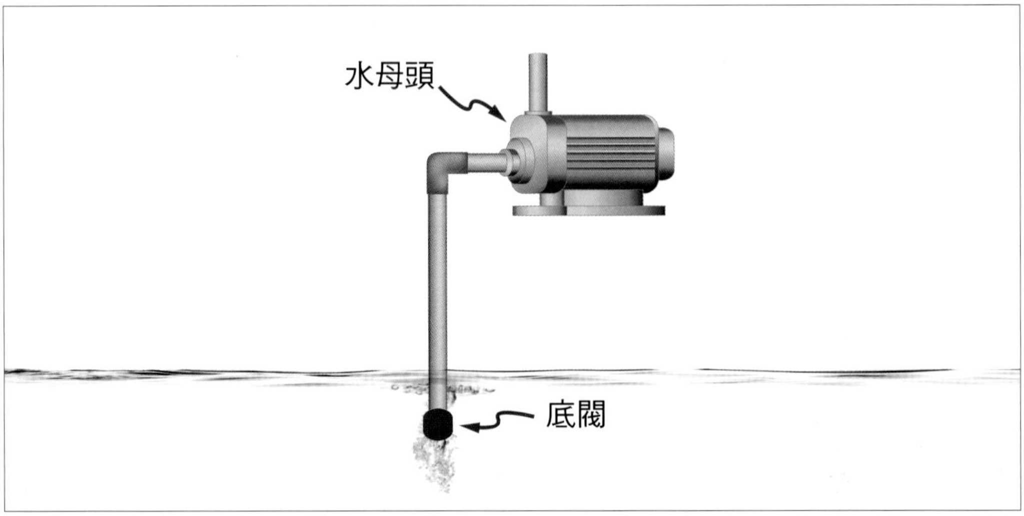

抽水機沒有水母是無法抽水的，雖然可以從水母頭灌水來彌補，但是有些抽水機有急迫性，例如：消防幫蒲，它必須全天候 stand by，所以延伸了呼水漕的裝置，呼水漕可隨時補充水母，目的是讓消防幫蒲可隨時正常運作。

如下圖：

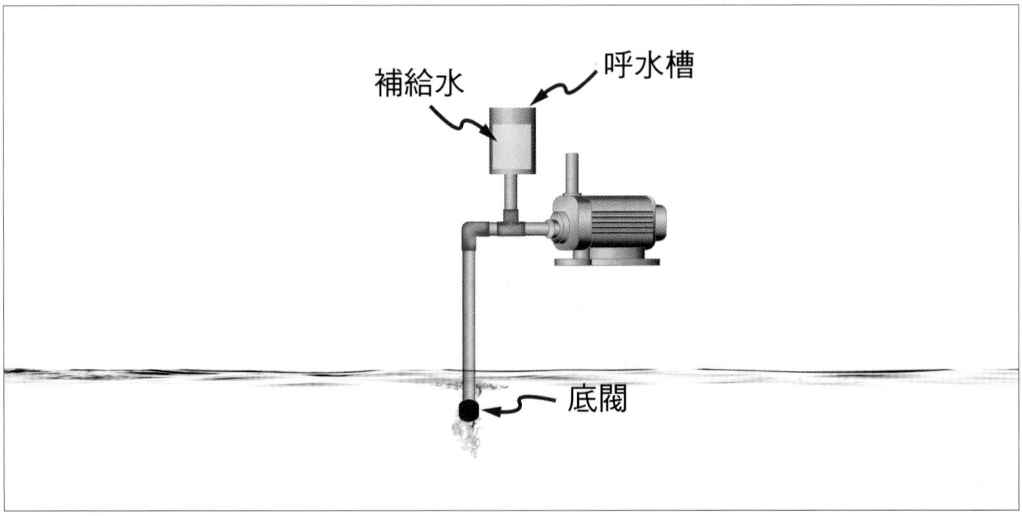

設備接地的觀念

我們的電力公司給我們的電力系統，一定有一相被接地，被稱為系統接地，而用電器具的接地，被稱為設備接地。

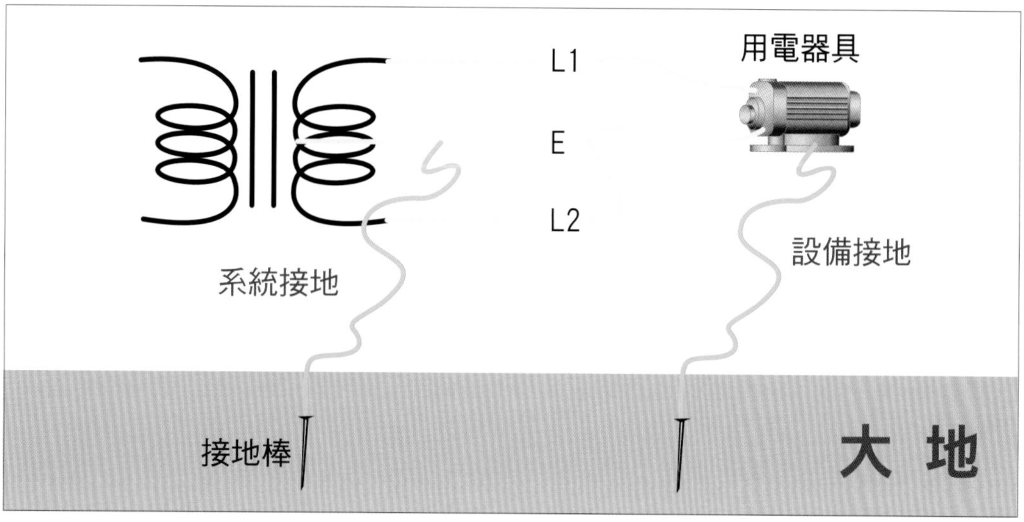

設備接地主要的目的是保護人身安全，所謂的設備接地就是將用電器具的金屬外殼用電線連接至大地，防止因為用電器具漏電而電到人，而用電器具較指標性的是馬達，洗衣機，冷氣機，電熱水器等等。它是利用低組抗的接地銅線，將漏電電流引至大地，再經系統接地回到變壓器。

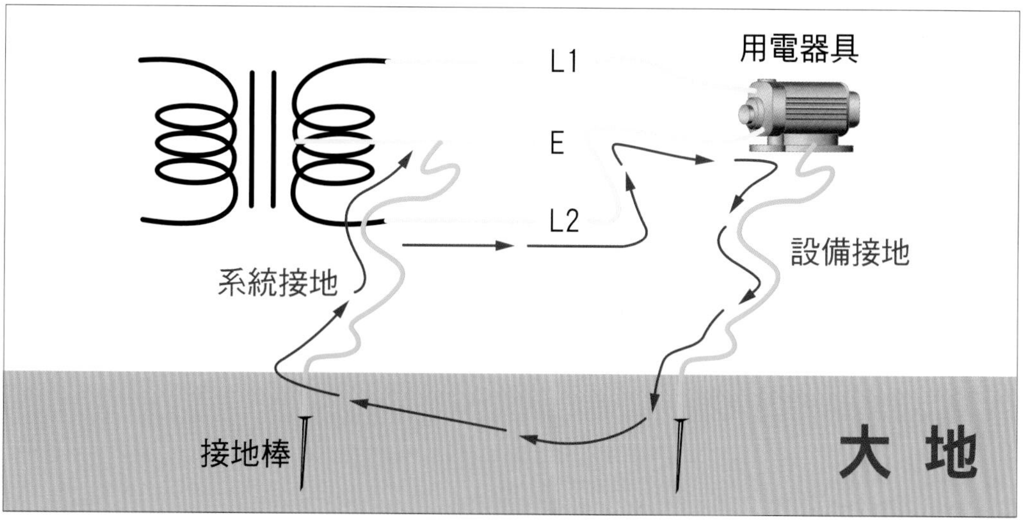

Plumber

因此漏電的用電器具的漏電電壓變成非常低，所以不會電到人，這是一種保護措施，也很有效，但是很重要而被忽略的問題是……被保護的人不是站在大地上，而是站在樓地板上。

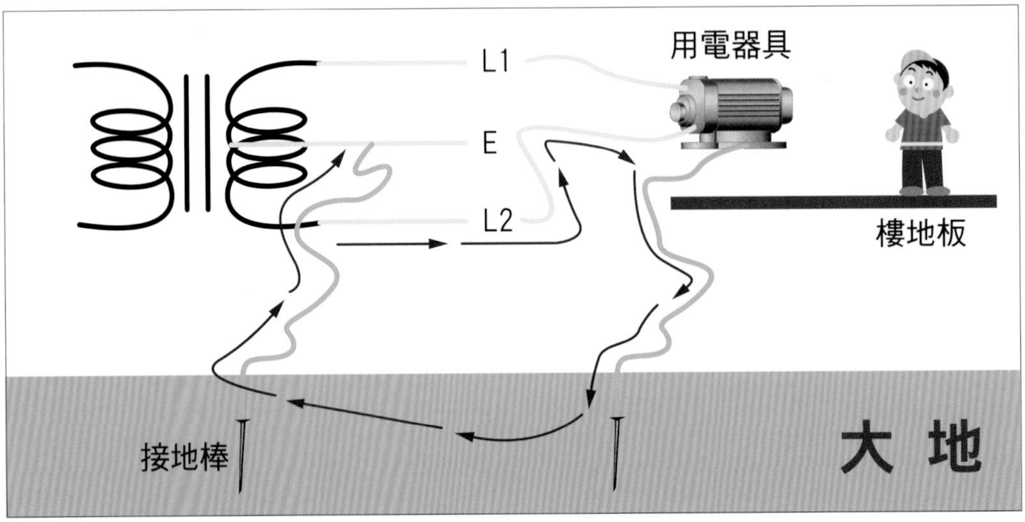

一般的結構體（鋼筋混泥土或鋼骨結構）它的接地電阻都在 1Ω 以下，然而法規卻規定設備接地只要在 50Ω 以下就可，於是當漏電發生時用電器具與樓地板之間會產生不穩定的電壓差△ V。

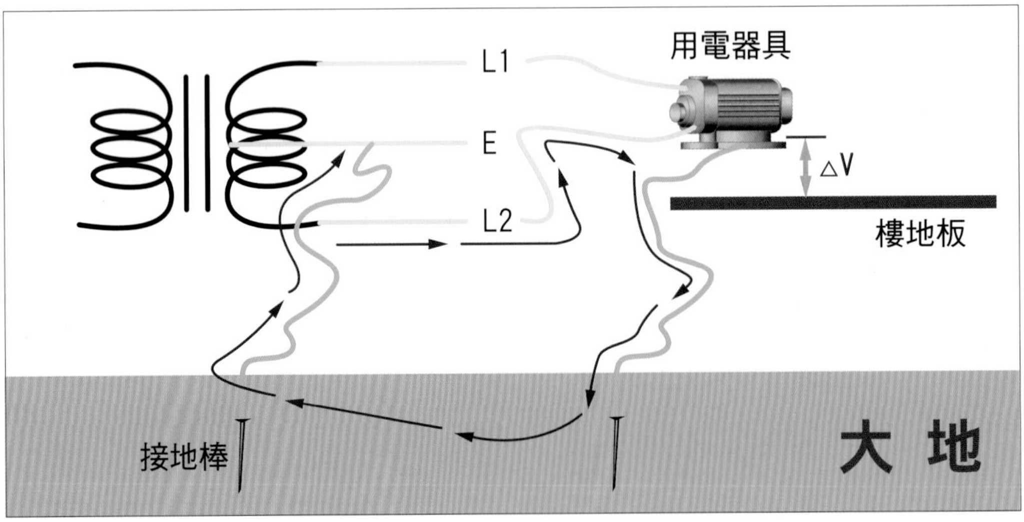

那個電壓差也是會電人的，電流經過人體到樓地板（樓地板是結構體的一部分），再經結構體到大地。

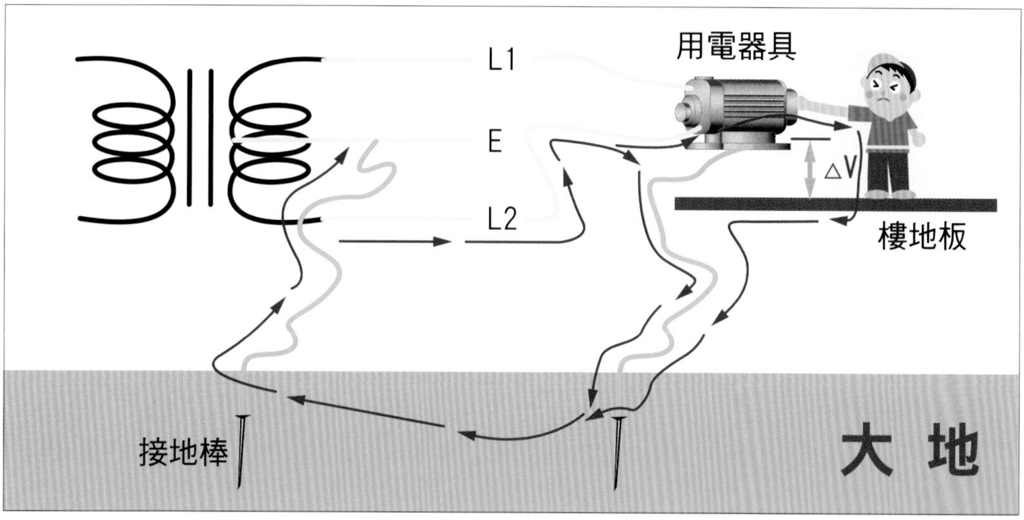

所以違背了設備接地的目的……保護人身安全，既然如此，應該將結構體視為大地的一部分，將設備接地接到結構體，讓和人最接近的樓地板與漏電的用電器具之間的電壓減到最低，才能確實發揮保護的作用。

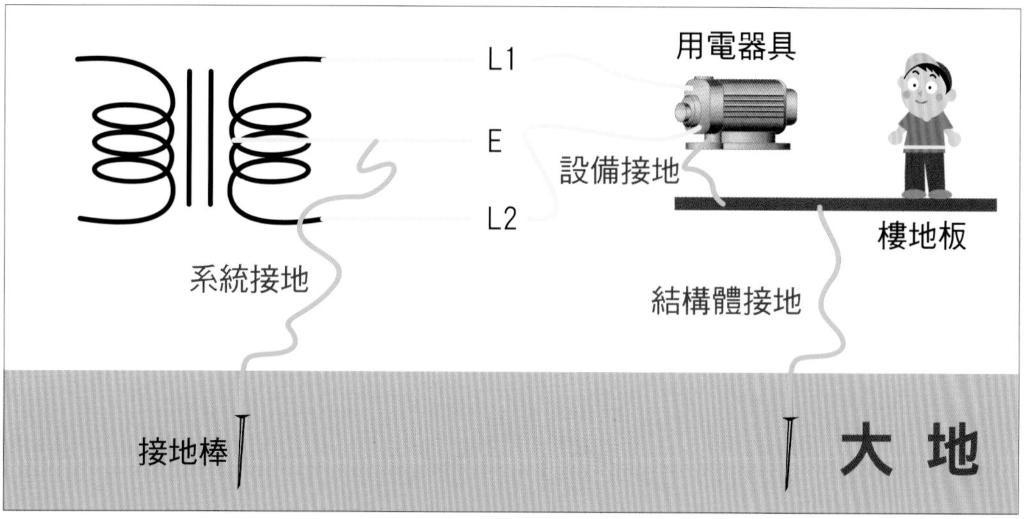

這是結構體接地與現場保護的觀念。

在這個觀念之下，系統接地也應該與結構體接地連接。

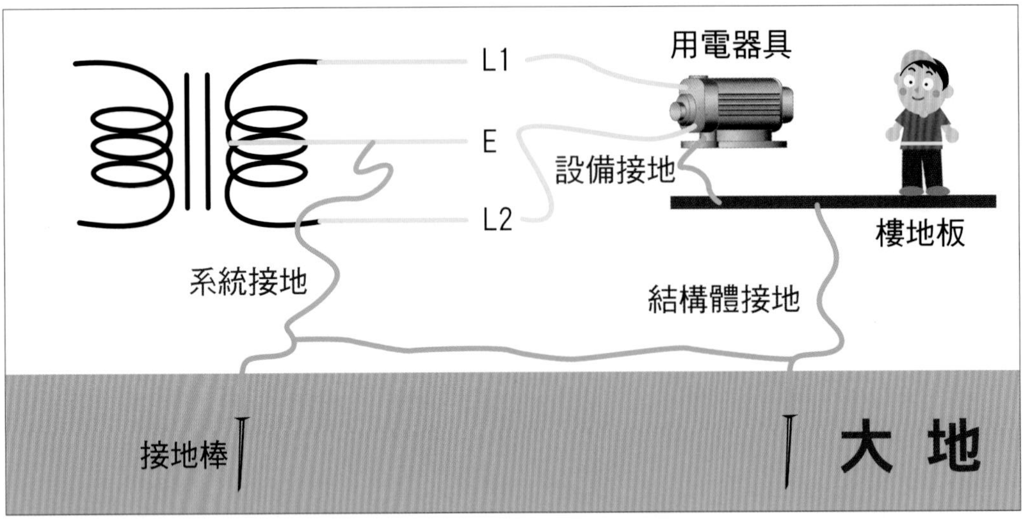

這才是完美的設備接地。

相電壓與線電壓

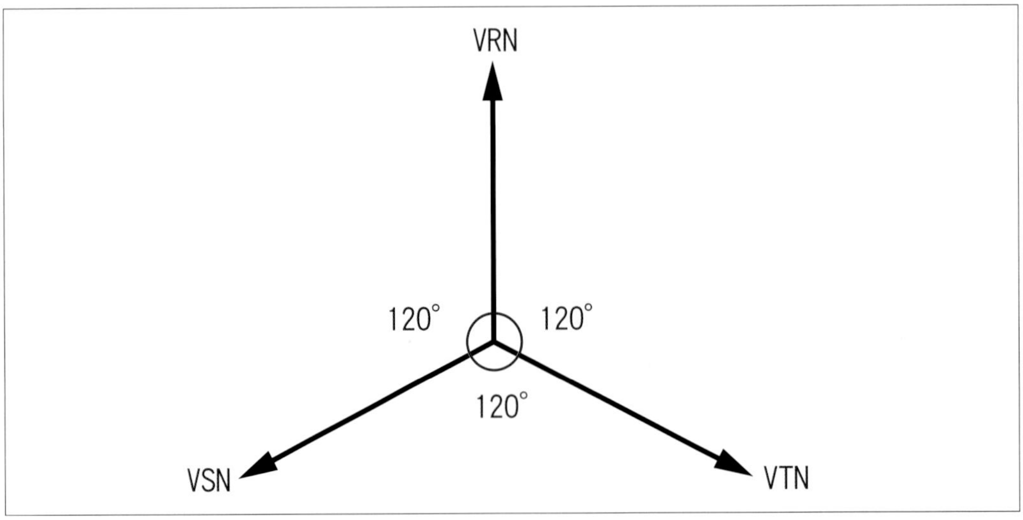

上圖是三相電源的相位圖，VRN ＝ VSN ＝ VTN，每相的電壓都相同，而且都有 120 度的相位差，VRN、VSN、VTN 被稱為相電壓。

它被接成 Y 型接線，所以就有線電壓的問題，線電壓是 VRS、VST、VTS，而 VRS 是 VRN ＋ VNS。

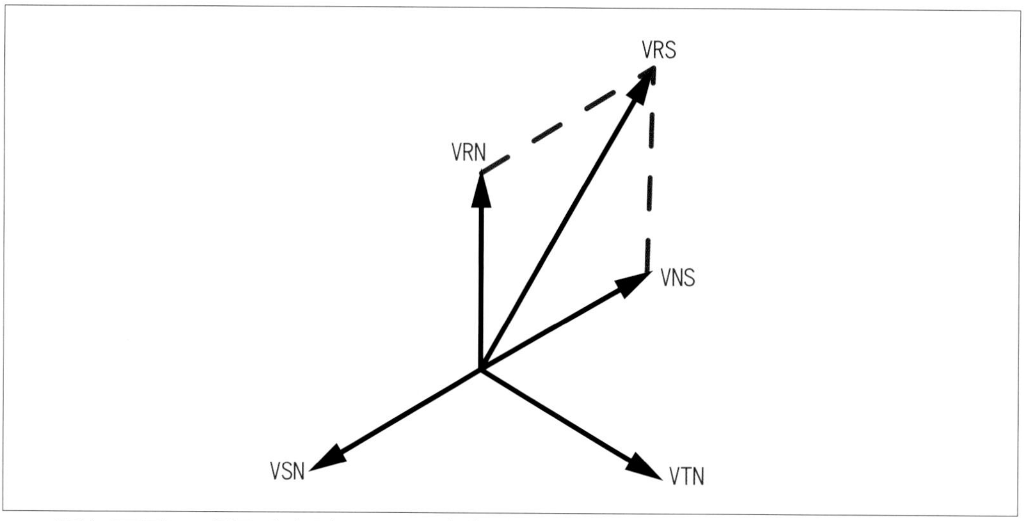

再如下圖，那個垂直點是 VRS 的中點，所以可算出 VRS ＝$\sqrt{3}$VRN。

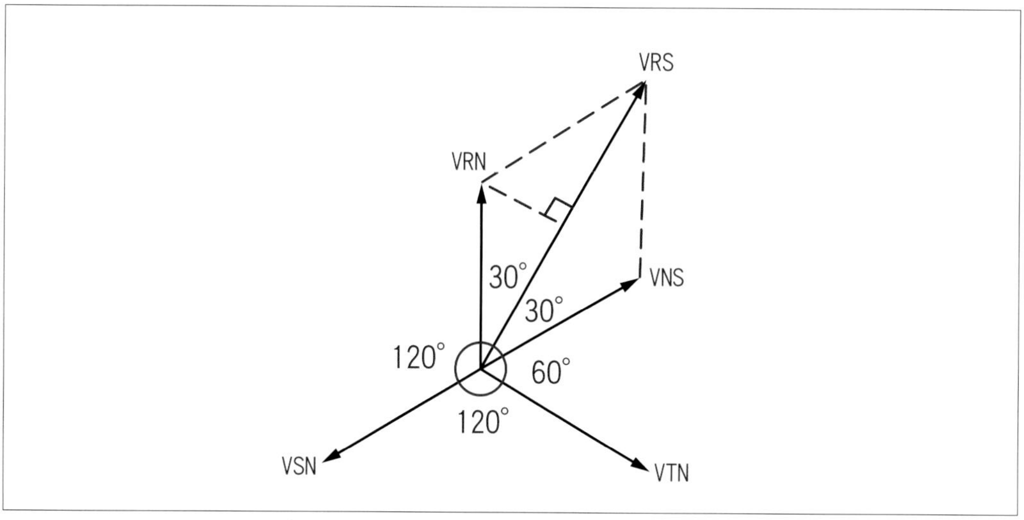

因此在 Y 型接線的三相四線制線電壓會是相電壓的$\sqrt{3}$ 倍，最常見的三相四線制是 220V/380V，它的線電壓是 380V，相電壓是 220V，而 380= $\sqrt{3}$X220。

自備的三入四出變壓器也是，市面上只有兩種規格：

一是 110V/190V 另一種是 120V/208V，同樣的：

190= $\sqrt{3}$X110

208= $\sqrt{3}$X120

因為向電力公司申請三相電源 (220 或 380) 就必須自備變壓器來提供 110V 器具的電壓。市面上只有 110V/190 及 120V/208 兩種規格，而 110V/190V 比較常用。

漏水的元兇之一：地板漏水頭

地板漏水頭是將地板面的水接入排水管的介面，在浴室、廚房。陽台及屋頂都會設置，若施工不當會變成漏水的源頭，最主要的問題是地板落水頭與排水管沒有確實接合，讓水滲入地磚軟底層，地磚軟底層是在地磚與 RC 樓版之間，它的強度很弱而且容易被水滲透，漏水就利用這一層到處亂竄。

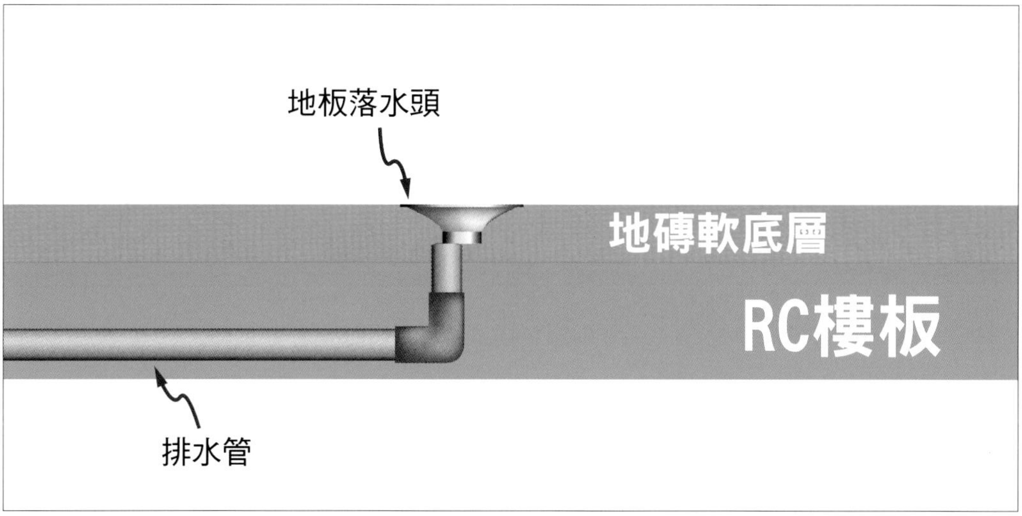

上面是安裝不良的示意圖。

下面是水的流向圖。

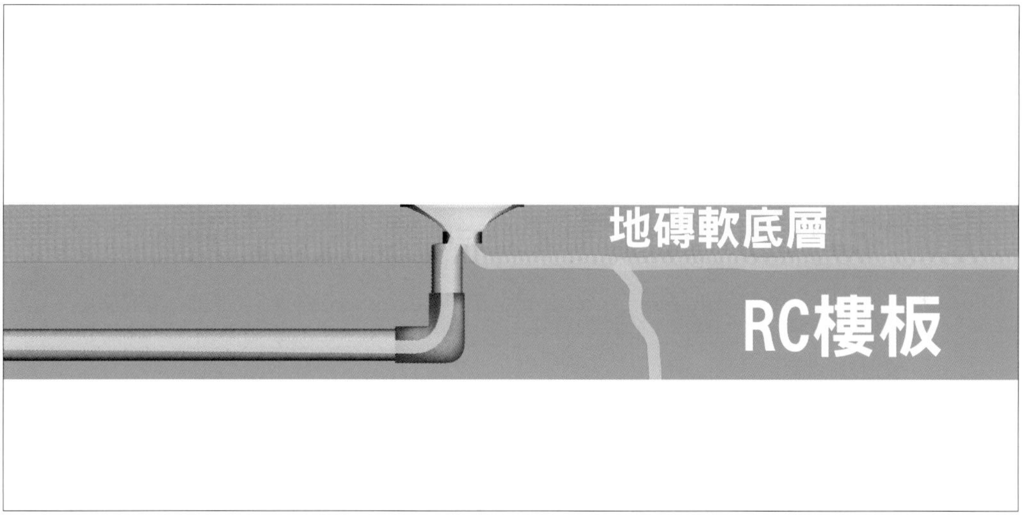

因為安裝不良使進入落水頭的水有一部分進入排水管，而另一部分滲入地磚軟底層，這滲入地磚軟底層的水它會慢慢累積，慢慢滲透，一直到它找到出路，漏水才會顯現出來，這個出路就是 RC 樓版的裂縫，而裂縫常是距離落水頭幾公尺之外，最常見的是天花板與梁的交接處，這是很常見又被忽視的漏水源頭，而且常轉嫁於防水問題，於是大興土木將地磚與軟底層敲除，重新施作防水層，問題暫時解決了，但是過一段長時間後，又出現相同問題，於是又大興土木………。

如果能抓到漏水源頭就不必如此大費周章，地板落水頭的安裝不良讓很多人花很多冤枉錢。

下圖是另一個安裝上的問題：

排水管與地磚之間就是那個軟底層，如果就這樣裝入地板片：

同樣會造成漏水，因為排水管與地板片的距離過高，水會濺到軟底層，正確的做法：排水管應該確實承接地板片。

如下圖：

經過一端縮管後的一小段排水管，插入地板內的排水管。

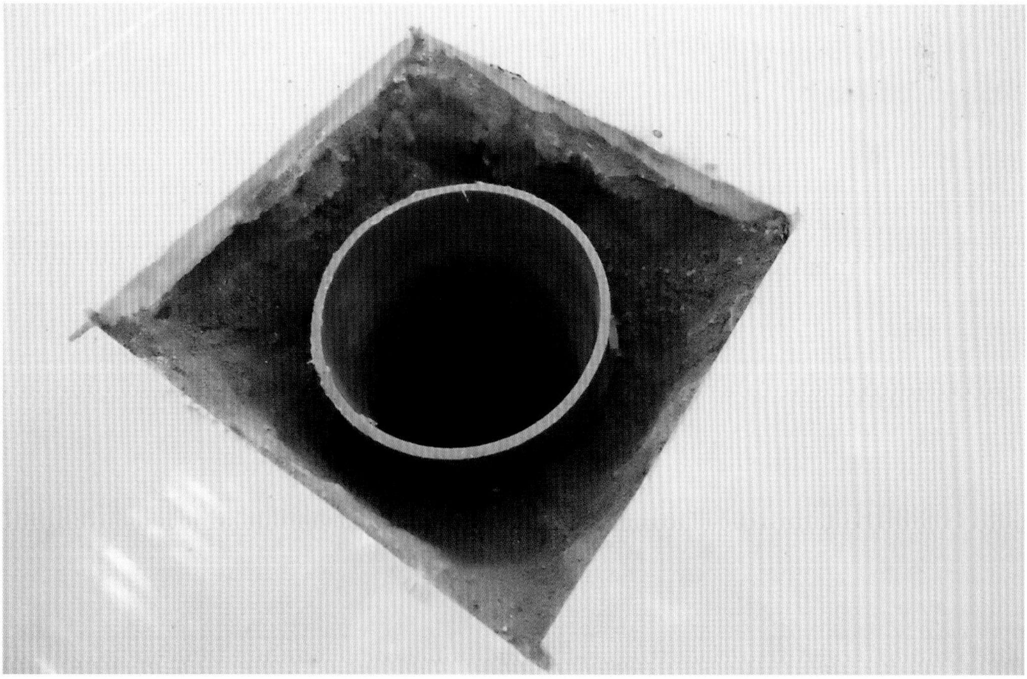

然後用拌好的水泥將軟底層填滿。

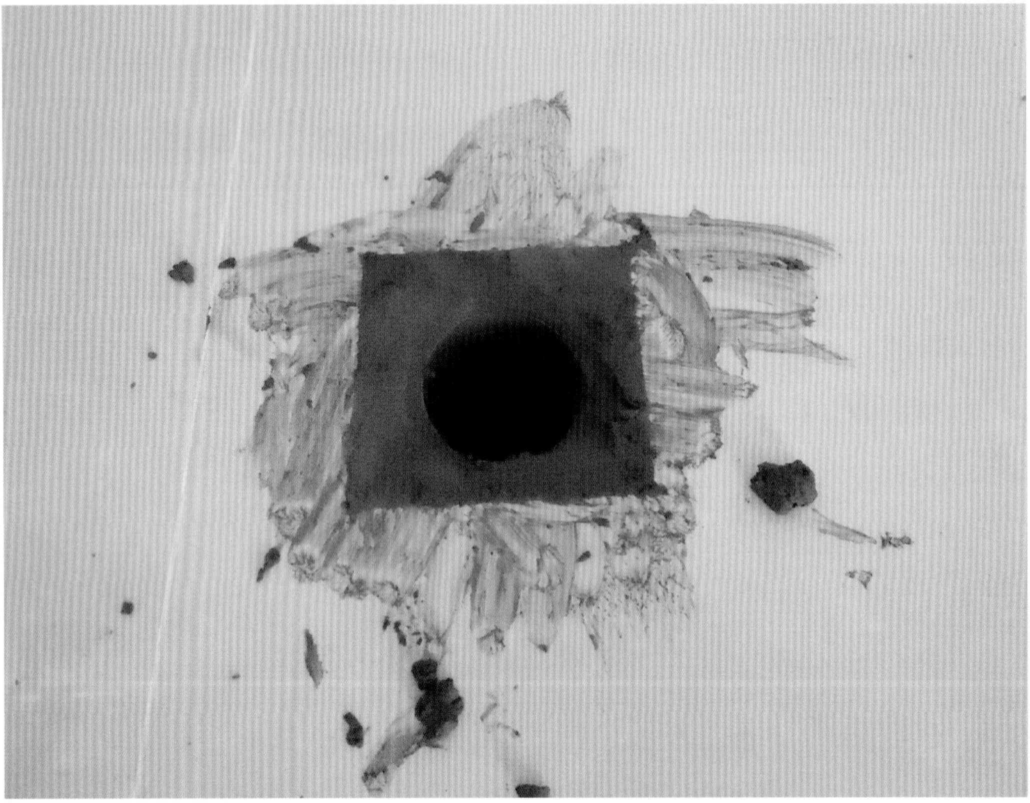

水泥砂的比例與安裝馬桶相同，如此可阻絕水滲入軟底層。
然後再將地板片壓入，地板片要比地磚低一些。

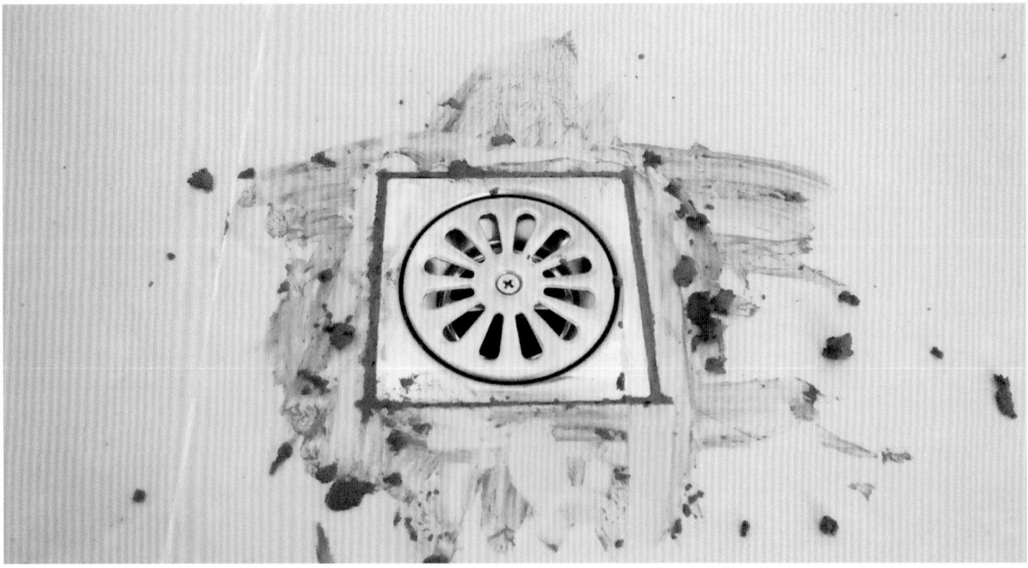

然後再用海綿擦拭乾淨，就完成了。

中性線的重要性

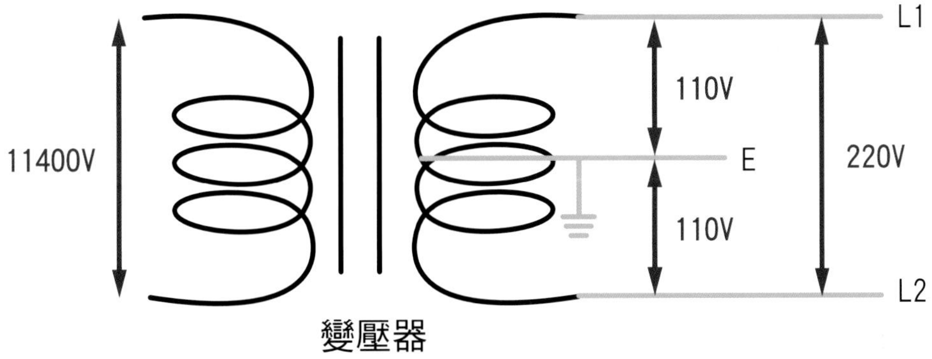

上圖是一般家庭常用的電源系統，單相三線 220/110V，在變壓器的右邊是接到我們家裡面的線路，它有兩條火線 (L1 及 L2) 和一條地線 (E)，地線在出變壓器時就被接地 (綠色三角堆狀的符號)

在水電術語他被稱為ㄚ ˋ　ㄙ ˙，而火線被稱為ㄎㄟ　ㄐㄧ。每條火線對地線的電壓都是 110V，而兩條火線 (L1 及 L2) 之間的電壓是 220V。

假設如下圖：

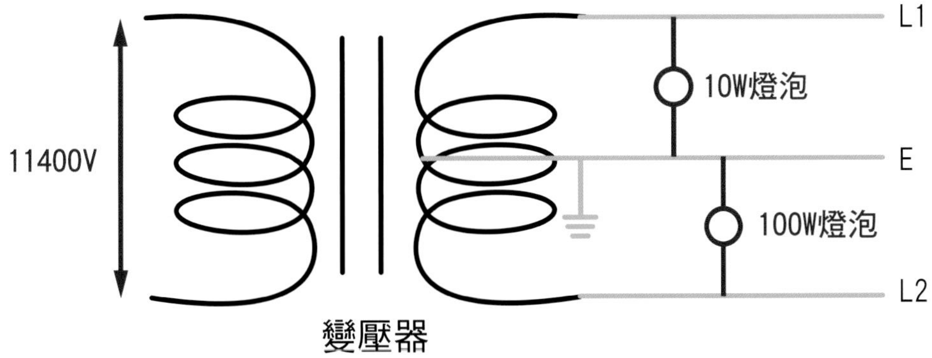

10W 及 100W 的燈泡其額定電壓都是 110V，這是很正常的接線方式，但是如果地線有一處斷線了。

如下圖：

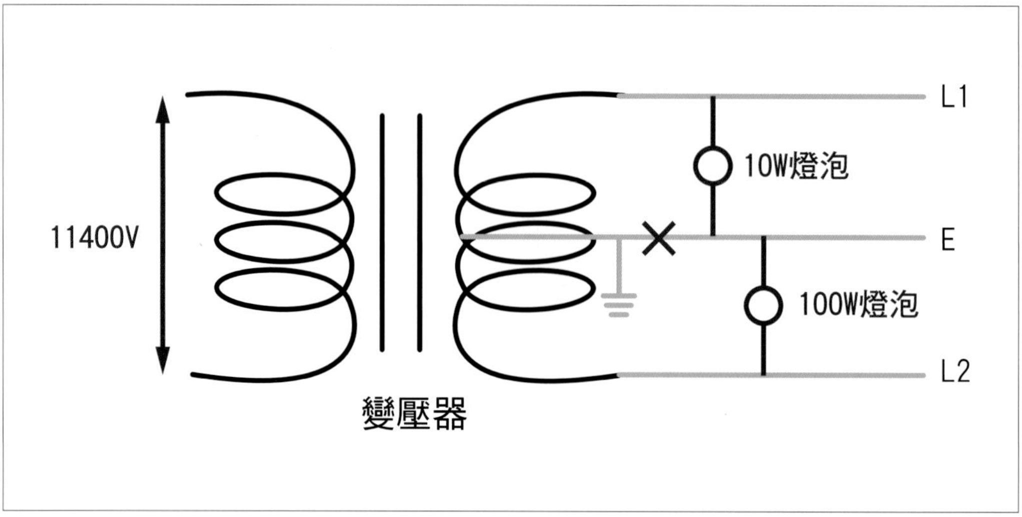

線路會變成下圖：

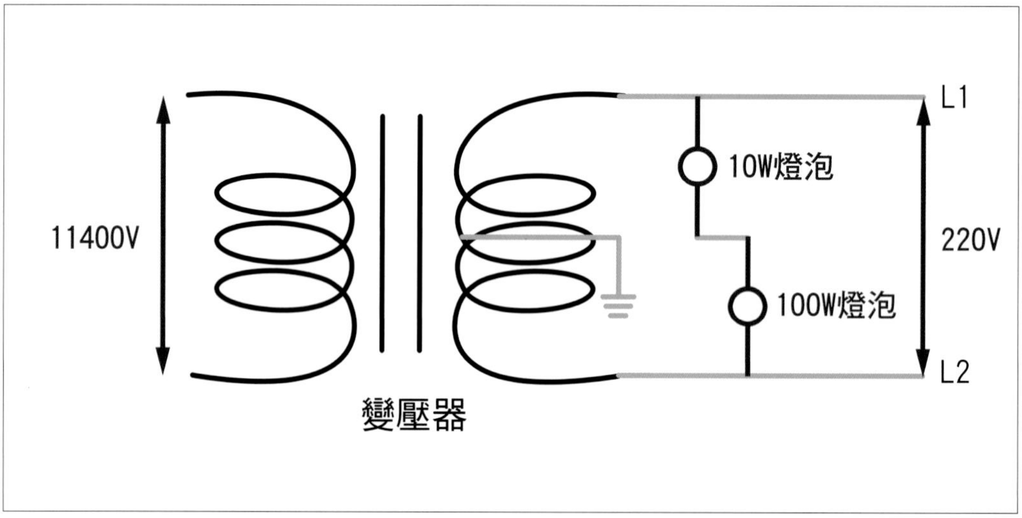

兩個燈泡串聯在 220V 的電壓上，這就出問題了，分壓的結果，10W 燈泡有 200V 的電壓而 100W 燈泡只有 20V 的電壓。

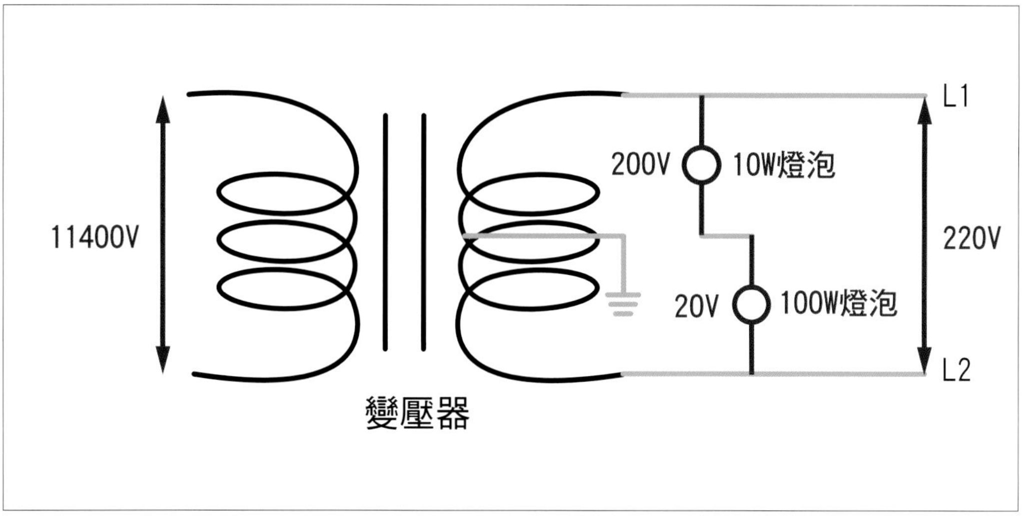

10W 燈泡因電壓太高，會在短時間內燒毀！

管道間的煙囪效應

一般公寓式的房子，各樓層的浴室都設置在同一位置，然後設置管道間，將各樓層的排水及污水各自接至管道間的幹管內，排水幹管接到一樓外面排水溝，污水幹管接到化糞池。

另外，浴室天花板上的排風機，也是利用這個管道間。

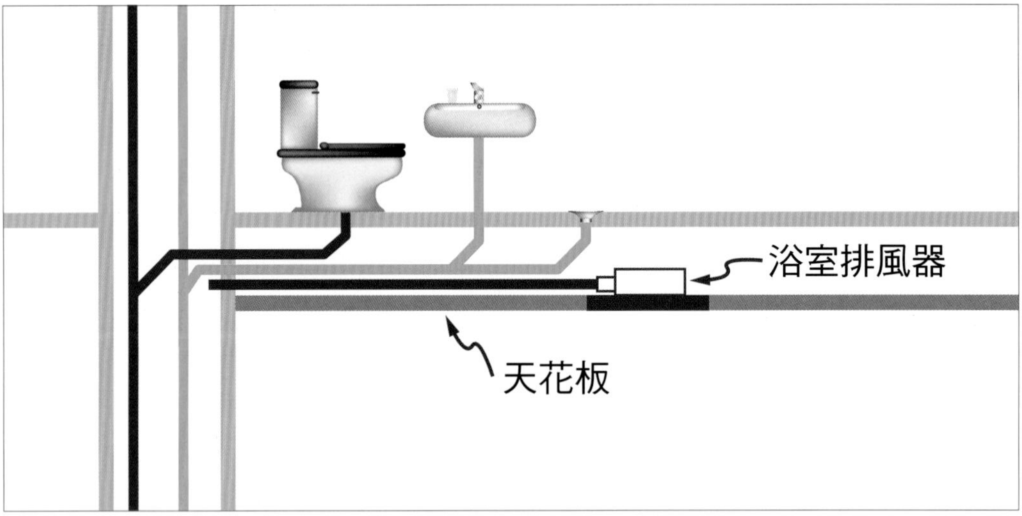

有的會另外在管道間內配置排風幹管至屋頂，有的沒有配置排風幹管，排風機的風管接到管道間，管道間於屋頂設置百葉窗，廢氣經管道間至百葉窗排到屋外：

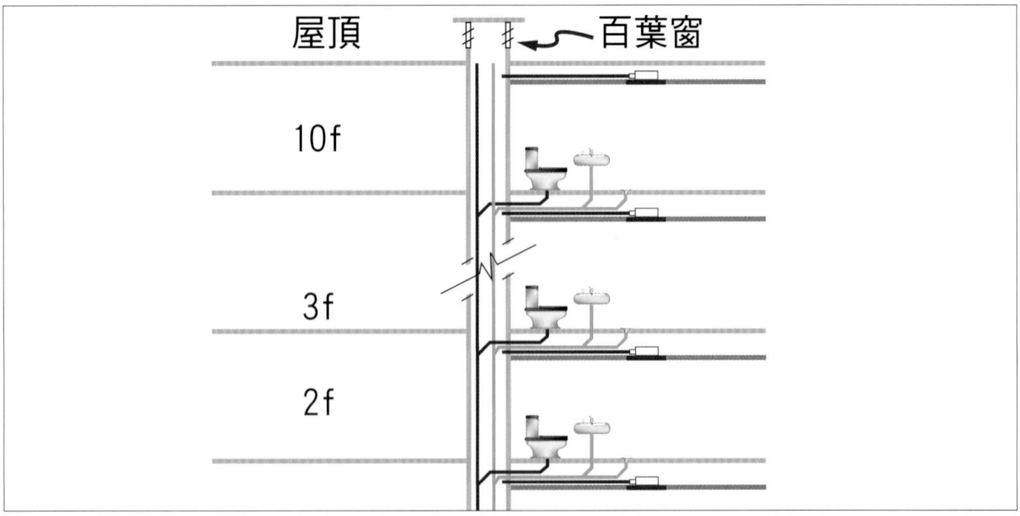

萬一發生火災時，有一部分的濃煙會從浴室排風機經管道間排至屋頂。

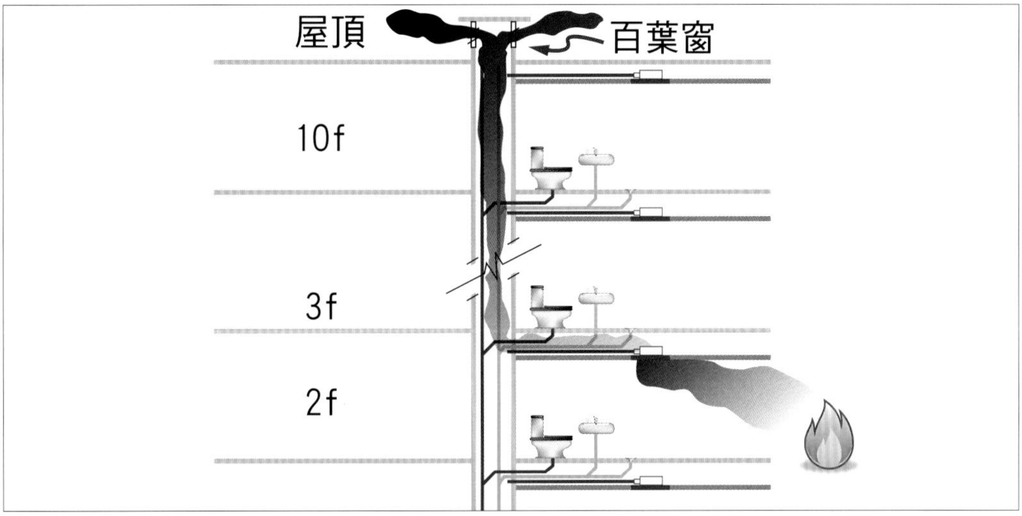

屋頂上的百葉窗是很重要的公共設施，卻常被堆積的雜物堵住，甚至被裝潢封掉，濃煙因無法從屋頂排出，轉而跑進樓上的天花板。

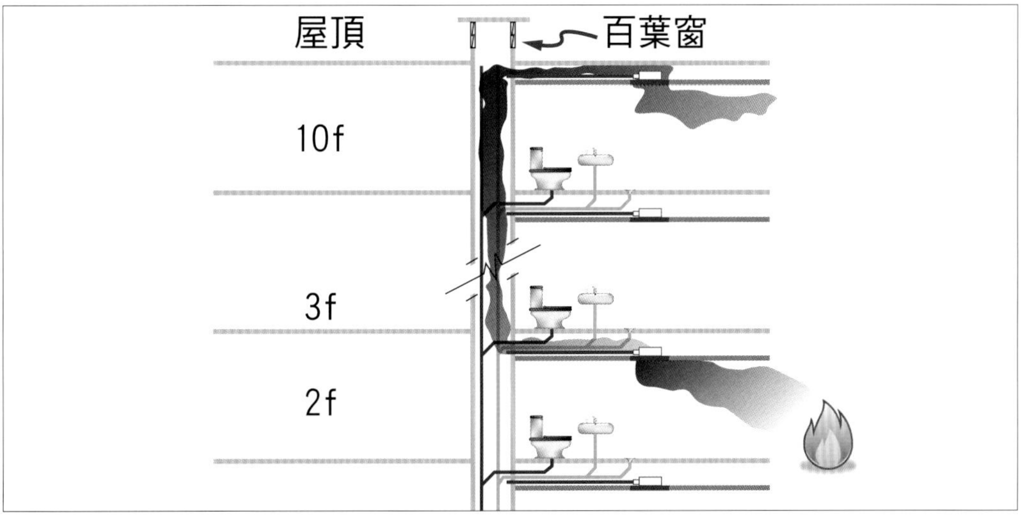

這些濃煙是有毒的可燃性氣體，樓下發生火災，閃燃現象可能發生在樓上，因此可知封掉百葉窗的危險性。

就算不發生火災，平常時樓下的菸味也會跑到樓上的浴室內。

下圖是浴室天花板內配管與管道間的剖面圖。

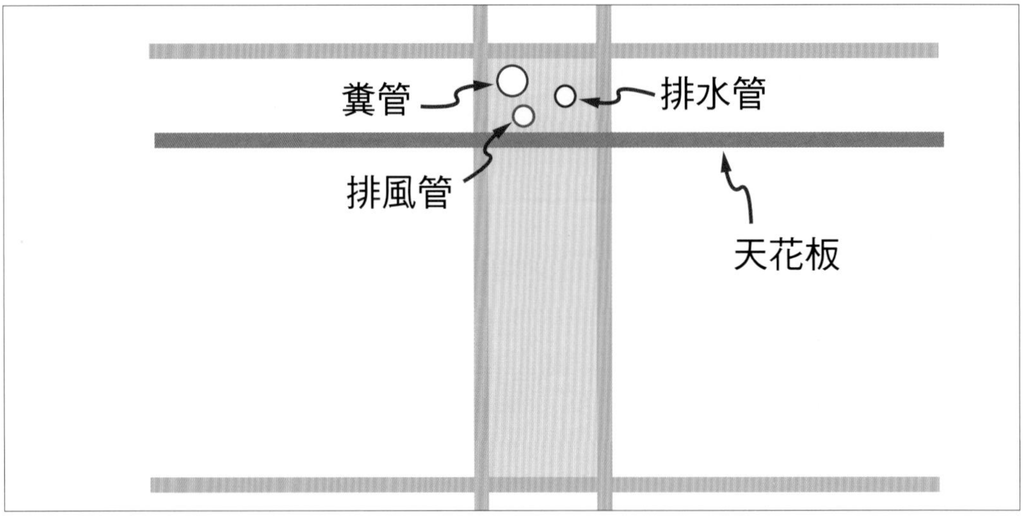

管道間內應該是一個封閉的空間，可能是早先的施工不良或是日後的修改，很常見的問題是在天花板內的管道間壁，有一個大洞沒有填滿。

如下圖綠色斜線部份：

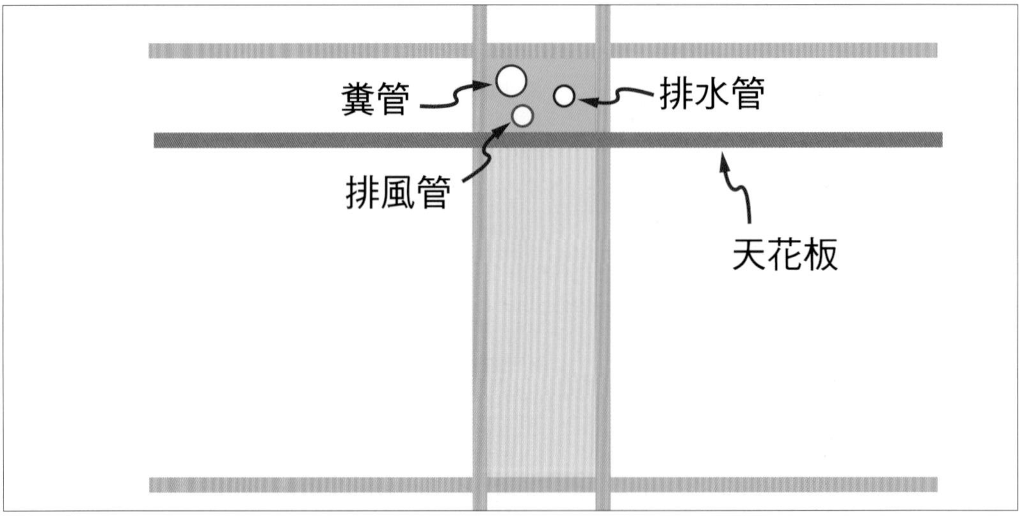

這個大洞會使管道間的煙囪效應更加嚴重。然而煙囪效應不只是在發生火災時才顯現，共用管道間只是圖工程上的方便，即便是將管道內的空隙都填滿，還是有漏洞，就是那個排風管，排風管變成浴室與管道間交換空氣的管道，而每層樓都因排風管做氣體交換，也因此某個樓層的有毒氣體會因這個管道傳至另個樓層，曾經有案例，是樓下的熱水器產生一氧化碳，結果是樓上的一家人都中毒，是因為管道間的效應，如果是傳染性極高病菌，很容易藉此管道傳至樓上或樓下，流感病毒可能因這個管道而造成大流行。

熱水管徑越大越好嗎

一般住家，從熱水器到水龍頭的管路距離大約 10 公尺左右。

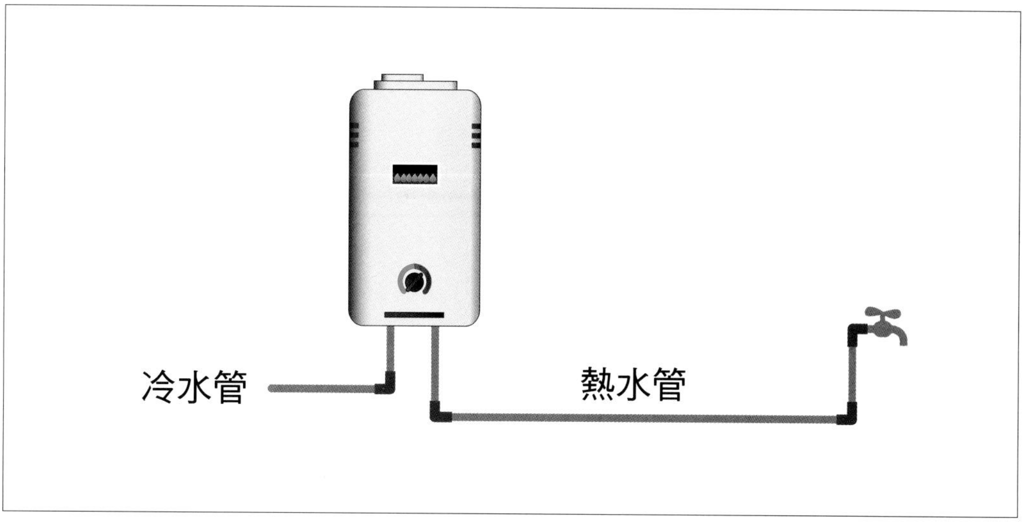

一般都是用 4 分的白鐵管，而白鐵管內平常都是充滿冷水，當要使用熱水時打開水龍頭，此時熱水器開始點火燒熱水，而原本熱水管內的冷水必須被排出才輪到熱水出來，也就是這 10 公尺熱水管內的冷水（大約 3 公升）會被浪費掉，這是無法避免的。

下圖是一台熱水器供應多處熱水龍頭：

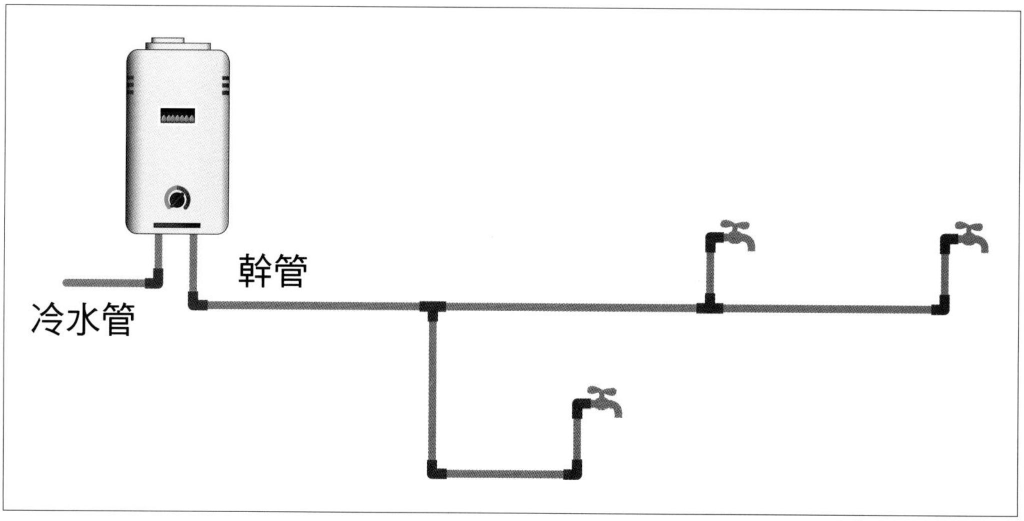

很多天才設計者認為加大幹管管徑才能供應多處水龍頭的出水量，所以她們設計 6 分的甚至 1 英吋的，這是錯誤的觀念，他們永遠不知道熱水來源只是 3 分的（熱水器內的盤管最大只有 3 分而已），加大管徑只是浪費工料，而且得到反效果。

如下圖：

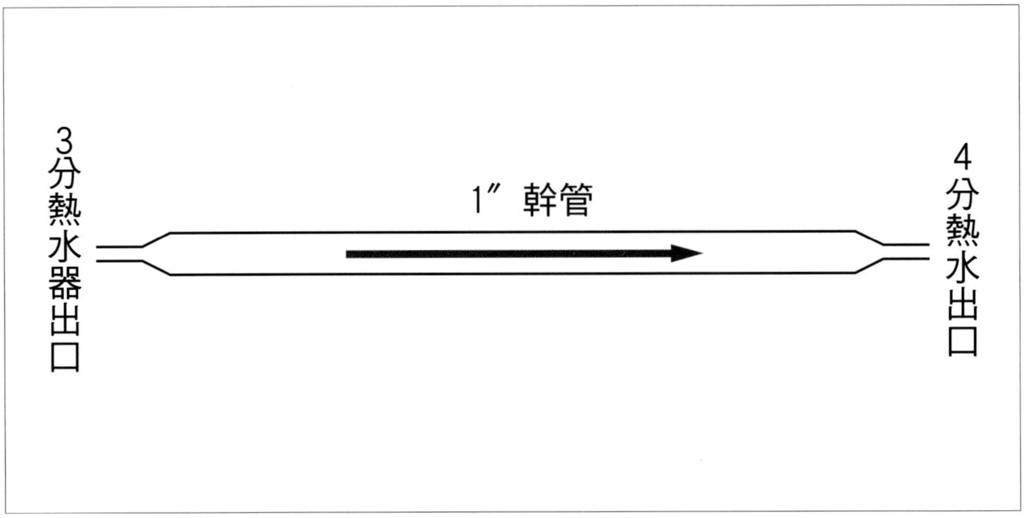

用熱水初期，1" 幹管內的冷水同樣的被浪費掉，而且 3 分管的熱水要補進 1" 的幹管會耗掉更多熱能，等到 4 分龍頭有熱水出來，耗掉的冷水超過 10 公升以上，一台熱水器只能供應一處熱水龍頭使用，雖然熱水管分歧多處熱水龍頭，只要不同一時間使用都是 OK 的，熱水管的功能只是導引熱水器出來的熱水到熱水龍頭，必須考慮效率問題，因此熱水管的管徑應該越小越好，最好是與熱水器同樣的 3 分管。

日光燈安裝的忌諱

以前裝電燈之後一段時間，常被屋主要求更改日光燈的方位，因為有些自稱地理師的常會給屋主意見，尤其是日光燈，多次之後覺得確實有他們共同的理念，而屋主也比較相信他們，所以也只能照他們的意見更改。

如果以平均照度的觀念而言，下圖示正確的：

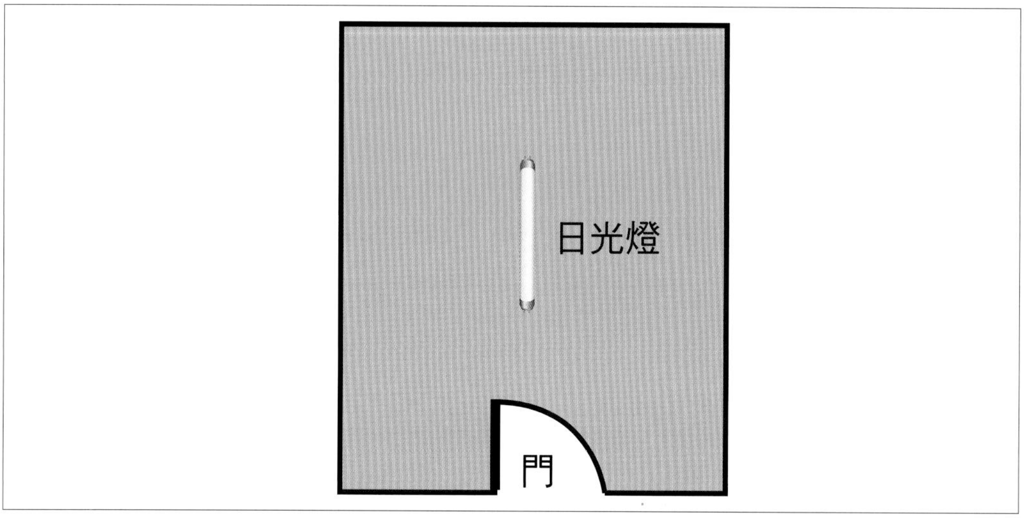

但是地理師説是犯大忌，因為一入門就與日光燈對沖。

應該如下圖的方位才不會對沖：

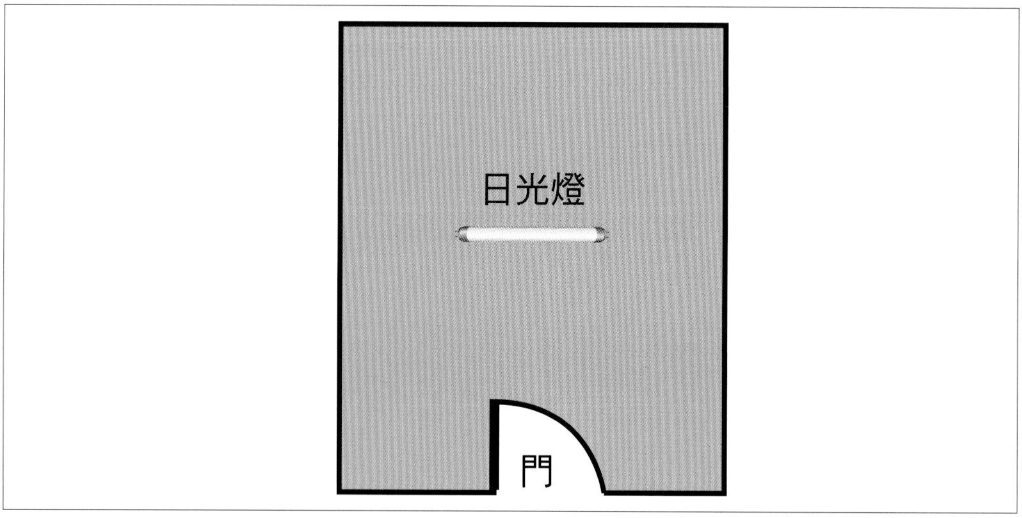

而且如下圖也算是對沖：

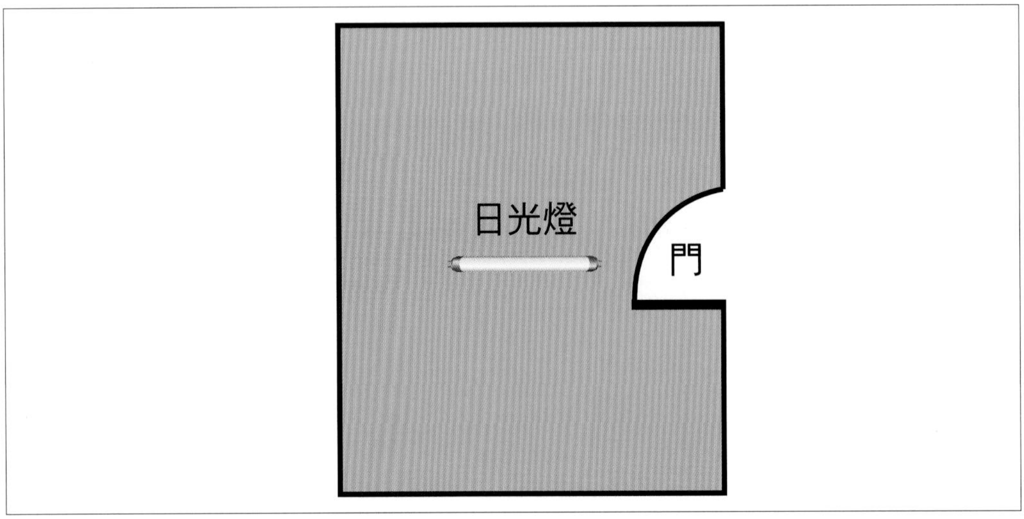

就如下圖也是對沖：

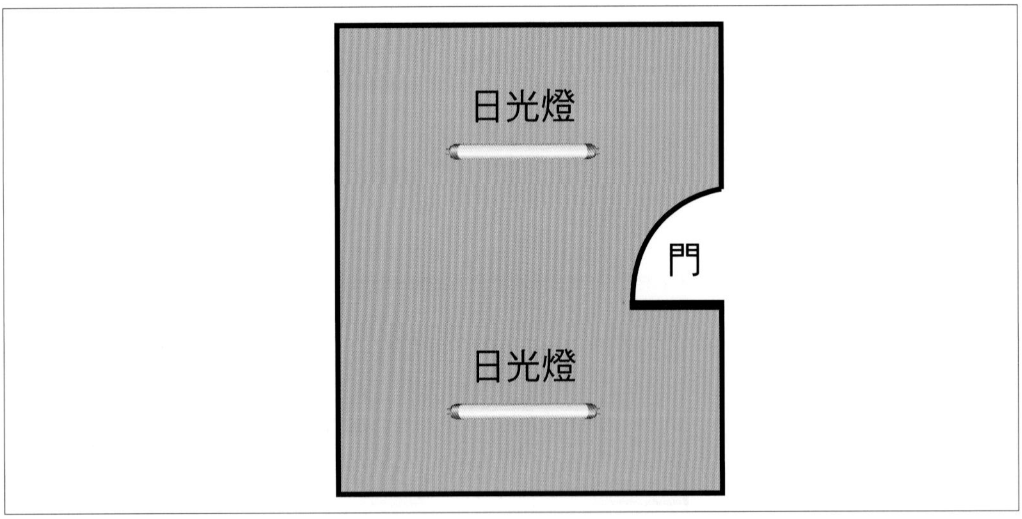

而且床的擺設位置也很重要，如下圖稱為一刀兩段。

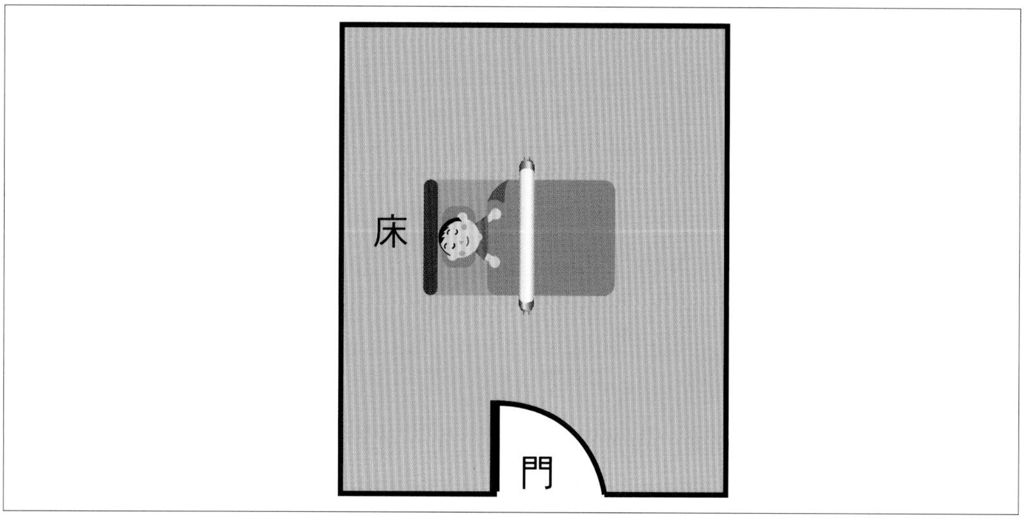

而下圖稱為一劍穿心：

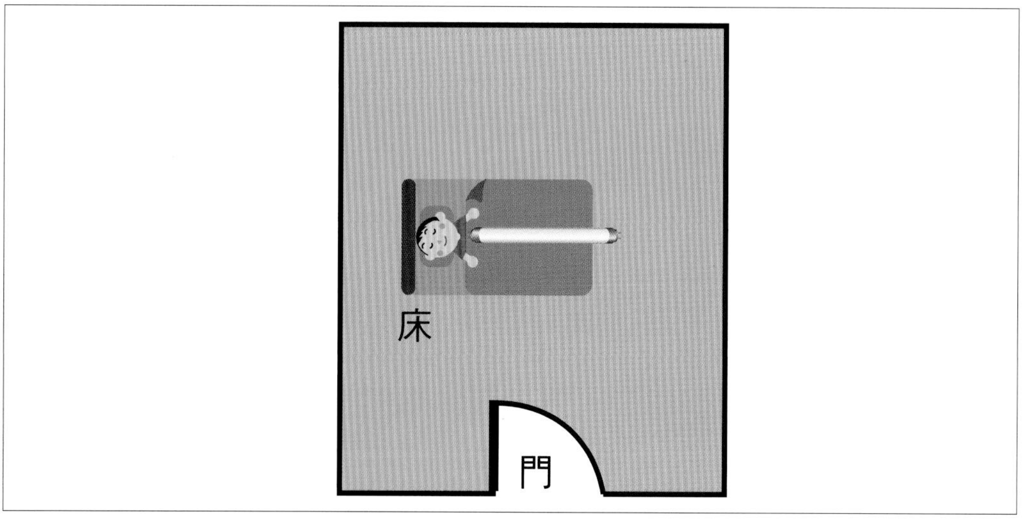

最好的擺設位置如下圖：

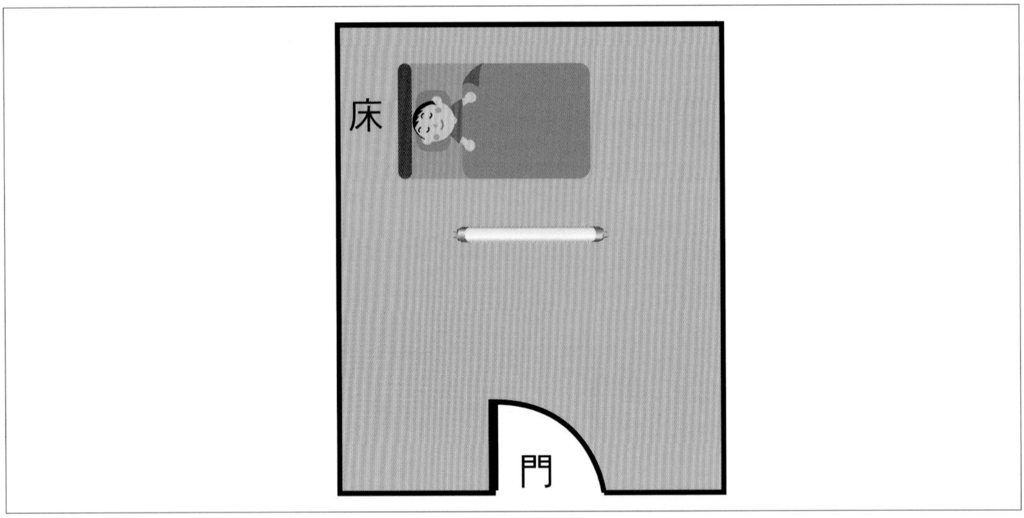

有的業主相信這套理論，有的業主並不在意，但都是在安裝完成之後才會有爭議，為了避免爭議，只好照地理師的說法安裝日光燈。

水電術語

在水電業界因師徒傳授及同業間的默契，存在許多術語，大部分是在日據時代流傳下來的，但因時光及地方口音而慢慢變調，以下這些術語是目前還在流傳的。無可否認的，用注音符號來發音是會走音變調，但是語言的本質就是因時代變遷而走音變調

術　語（發音）	名　　稱
ㄆㄧㄢˋ ㄐㄧ ˙（ pien chi ）	電工鉗，老虎鉗
ㄌㄡ ㄌㄞˋ ㄇㄚ ˙（ lou lai ma ）	螺絲起子
ㄒㄧ ㄅㄢˋ ㄋㄚ（ hsi pan na ）	固定尺寸的扳手
ㄇㄟ ㄧㄚ ㄋㄟ ˙（ mei ya nei ）	雙頭的梅花扳手

術　語（發音）	名　　稱
ㄇㄨㄥˋ ㄐㄧ˙（meng chi）	活動扳手
ㄏㄚㄇˋ ㄇㄚˋ（ham ma）	榔頭，鐵鎚
ㄗㄚㄇˊ ㄇㄚˋ（tsam ma）	鏨子，配合鐵鎚用的
ㄊㄜ ㄐㄧ ㄌㄤˋ ㄆㄨ˙（te chi lang pu）	噴燈，火龜，火雞
ㄆㄚ˙ ㄅㄨ ㄌㄧㄢˋ ㄐㄧ˙（pa pu lien chi）	管鉗
ㄆㄨ ㄌㄞˋ ㄧㄚ˙（pu lai ya）	鯉魚鉗
ㄏㄨ ㄌㄢˋ ㄉㄚ˙（hu lan ta）	手提砂輪機
ㄎㄚ ㄉㄚ˙（ka ta）	滾輪式切管器
ㄏㄡ ㄉㄡ ㄙㄡˋ ㄚˋ（hou tou sou a）	圓削器，配合電鑽可將鐵板削出大圓孔
ㄌㄧ ㄇㄧ ㄉㄡ˙（li mi dou）	極限開關，微動開關
ㄙㄨㄧˋ ㄐㄧ˙（suyi ji）	開關
ㄅㄨ˙ ㄌㄟˋ ㄍㄚ（bu lei ga）	無鎔絲開關
ㄊㄢˊ ㄐㄧ ㄅㄤˋ（tan ji bang）	接線端子座
ㄇㄨ ˙ ㄙㄨ ㄅㄚ ˙（mu tu ba）	銅匯流排
ㄊㄜ ㄌㄤˋ ㄙ˙（te lang sih）	變壓器，安定器
ㄎㄟ ㄐㄧ˙（kyeh chi）	火線
ㄚ ˋ ㄙ（a sih）	地線，接地線
ㄚ ˋ ㄙ ˋ ㄇㄡˋ（a sih mou）	接地銅棒
ㄌㄧㄡ ㄎㄧ ㄌㄧ˙（liu kyi li）	三路開關之間的兩條對切線
ㄡ ㄍㄨ ㄌㄧ˙（ou gu li）	被燈切開關控制的燈切線

術　語（發音）	名　　稱
ㄊㄢˊ ㄕㄤˋ（tan shang）	單相三線
ㄊㄢˊ ㄋㄧˋ（tan ni）	單相二線
ㄙˇ ㄉㄚˋ（sih da）	Y形接線
ㄌㄧㄡ ㄉㄚ˙（liu da）	△形接線
ㄎㄡ˙ ㄌㄧㄢˋ ㄙㄚ˙（kou lian sa）	電容器
ㄎㄡ ㄌㄟ ㄌㄨ˙（kou lei lu）	激磁線圈
ㄏㄧˋ ㄉㄚ˙（hyi ta）	電熱器
ㄎㄟ ㄅㄨ ㄌㄨ˙（kyeh pu lu）	電纜線
ㄋㄧㄩ˙ ㄊㄡ ㄌㄚ˙（nyu tou la）	三相四線制的中性線
ㄇㄚ ㄅㄨ ㄌㄟˋ ㄉㄡ˙（ma bu lie dou）	電磁開關
ㄊㄞˋ ㄇㄚ˙（tai ma）	計時器
ㄇㄡˊ ㄉㄤˋ（mou dang）	用手按的開關
ㄊㄚ ㄇㄟ ㄋㄚ ㄌ ㄨ˙（ta mei na lu）	接線端子座
ㄇㄡ ㄎㄨ ㄙㄨ˙（1）（mou ku su）	接線盒
ㄇㄡ ㄎㄨ ㄙㄨ˙（2）（mou ku su	套筒版手
ㄆㄨ ㄌㄧㄝ ㄉㄡˋ ㄍㄨㄚ˙（pu lai dou gua）	無孔蓋版（盲蓋）
ㄆㄚ˙ ㄎㄧㄣˋ（pa kyin）	止水墊片
ㄨㄚ ㄒㄧㄚ˙（wa sia）	螺絲墊圈（華司）
ㄒㄧ˙ ㄌㄧ ㄎㄨㄥˋ（si li kong）	管狀防水塗膠（矽力康）
ㄙˇ ㄉㄚ ㄉㄚ˙（sih da da）	燈管啟動器

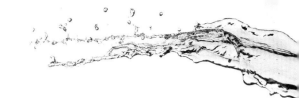

術　語(發音)	名　　稱
ㄇㄚ ㄌㄨ ㄇㄨ •(ma lu mu)	止水凡而
ㄙㄚ ㄉㄡ ㄌㄨ •(sa dou lu)	水電管的固定夾
ㄇㄡ ˋ ㄒㄧㄣ •(mou sih)	大變小的內牙轉換零件(卜申)
ㄙㄡ ㄍㄟ ㄉㄡ •(sou gei dou)	電管與接線盒的轉接頭
ㄎㄚ ㄙㄞ ˋ(ka sai)	消防感應器
ㄚ ㄌㄤ ˋ(a lang)	警報逆止閥
ㄊㄧㄝ ㄅㄨ ㄒㄧ ˋ ㄌㄨ •(tia bu si lu)	止洩帶(夕如)
ㄒㄧㄠ ˋ ㄨㄚ (siao wa)	蓮蓬頭
ㄌㄡ ㄇㄚ ˋ ㄌㄨ •(lou ma lu)	預製好的電管彎頭(大月彎)
ㄐㄧㄚ ㄍㄧ •(jia kyi)	逆止凡而

水電術語的來源是很有趣的，它們的分類大概有下列五種：

1. 直接套用日語如雙頭梅花版手：ㄇㄟㄧㄚㄋㄟ •(眼鏡)
2. 套用日語但來源是英語如ㄊㄛㄌㄤ ˋ ㄕ •(transformers)，ㄚ ˋ ㄙ •(earth)
3. 直接套用英語如ㄊㄞ ˋ ㄇㄚ •(timer)，ㄌㄧㄇㄧㄉㄡ •(limiter)
4. 近代自創而改名廣為流行的如ㄏㄨㄟㄍㄨ(火龜)，ㄅㄚ ˇ ㄅㄨ(管鉗)
5. 因新產品而出的如矽力康，CO2，AB 膠，T5 燈管，電子開關

隨著時代變遷及科技進步，許多術語正被慢慢淹沒中，例如ㄗ• ㄚ ㄓㄨ ㄍㄧ(喇叭口)現在的年輕師父已經很少人知道。

而更久遠的如ㄆㄨ ㄌㄩ •(馬達與抽水機軸心的連接頭)，ㄆㄨ ㄌㄡ •(可將燈泡座轉換為插座的裝置)，很多東西都已經過時了在市面上也買不到了，遺留下的術語也漸漸被人遺忘，其實也沒必要再把它挖出來。

應該重視的是目前還在流傳的術語，以及近代創造，或正在被創造的現代水電術語。

什麼是單相三線

很多人都無法理解單相三線電源，其實單相三線只是兩個單相二線的組合，如果用乾電池來解釋應該會比較容易懂。

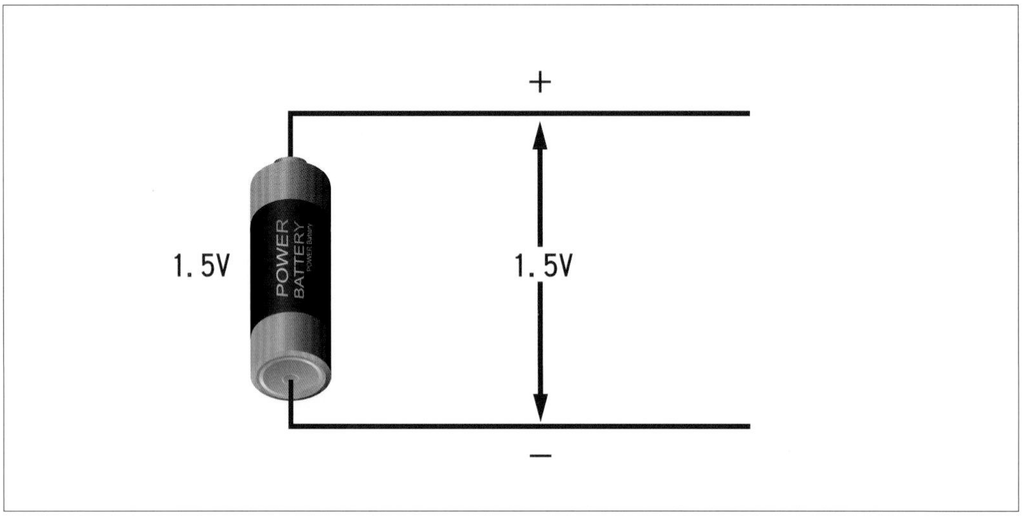

這是常用的乾電池，他有 1.5v 的電壓，而且有正負兩極，如果將兩個電池串聯在一起，就會變成下圖：

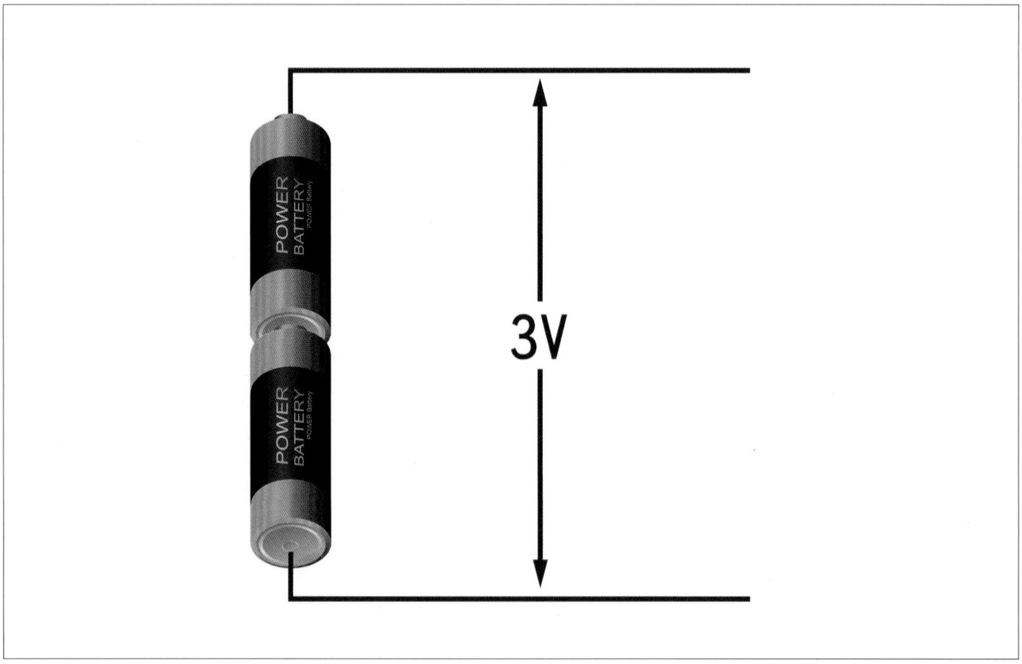

他的電壓變成 3v，如果將兩個電池交接處，接出一條線：

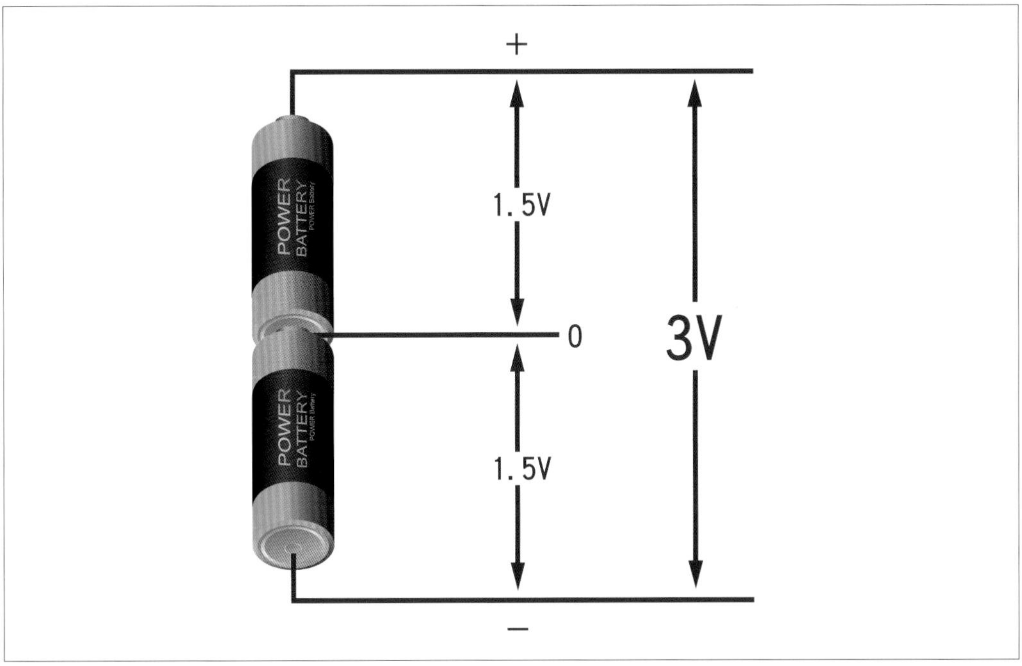

這條線稱為中性線，這條中性線與上下兩端的電壓差都是 1.5v，但是上端對中性線的電壓是 +1.5v，而下端對中性線的電壓是 -1.5v，單相三線的觀念就是如此簡單。

轉換成變壓器型態：

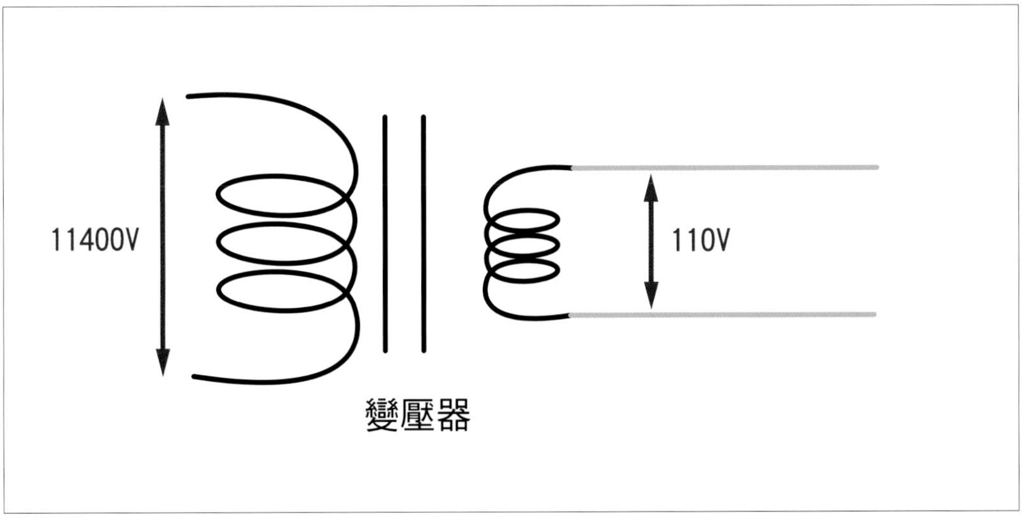

將變壓器右邊的現圈視為一個電池（110v）。

而下圖是兩個電池串聯的型態，總電壓是兩個電池的相加(220v)

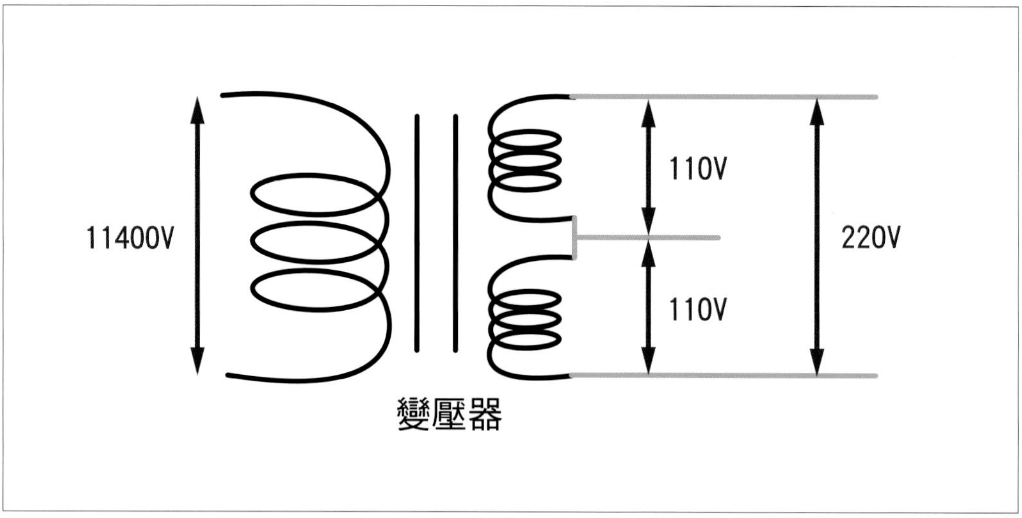

現實生活中，電力公司提供給我們的單相二線 110v 的電源型態：

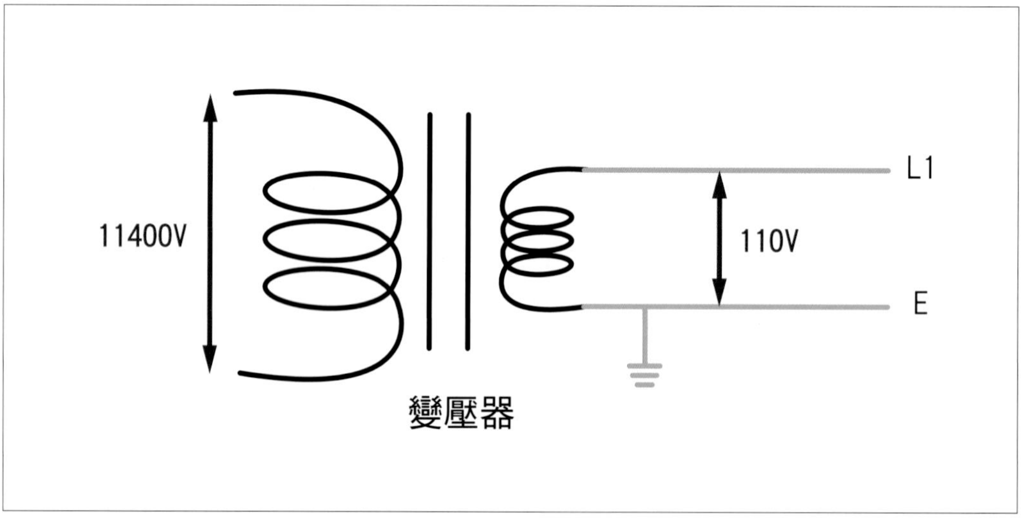

他有一相被接地了，被接地的那一相就被稱為地線。

而單相三線被接地的當然是那條中性線 E。

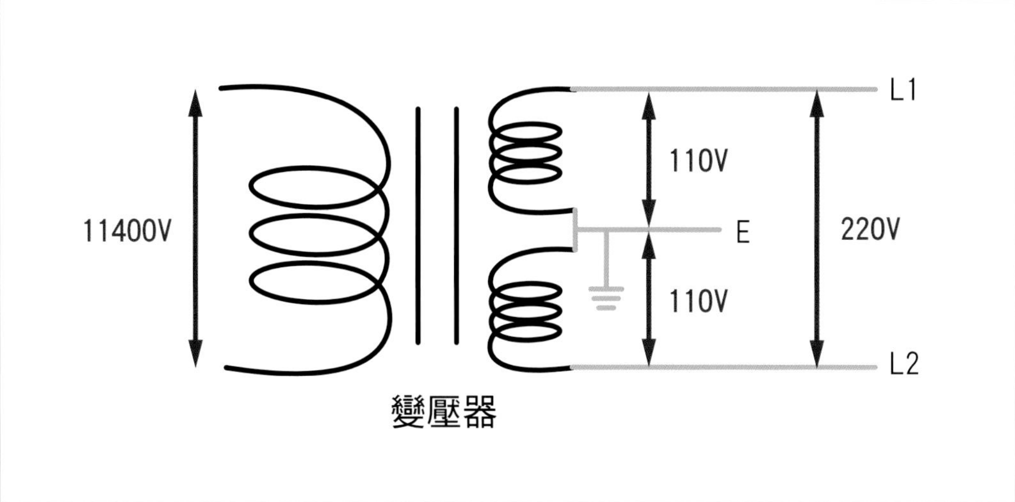

RST 的問題

當一個磁場垂直掃過一個線圈時，線圈就會感應出電壓，這是發電機的基本原理，如果將磁場安裝在一個轉動的軸心，外面的同心圓上依同等份安裝三個線圈，就可發電出三相電源：

R，S，T 各自代表一組線圈，f 是一個旋轉磁場，它是順時針旋轉。

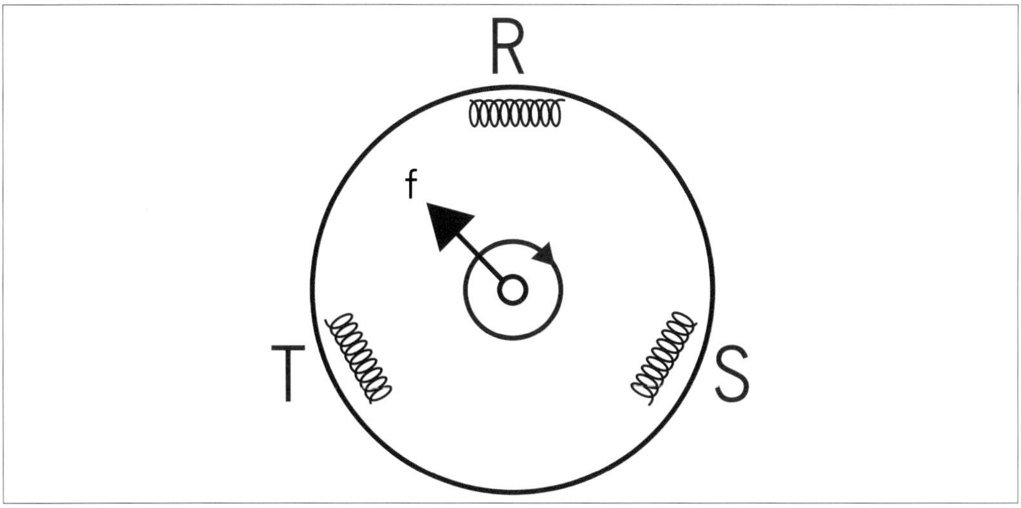

當轉到 R 時，R 的電壓最大。

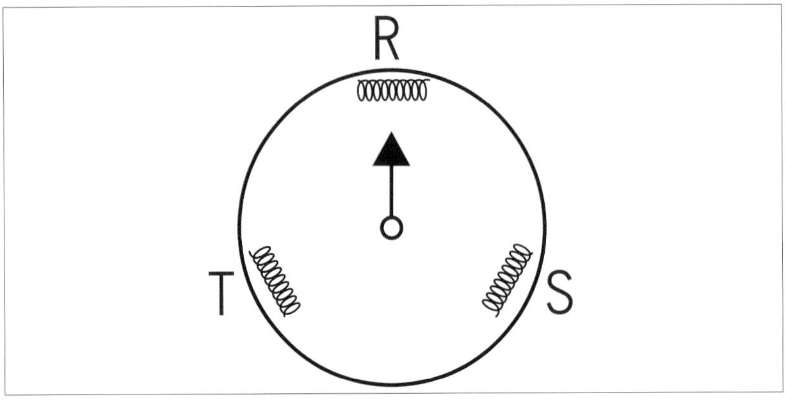

轉到 S 處時，變成 S 的電壓最大。

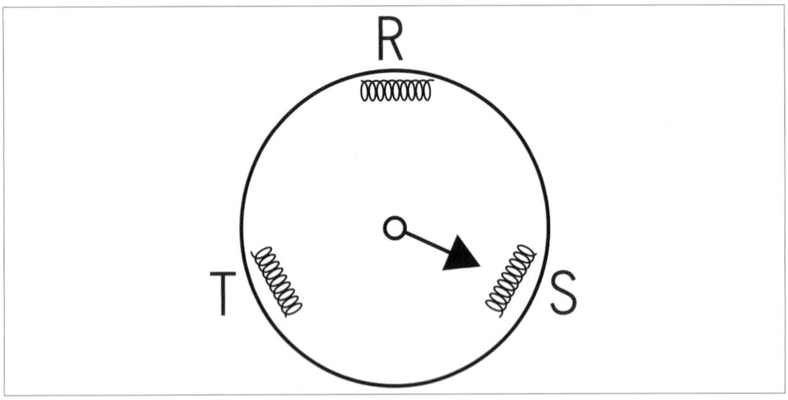

轉到 T 時，T 的電壓最大。

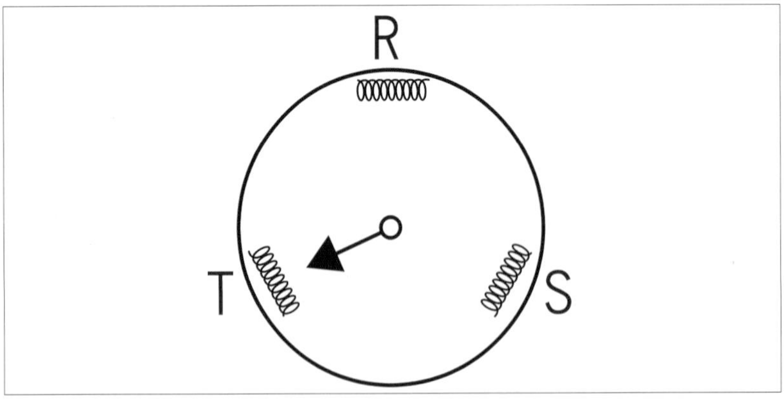

所以磁場轉一圈的電壓反應是：R → S → T。

當磁場以穩定的速度持續旋轉，

就可以得到下面的電壓模式：

R → S → T → R → S → T → R → S → T → R → S → T 一直循環。

如果將這三組線圈的線頭與線尾做適當的連接（△型或 Y 型），就是目前我們常用的三相電源，這個電源有三條主線仍各自被標註為 RST，電壓的大小變化仍然是：

R → S → T → R → S → T → R → S → T → R → S → T 一直循環。

如果我們將 RST 定為正相序，因為是一直循環的，就沒有頭尾的問題，

所以

R → S → T → R → S → T → R → S → T → R → S → T。

STR 也是正相序，

當然

R → S → T → R → S → T → R → S → T → R → S → T。

TRS 也是正相序。

如果將三相電源接到一個三相馬達如下圖：

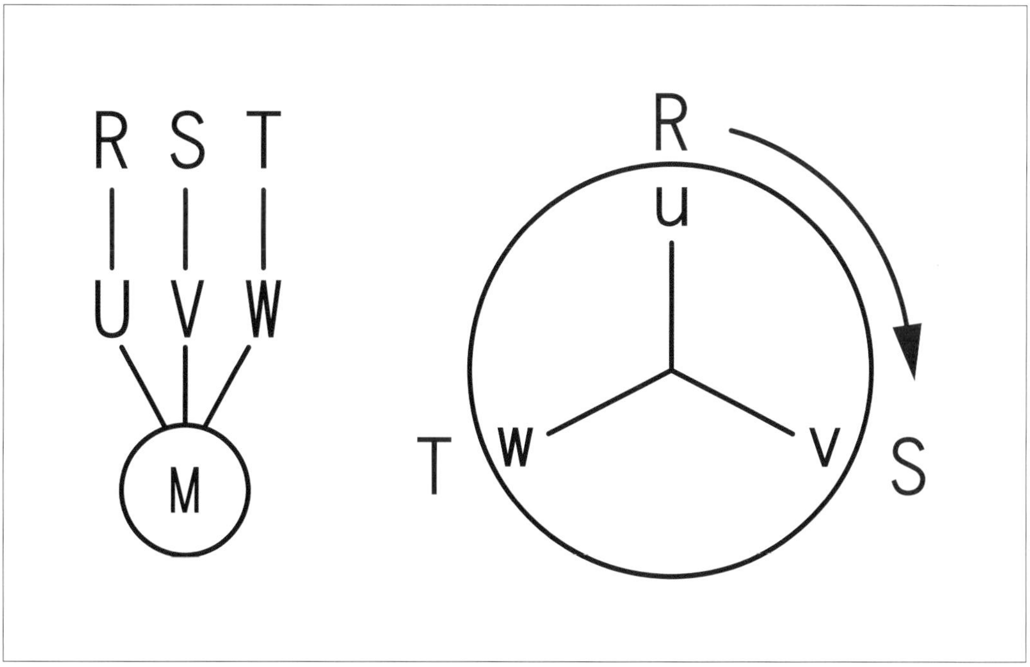

馬達是正轉的 (RST)。

若以下圖連接：

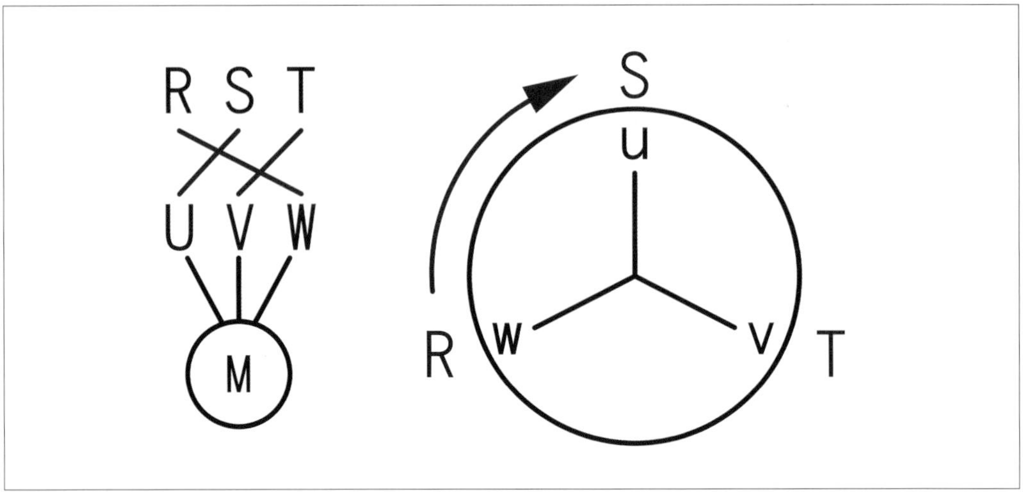

馬達也是正轉 (STR)。

若再以下圖連接：

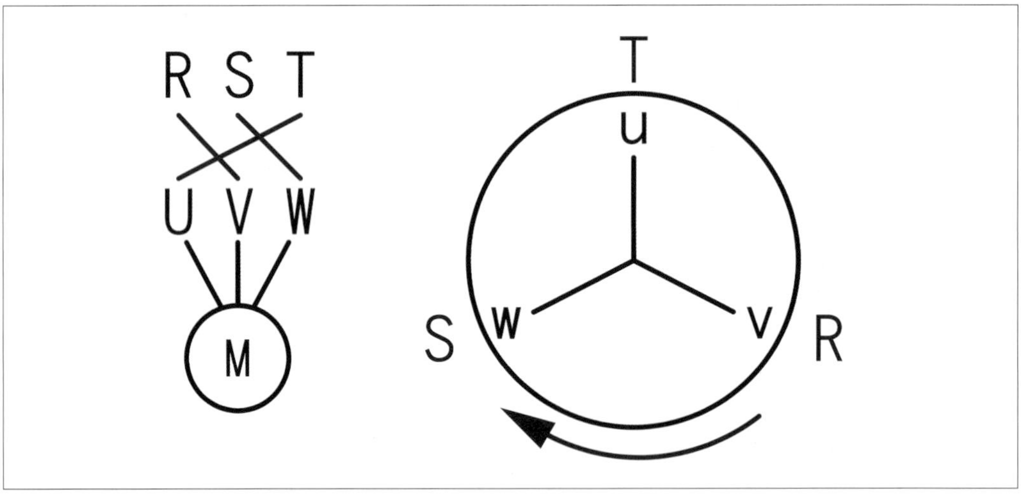

馬達仍然是正轉 (TRS)。

以上三種接線法都是使馬達正轉 (正相序)RST、STR、TRS，如果要讓馬達反轉的話，只要對調其中兩條線即可。

例如目前的接法是馬達正轉：

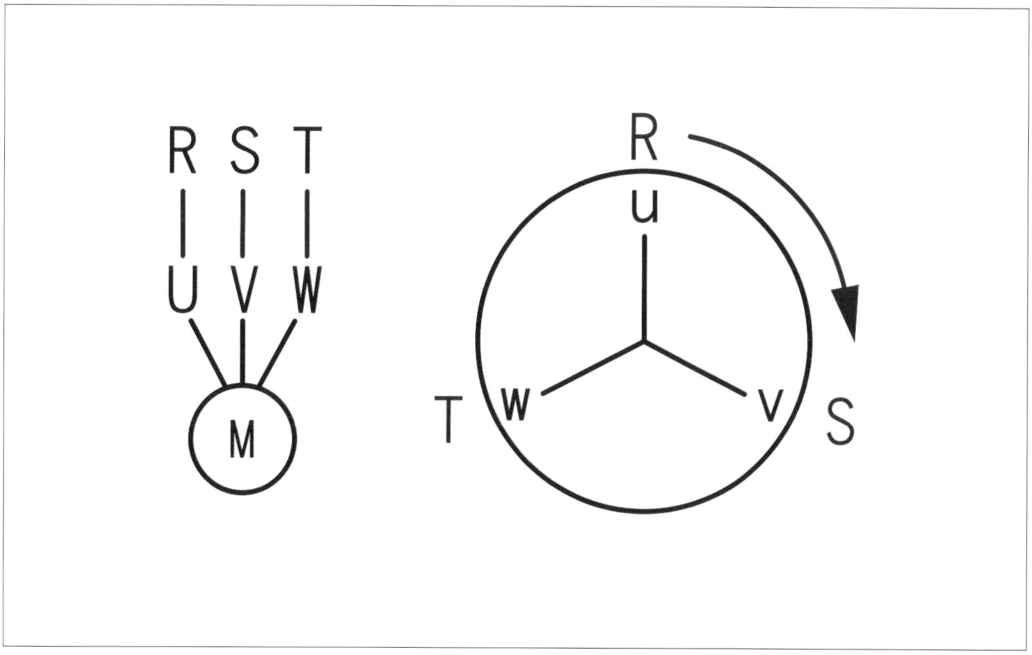

只對調 ST 兩相：

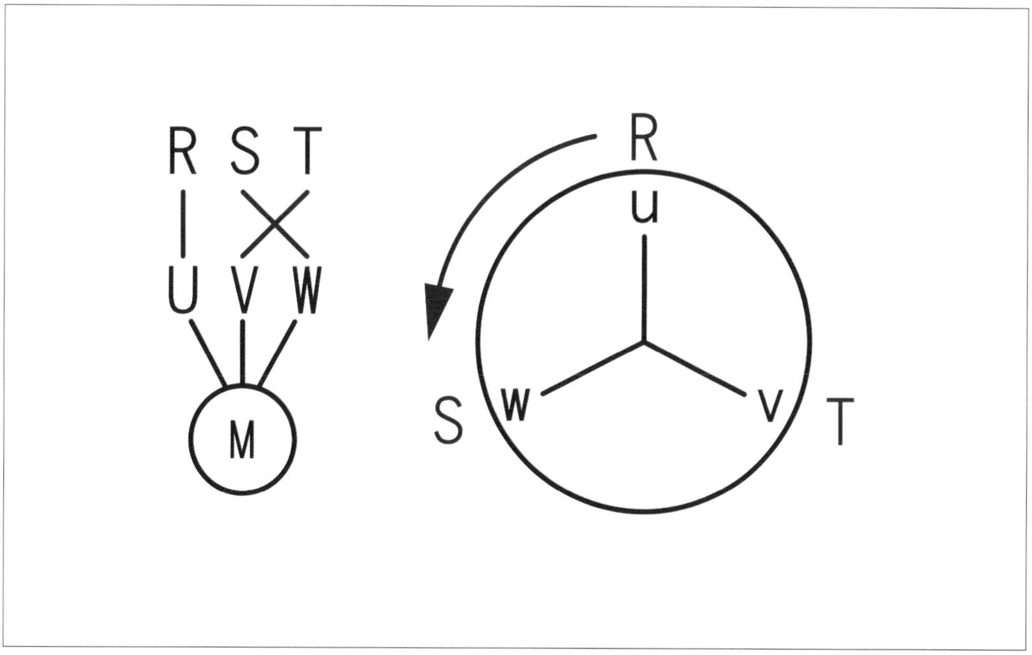

馬達就變成反轉。

或對調 RT 兩相：

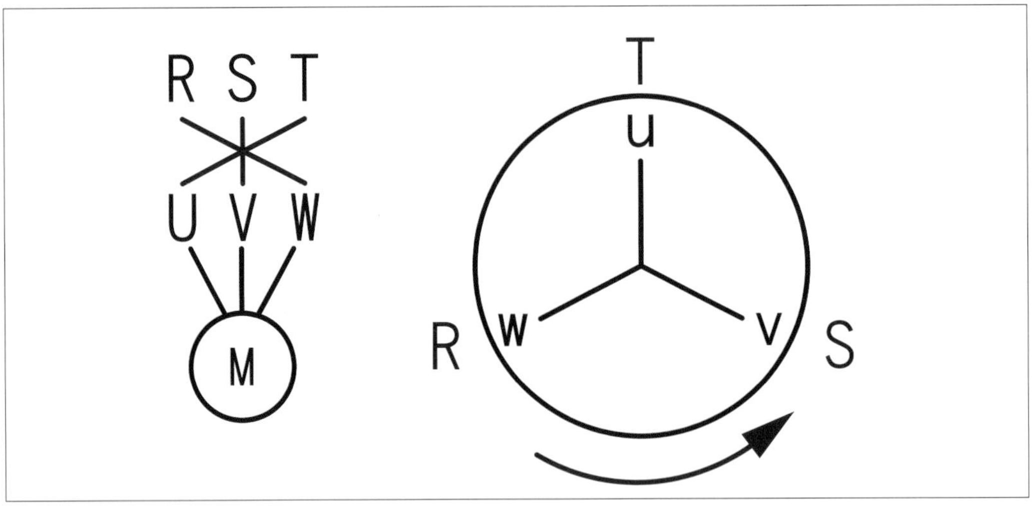

馬達也會變成反轉。

或對調 RS 兩相：

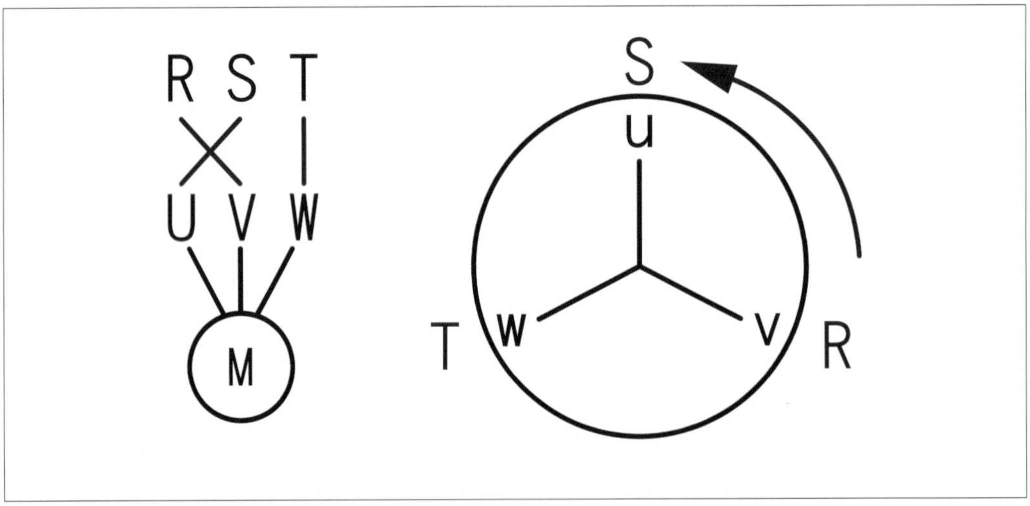

馬達也反轉。

只要對調三相其中的兩相都可以使馬達變成反轉，當然，再變換一次又會變成正轉，三相電源 RST 的問題就是這麼簡單。

水塔浮球開關

水塔電浮球開關是由開關本體，尼龍線及兩個水球組成。

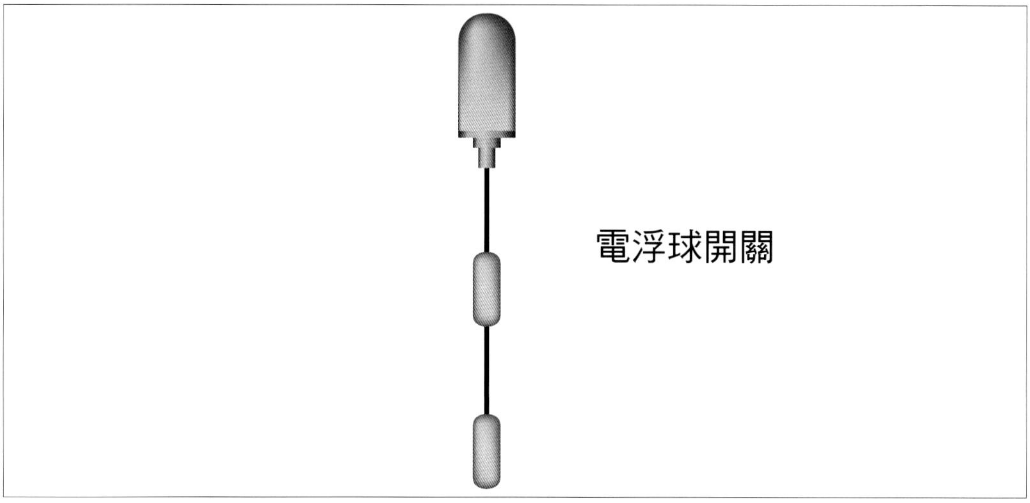

它是裝在水塔的上方，兩個水球的高度可以隨意調整。

上水球指定最高水位，而下水球指定最低水位，兩個水球裡面一定要注滿水，有些廠商出廠時並沒注水，所以必須自己注水。

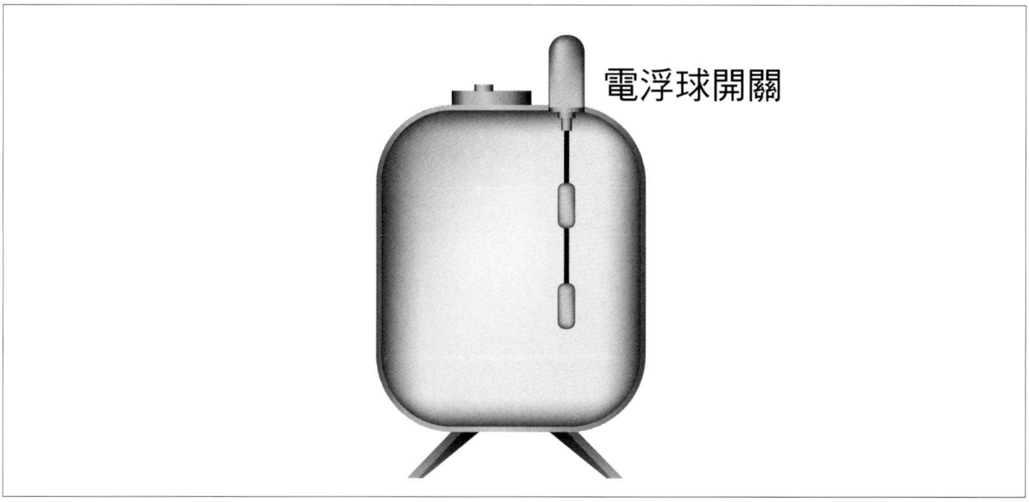

電浮球開關的動作原理：

在最低水位時因兩個水球的重量使開關向下使 A1 與 A2 接通。

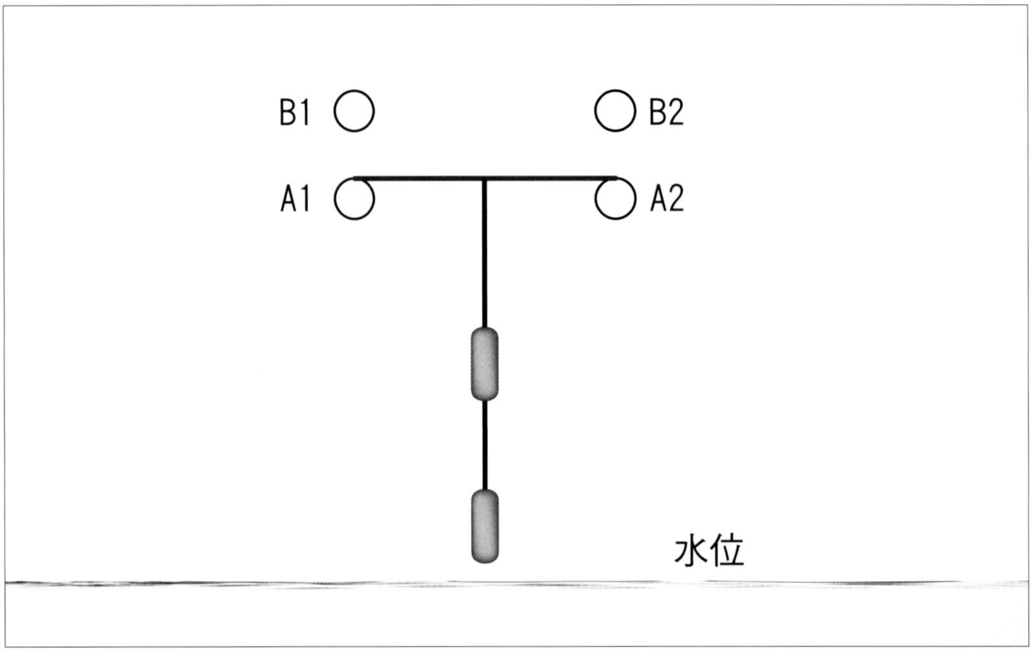

當水位上升超過下水球時，因上水球的重量仍舊保持 A1 與 A2 接通狀態。

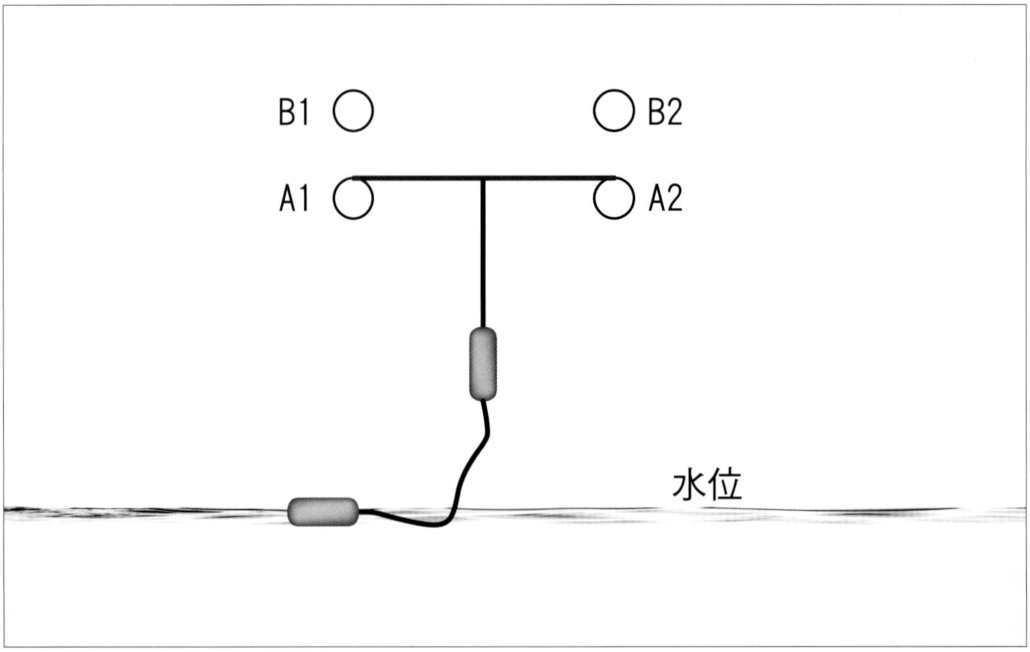

水位繼續上升到超過上水球時，因兩個浮球都浮起；變成 B1 與 B2 接通 (A1 與 A2 不接通)

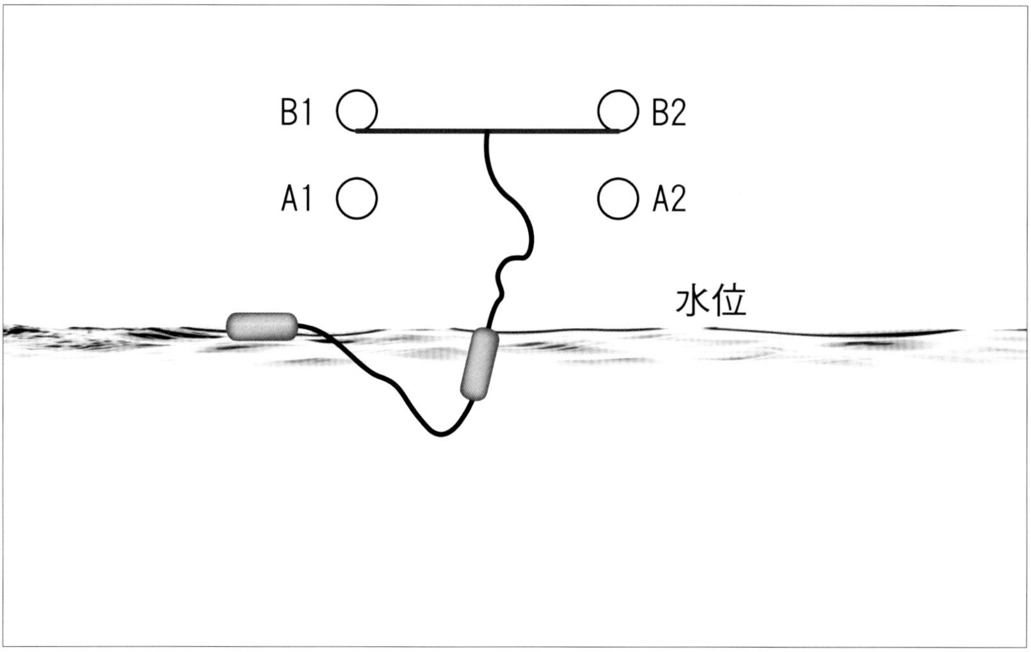

另一個情況；當水位下降時，降到低於上水球，因為上水球的重量不足於將開關拉下，所以仍是 B1 與 B2 接通。

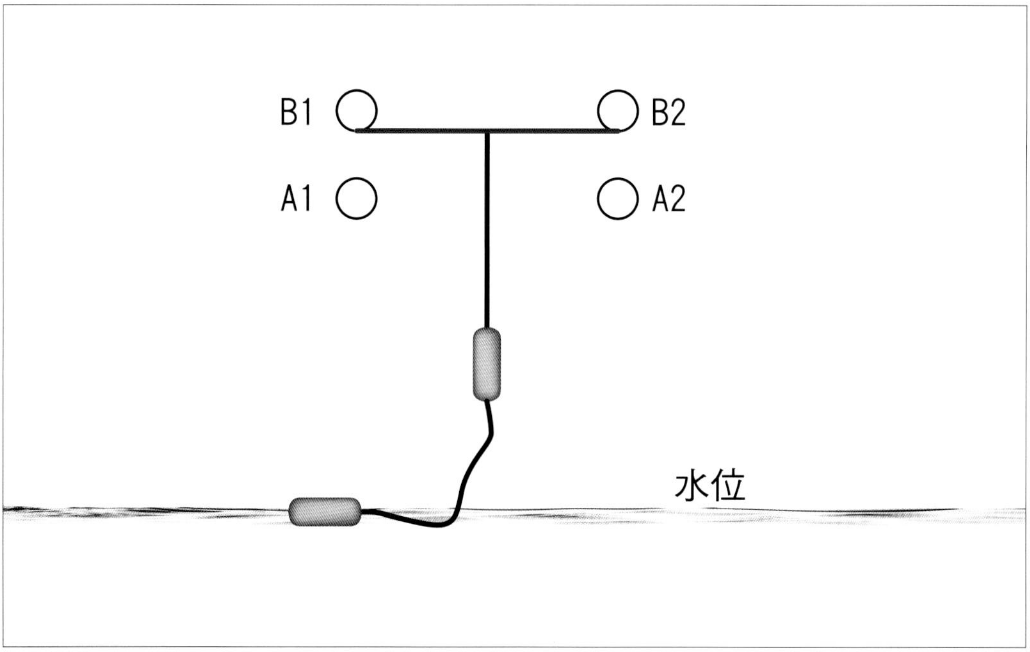

水位繼續下降，降到下水球以下，因兩個水球的重量就將開關拉下，使 A1 與 A2 接通 (B1 與 B2 不接通)

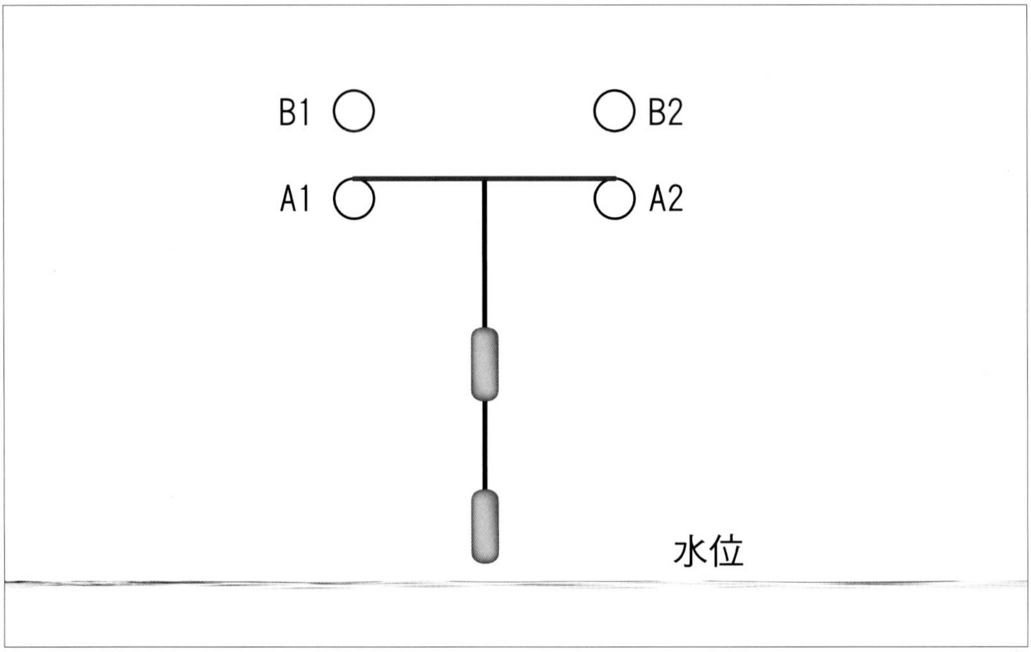

下面是水系統的管線圖，自來水接到一樓水塔，當水位滿時，水浮球開關會自動停止供水。

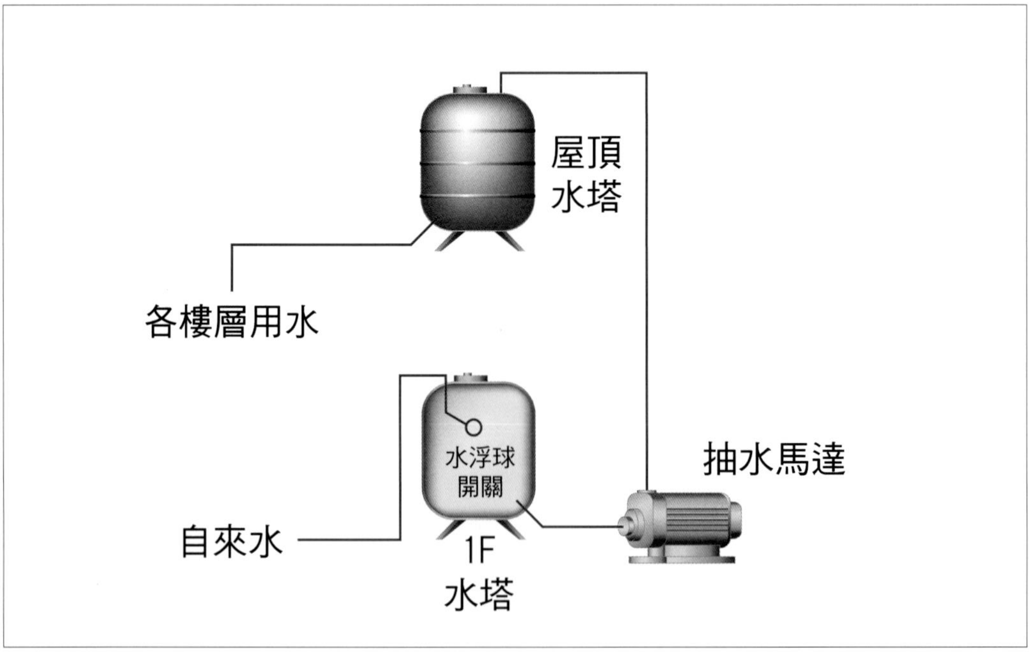

而屋頂水塔是靠抽水馬達自一樓水塔將水抽上去，然後再供應各樓層用水，現在要討論的是抽水馬達要何時啟動，何時停止，一樓水塔沒水時要如何讓抽水馬達自動停止，這就要靠電系統來控制。

下面是電系統的控制線路圖：

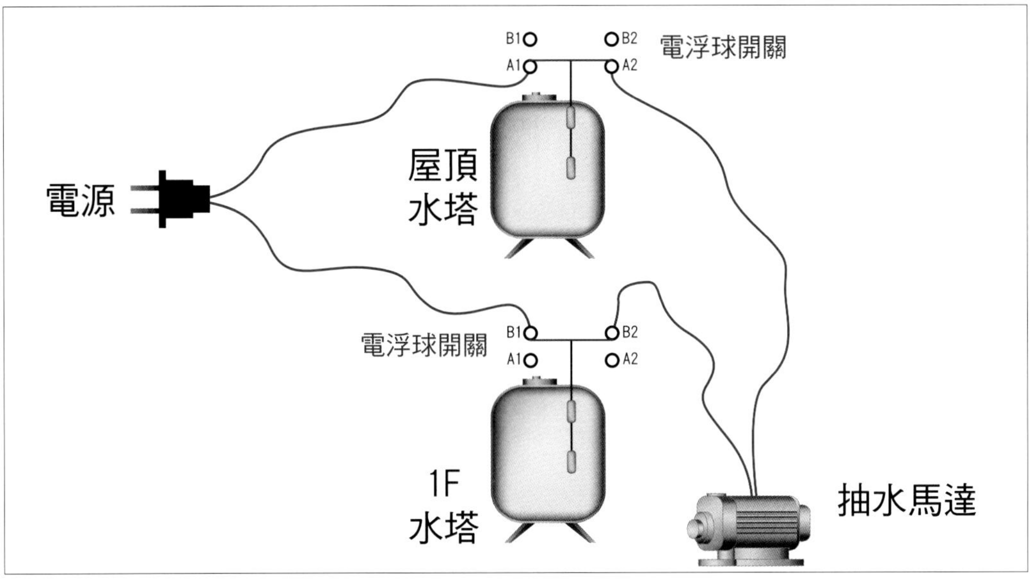

利用屋頂與一樓的電浮球開關來控制抽水馬達的運轉與停止。

我們將圖面簡化如下：

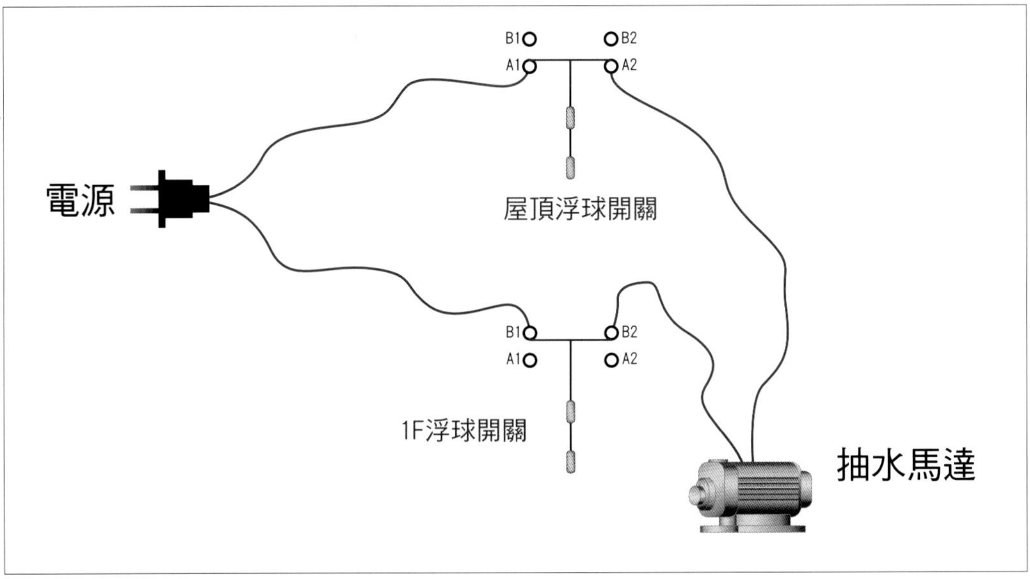

剛開始一樓及屋頂水塔都沒水，所以電浮球開關的接點都是 A1 與 A2 接通。

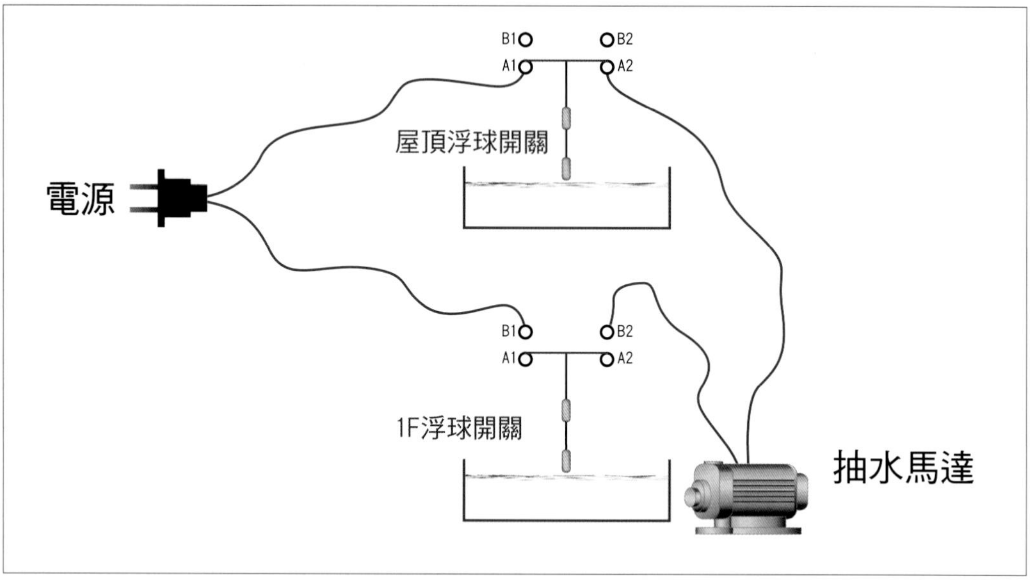

當自來水進水後，一樓水塔的水位慢慢升高，淹過下浮球開關時，接點仍然停留在 A1A2。

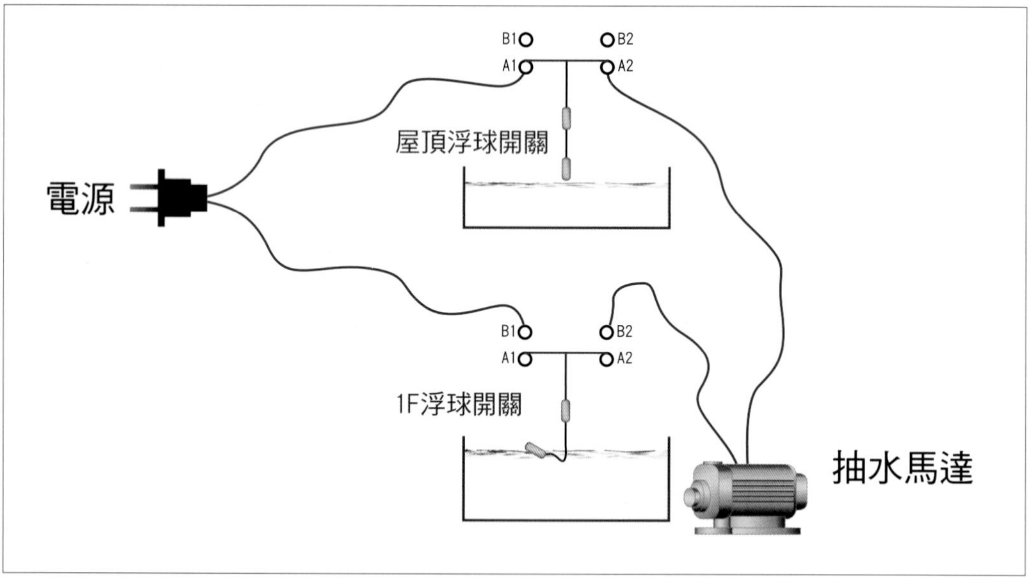

自來水持續進水，當淹過上水位浮球時，接點變成 B1B2 接通。

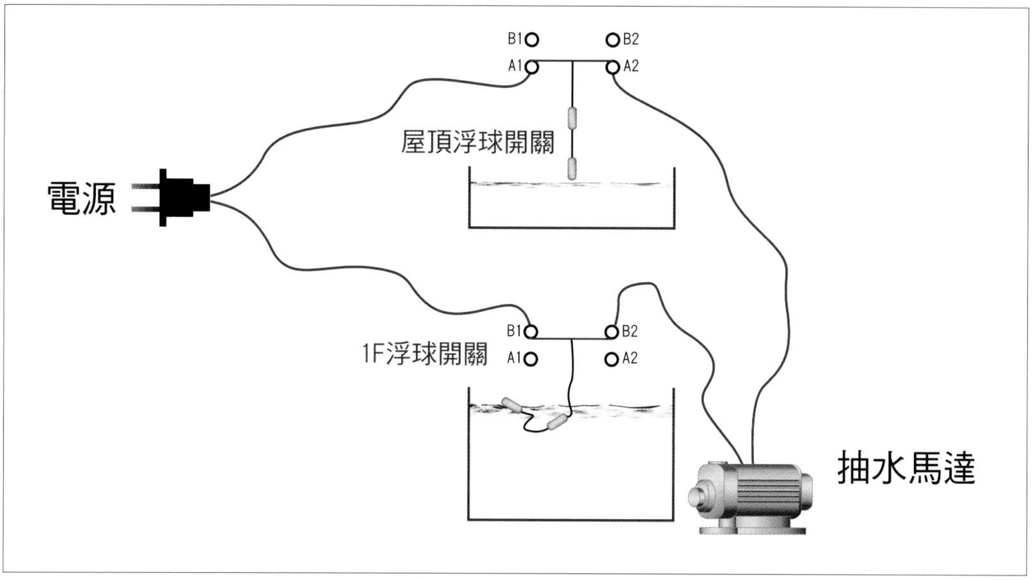

此時抽水馬達開始運轉，將水打到屋頂水塔，屋頂水塔持續進水。

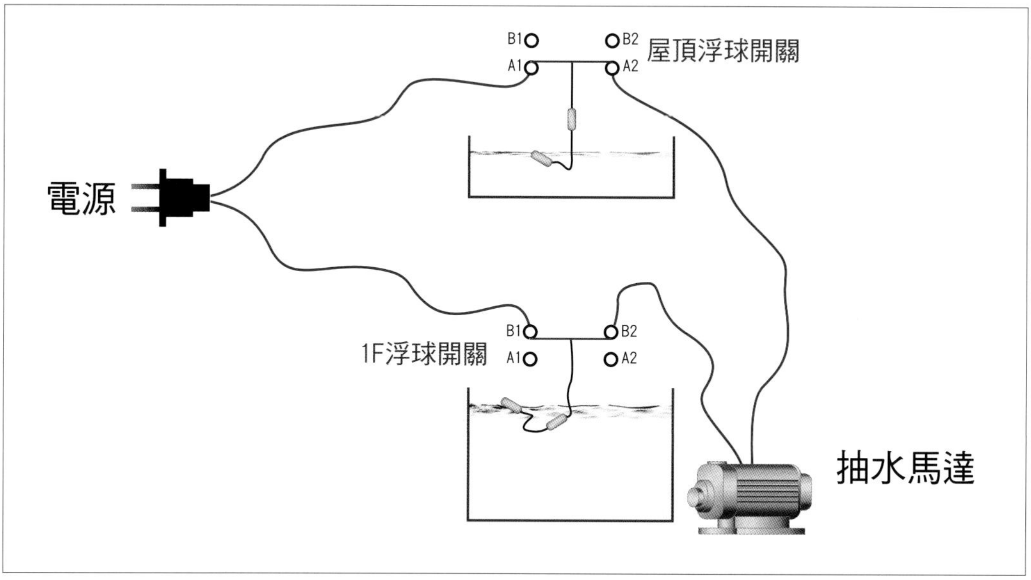

Plumber

水位淹沒下浮球時仍繼續抽水，直到水位升到上浮球時，接點變成 B1B2 接通，所以抽水馬達停止。

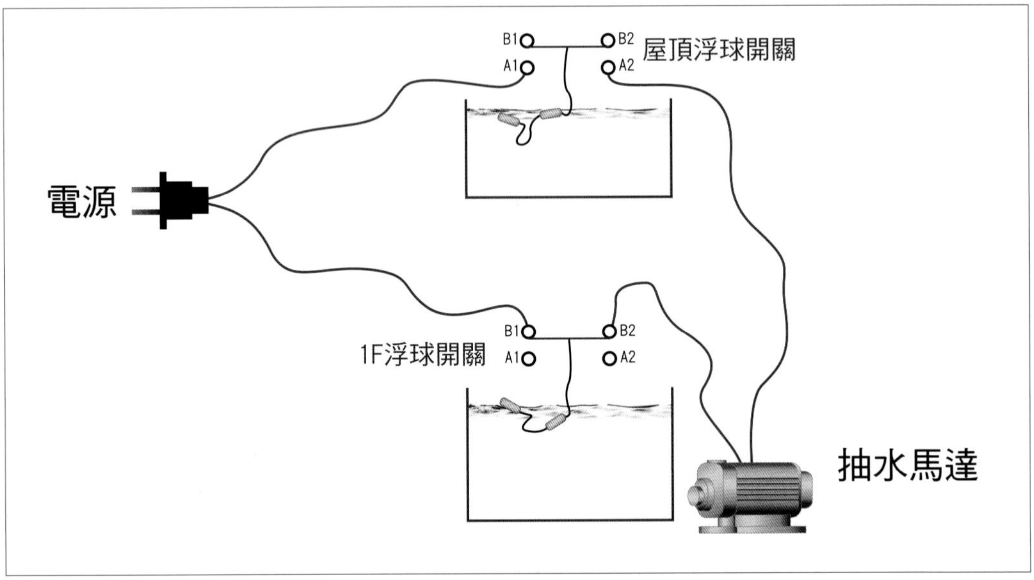

當然在抽水機抽水的同時，一樓水塔的水浮球開關會因水位下降而持續補水，因此除非停水，一樓水塔會一直保持滿水位，而屋頂水塔因各樓層用水會使水位慢慢降低。

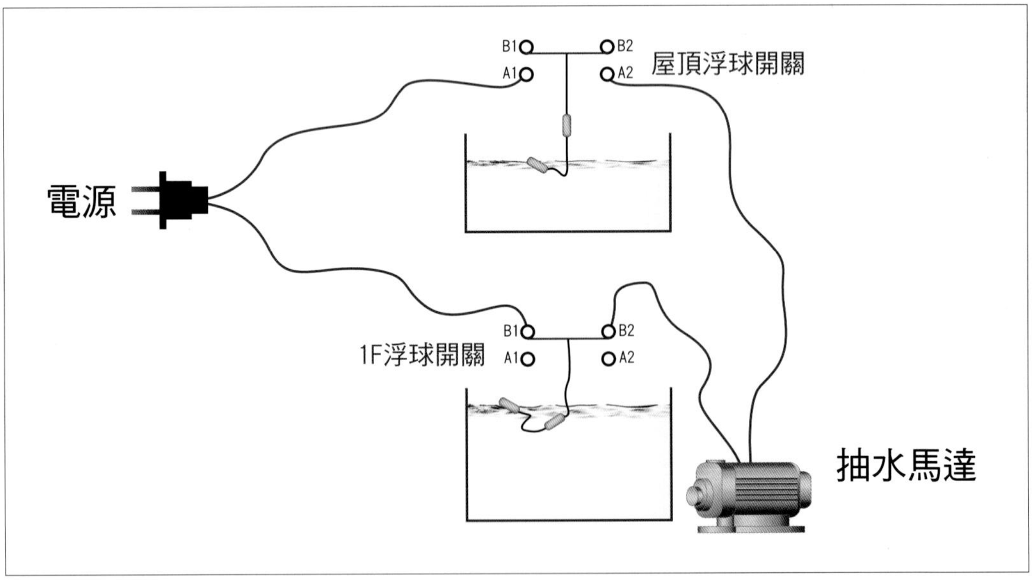

當降到低水位時，A1A2 接通，馬達就又啟動抽水。

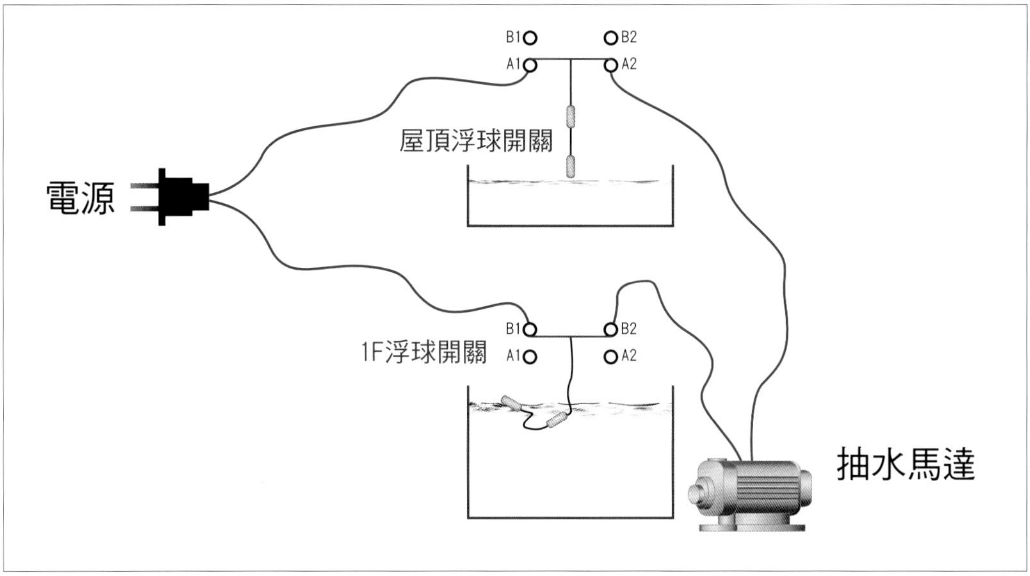

這就是水塔電浮球開關的控制流程，有兩點重要事項：

1. 兩個浮球開關與抽水馬達在線路上是串聯的
2. 一樓的電浮球開關必須接 B1B2，屋頂的電浮球開關必須接 A1A2

水塔電浮球開關用兩個浮球來定上水位與下水位完全是為了保護抽水馬達，防止抽水馬達抽抽停停太頻繁而大大降低馬達壽命，上下浮球之間的距離是抽水馬達一次抽水的時程。

Jenny & Danny 的問題：

我家裡是 1F& 頂樓各有一個水塔且自動抽水供水（如您的範例），因為 1F 有房間覺得太吵且外管水壓充足的情況下，想改為直接外管供應到頂樓水塔，但又想保留原功能，應該要如何修改電路及配管，感恩～！

修改圖如下：

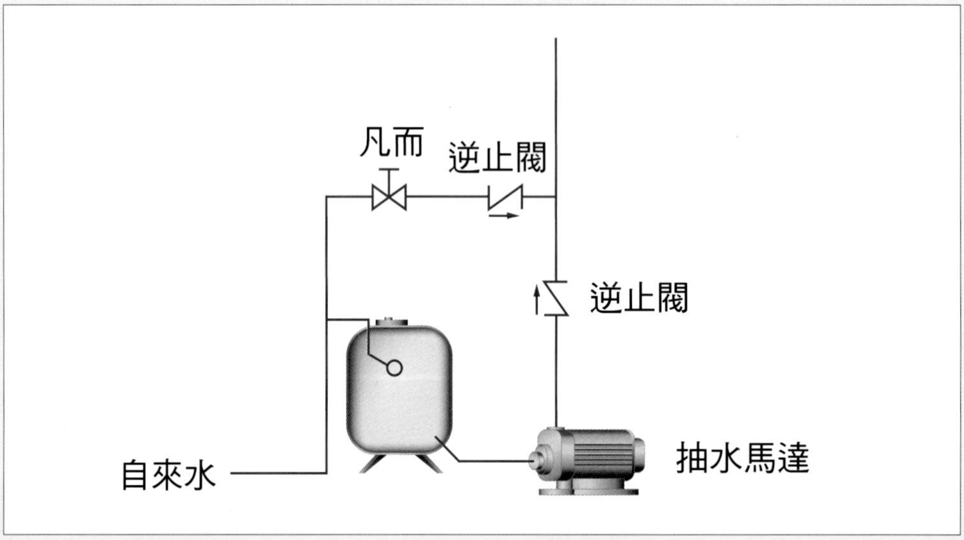

在 1f 水塔加裝旁路管 (bypass)，當凡而打開時，自來水直接經旁路管到屋頂水塔，而當凡而關閉時就恢復原先型態（由馬達抽水到屋頂水塔），逆止閥是單方向的，水只能依箭頭方向流通而無法依逆箭頭方向流通，所以不可裝反了。

馬桶與臉盆的省水方法

有一次維修馬桶時發現水箱內有一瓶裝滿水，裡面還有幾顆石頭的寶特瓶，主人說是為了省水，因為可以減少水箱內的水量，長期下來可省很多水，正在佩服主人的省水方式之際，突然想到不必這麼麻煩的，其實馬桶水箱是可以調整水位高低的。

馬桶水箱的進水器控制水進入水箱與停止，它是利用水浮球開關來控制水位，而水浮球開關是可以調整的。

如下圖，白色浮球透過連桿與進水器連接：

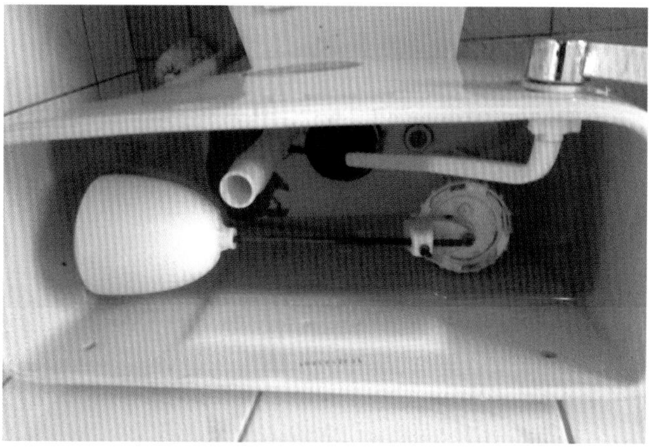

而進水器上有個旋扭，可以調整最高水位，用十字起子就可以調整。

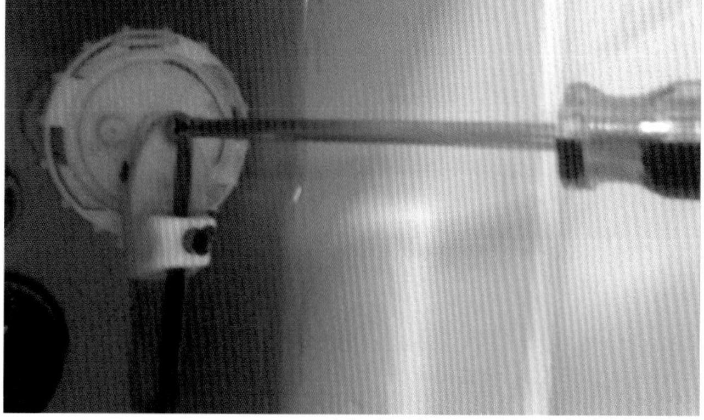

順時鐘轉水位會降低，逆時鐘轉水位會升高，前提是要調整到能沖乾淨的水位，如果水位調太低，要沖兩次才能沖乾淨就不是省水了。

另外是臉盆的省水方法，在洗手時打開龍頭，不管水量大小，就是洗手而已，只要有適當的水量就夠了，太大的水量只是浪費水，在臉盆下方有兩個三角凡而，左邊是管熱水的右邊是管冷水的。

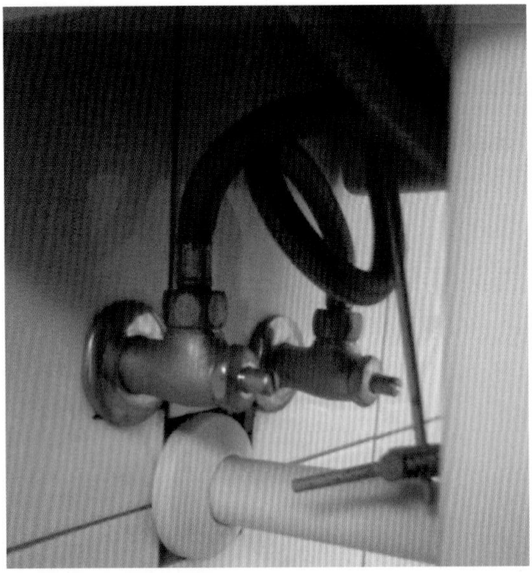

兩個都可以調整出水量，如果不是很老舊，用十元硬幣就可以調整。

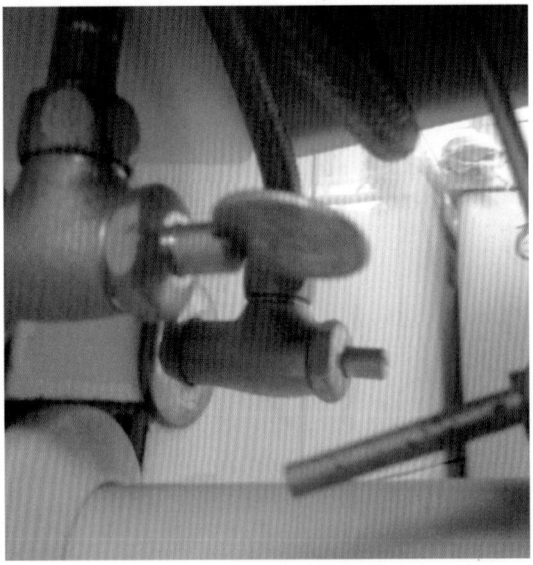

同樣的順時鐘方向是減少水量而逆時鐘方向是增加水量，依此可調整到滿意的出水量，達到省水的目的。

加壓馬達的保護

一般的透天厝的水塔都裝置於最頂樓，也就是樓梯的最上面，因為高度不是很高，所以常被嫌浴室水壓太小，解決的方法是裝加壓馬達，加壓馬達可以加大水塔供水的水壓，而且可設定水壓大小，是很普遍的設備。

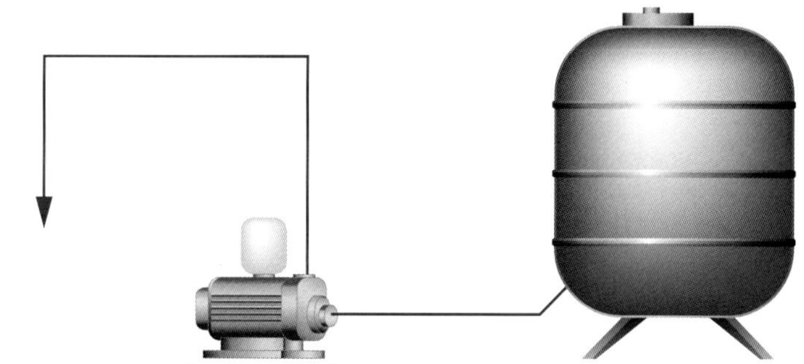

水壓低於設定最低壓時，加壓馬達就啟動，水壓高於設定最高壓時，加壓馬達就停止。

但是有一個問題，如果水塔沒水時，加壓馬達仍然很盡責，持續運轉，因為無法達到設定最高壓，所以加壓馬達不會停止運轉，最後的結果是加壓馬達燒毀！

有一個便利的方法可以防止加壓馬達因水塔無水空轉過度而燒毀，就是將加壓馬達的電源迴路串接到水塔浮球開關的 B 接點，如下圖：

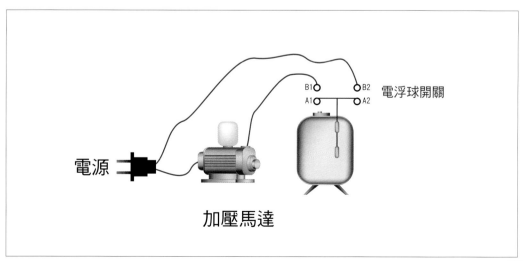

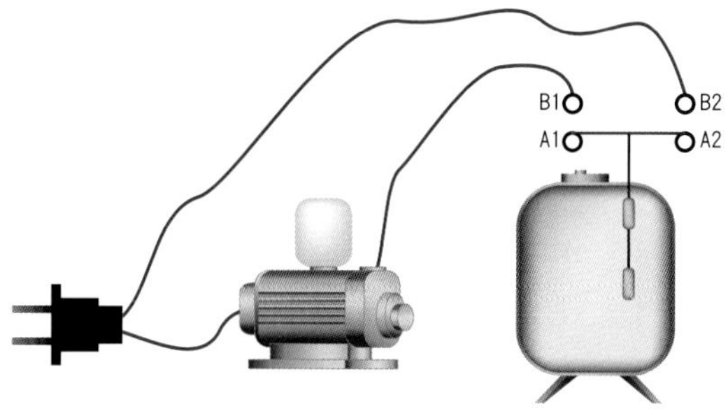

當水塔水位降到低水位時，B1、B2 不接通，因此切斷加壓馬達的電源迴路，使加壓馬達無法運轉，這個電浮球開關原本是一樓揚水泵用的，只用到 A 接點，所以可再利用它的 B 接點來作為屋頂加壓馬達無水保護。

您家的水電被盜用了嗎？

平常都很節省用水用電，但是水費或電費長久以來都比別人高很多，這時您應該考慮您的水電是否被盜用了？，若有人存心想盜用您家的水電是有很多種的手段，但畢竟這種情況少之又少，最常見的是無心的，是當初房子建造時水電工的錯接。公寓式大樓常因為要爭取空間或格局設計的方便，所以採用與隔壁共用管道間，也就因此會變成浴室與隔壁鄰居的浴室只隔一道隔戶牆，這道隔戶牆有自己的水電管，而且也有隔壁的水電管，因為管線很多，接錯邊的可能不是沒有。

水電被盜用了其實很難察覺，停水了大家都停水，停電了大家都停電，除非是您將水電總開關關掉，然後有隔壁鄰居出來喊說他家的某個水龍頭沒水或某個插座沒電，唯一的方法是自主試驗：找個時間將家裡的電燈全部關掉，插頭全部拔除，不要用水，不要關掉總開關，撐一兩天，然後查看水電表的讀數有沒增加，如果有很明顯增加，就有可能被盜用！但是您知道您家的水電表在哪裡嗎？一般公寓的水表是裝在屋頂的樓梯側，而電表是裝在地下室的樓梯側，以 12 樓公寓來說，地下室依樓梯側的集中電表箱的排列順序：

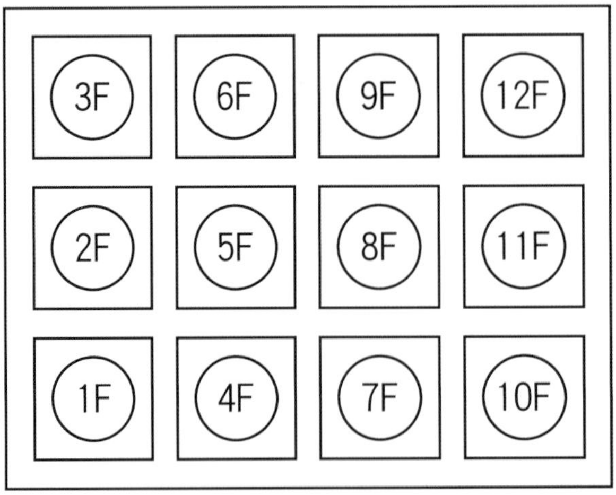

電表集中錶箱的規定是「由下而上，由左而右」。

而集中水表的排列方式如下圖：

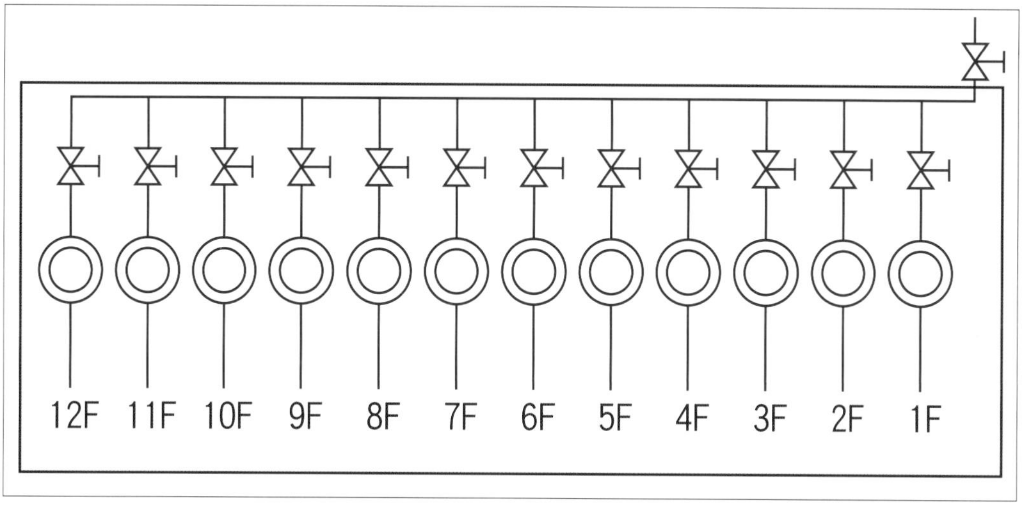

是由右而左排列。

如果一樓與二樓是同一戶的店面，表箱的排列就會有變動，集中電表箱會是如下圖：

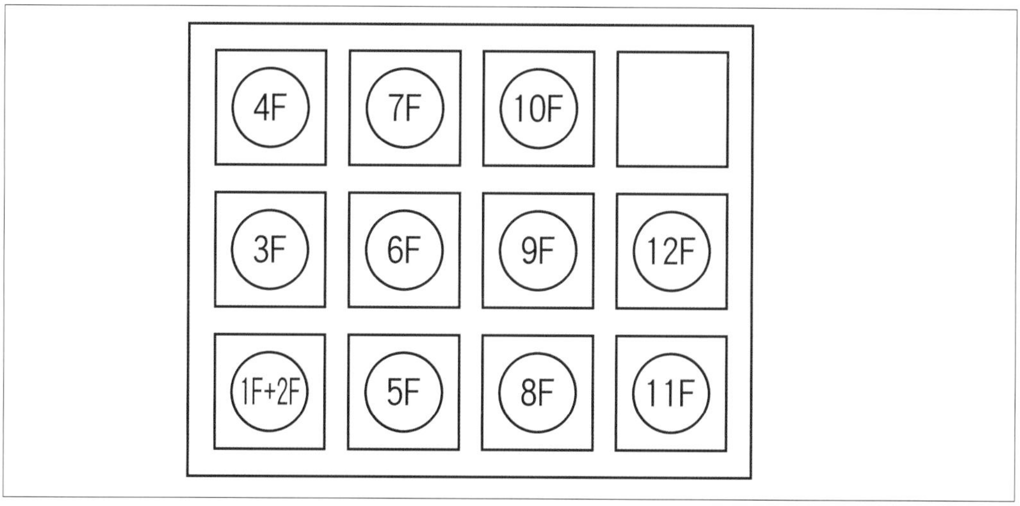

而水表箱的排列會如下圖：

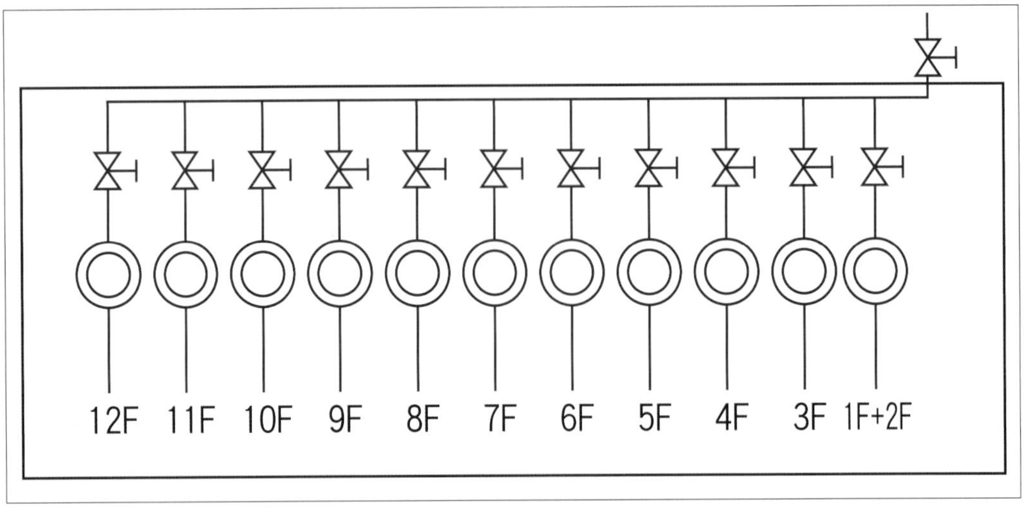

依此模式就可以找到您家的水電表，當然也有較直接的方式……2 人查表法，一人到屋頂水表箱，另一人在家開水龍頭，透過手機連絡。很快就能找到自家的水表，電表也一樣，但是最好用高耗能的吹風機，比較明顯。

神明燈的省電省燈泡方法

一般神明燈買來是整組的，只要擺在神桌兩邊然後插上插座就可以了，但是過一段時間就要更換燈泡，因為是一天 24 小時長期點亮，燈泡的壽命因此減短，那兩個燈泡基本上是並聯的，因此兩個燈泡都接受正常電壓（110v）。

有一個方法可以增加燈泡的壽命，又可省電，就是將兩個燈泡改為串聯。

雖然亮度變為 1/4，但也代表省電 3/4，而且省掉很多燈泡及更換燈泡的時間，只要線路稍做修改就能省下長期電費，神明也不會計較燈泡比較暗了點，是很值得的。

開關

有個水電師父站在馬椅上修理很複雜的電燈，叫水電學徒把電燈關掉，學徒照做了，結果水電師父被電得哇哇叫，下來之後發現開關是切上的，於是免不了又一陣痛罵，學徒一臉無辜，心想明明是你叫我關上的。

其實學徒並沒有錯，只是觀念不同與默契不良，説明如下：

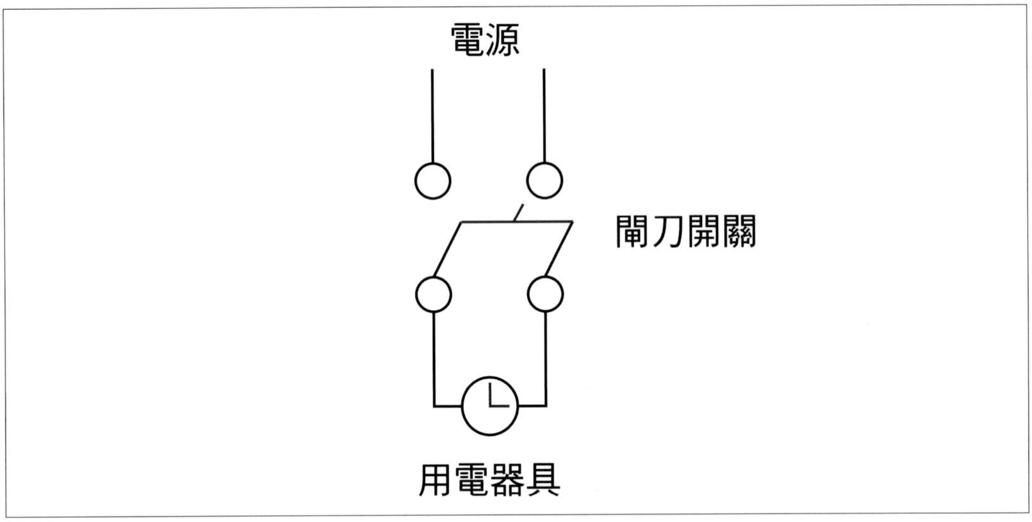

上圖的開關是開啟的，稱為開路，OPEN，切掉，OFF，0；此時用電器具因與電源切離而不會運作，而下圖的開關是關閉的，稱為閉路，CLOSE，切上，ON，1，此時用電器具因與電源接通而開始運作。

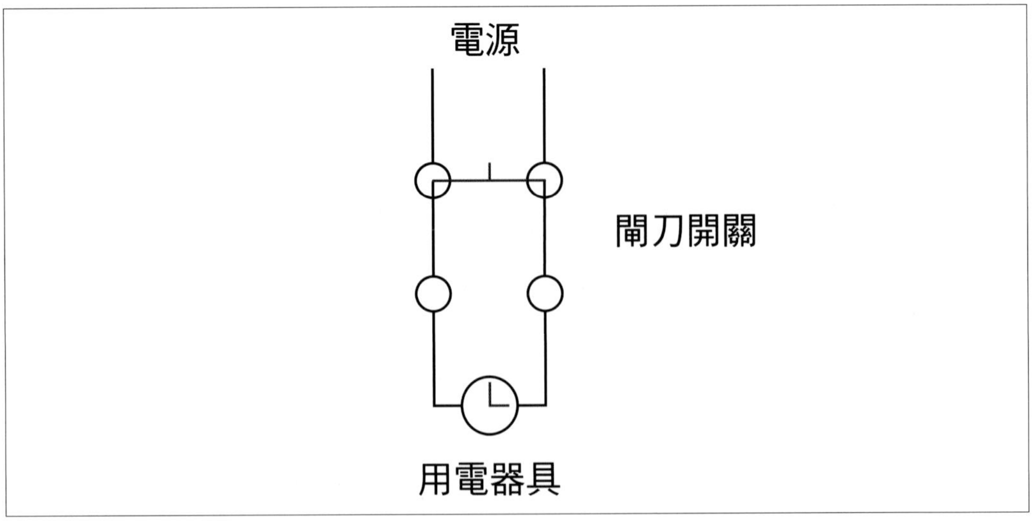

但是以負載觀點來講卻是相反的，例如把電燈打開的意思是使電燈點亮，也就是關閉或 CLOSE 或 on 開關，而把電燈關掉的意思是使電燈熄滅，也就是開啟或 OPEN 或 off 開關。

所以問題點在於水電師父是以負載觀點把電燈關掉，而學徒是以開關的觀點關閉開關，造成天大的錯誤，這是默契的問題，默契不足其實是很大的危險因子。

陽台排水問題

問題常發生在 5 樓公寓的後陽台，如下圖，每層樓的陽台排水都接到柱子內的排水幹管，再接到排水溝。

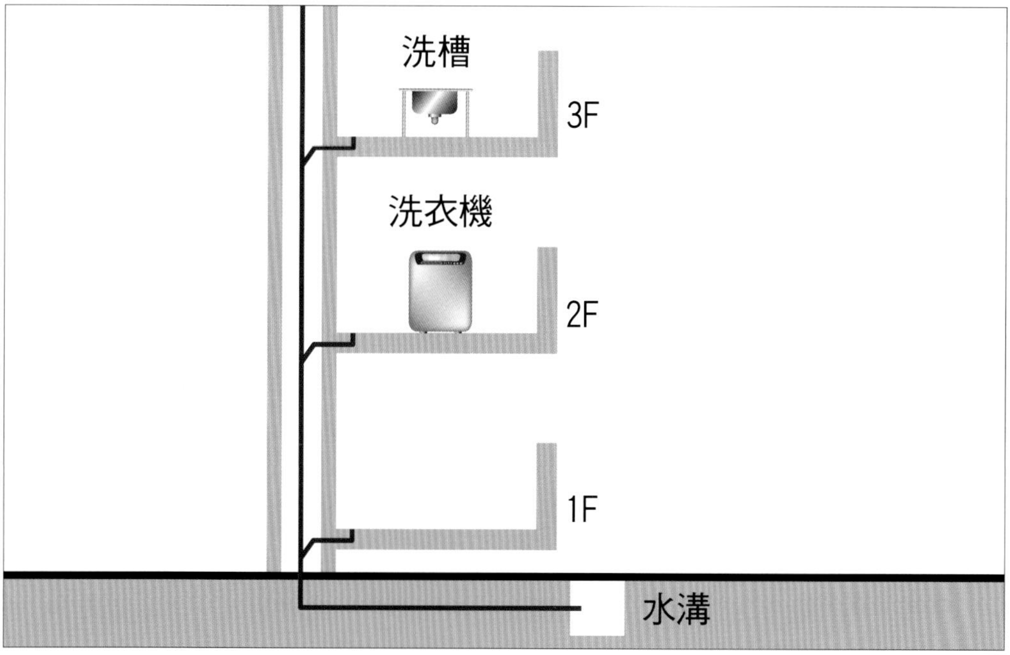

一般都是將洗衣機及洗槽放置在後陽台，所以後陽台的排水幹管堵塞問題特別明顯，堵塞處最常發生在幹管連接到排水溝的彎頭。

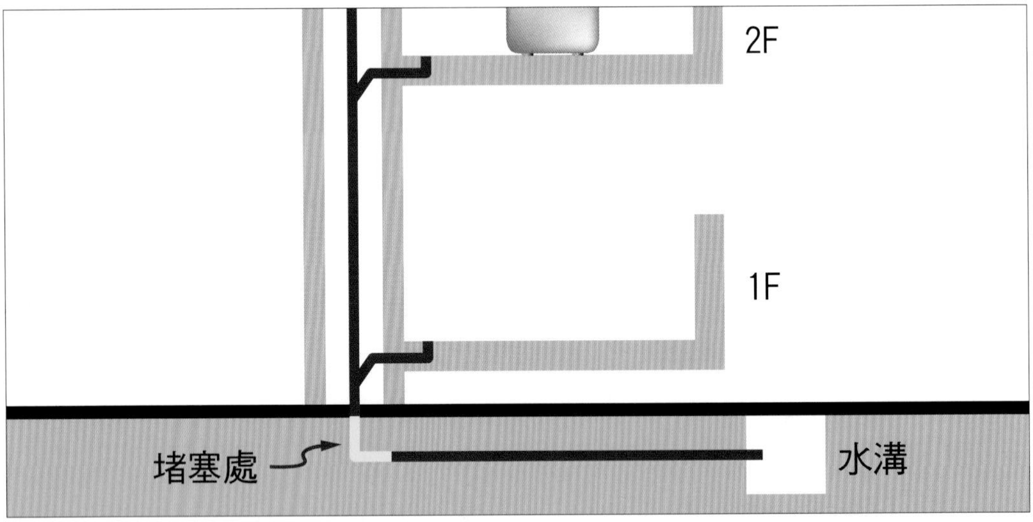

所以首當其衝最倒霉的是一樓，樓上洗衣機的排水都從一樓溢出。

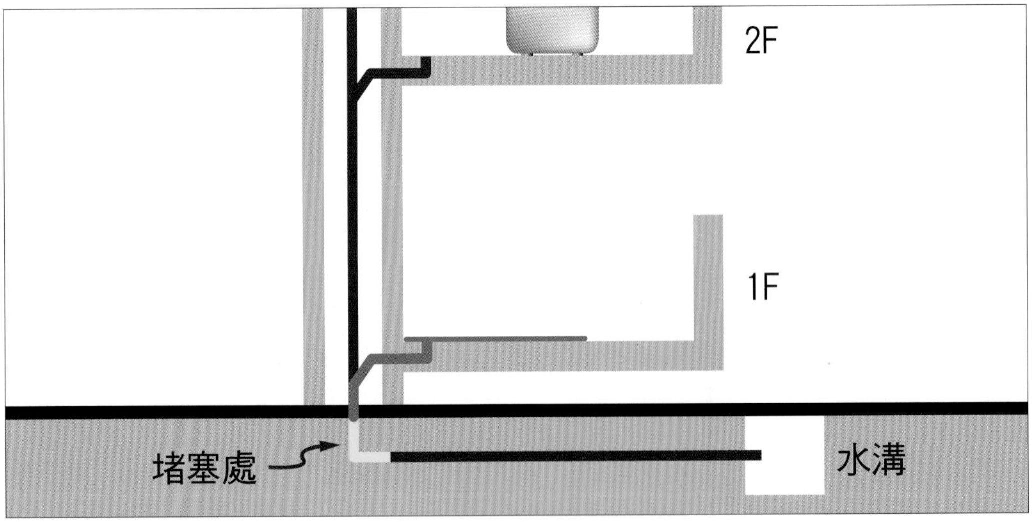

這種排水管堵塞是使用多年之後產生的，堵塞物多是棉絮加上泥沙的堆積，要處理這種堵塞物並不困難，或是找包通水管的廠商花費頂多兩三千元，每層樓平均花四五百元就解決。

但問題來了，受災戶只在一樓，所以一樓的會找樓上的商量平均分攤費用，可憐的是幾乎百分之百都不被接受，無奈的一樓住戶只好花與通水管差不多的費用請水電工將原來的排水口塞住，再配置新的排水管至排水溝（可能是報復心態）。

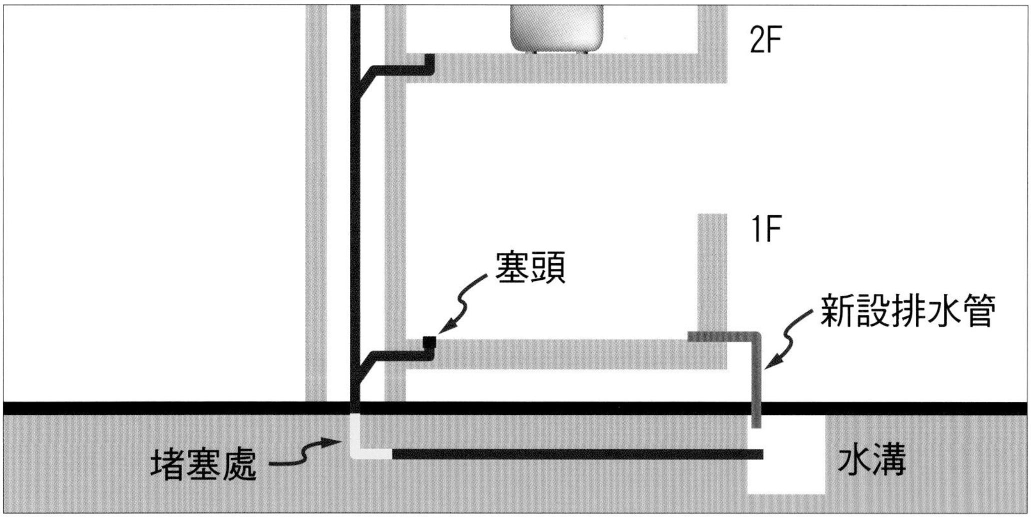

於是變成 2 樓出問題，樓上的排水堆積在幹管而從 2 樓溢出。

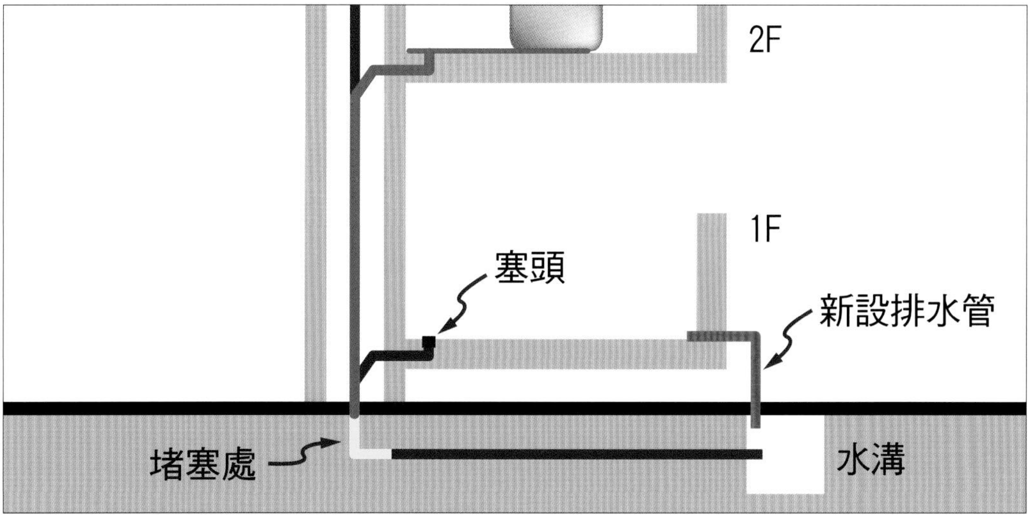

2 樓的可能會找樓上的住戶商量通水管，但也不太可能被接受，所以也只好加塞頭，配置新管至排水溝。

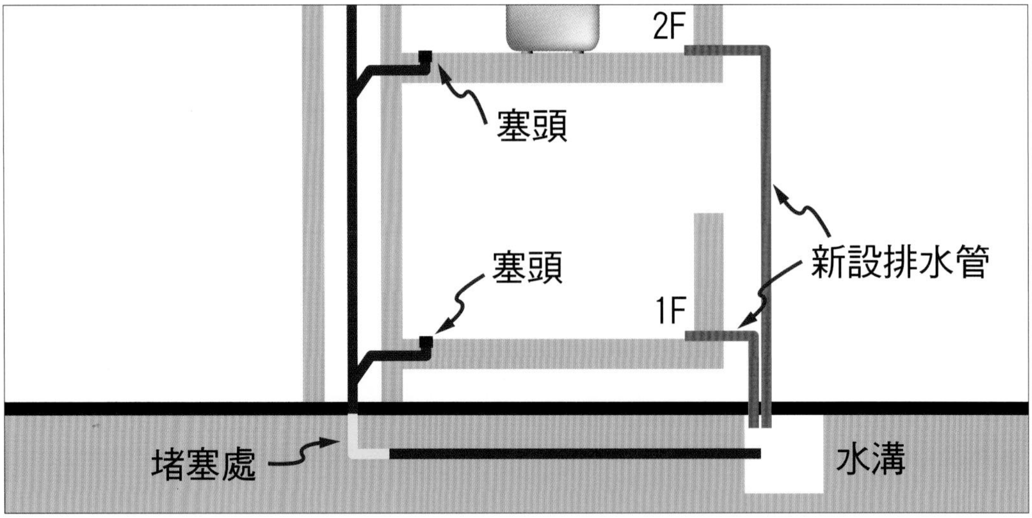

當然問題變成 3 樓的，他也不好意思找別人分攤通水管的費用了，因此就比照辦理，變成 4 樓溢水，然後是 5 樓。

每一層樓都重新配置排水管至排水溝，而且花費都比通水管費高很多，這是很常見的現象，發生在 5 樓公寓。

水電圖符號

WH	電　錶		開關箱
S	弱電箱	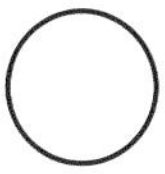	受單切開關控制的電燈
3	受三路開關控制的電燈	A	廣告燈
	崁　燈		投射燈
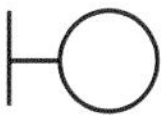	壁　燈	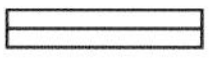	層板燈
T	電話插座	TV	電視插座
C	網路插座	IC	對講機
S	單切開關	S_3	三路開關
S_4	四路開關	SS	兩個單切開關
SS_3	一個單切開關加一個三路開關	SSS_3	兩個單切開關加一個三路開關
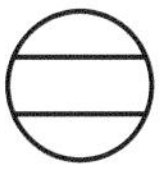	插　座	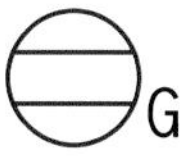	附接地插座
F	排油煙機插座		冷氣插座

Plumber

傳統日光燈改成電子式

傳統的日光燈是由燈座本體，兩個燈管座，一個鐵芯安定器，一個啟動器座+啟動器及一支燈管組成。

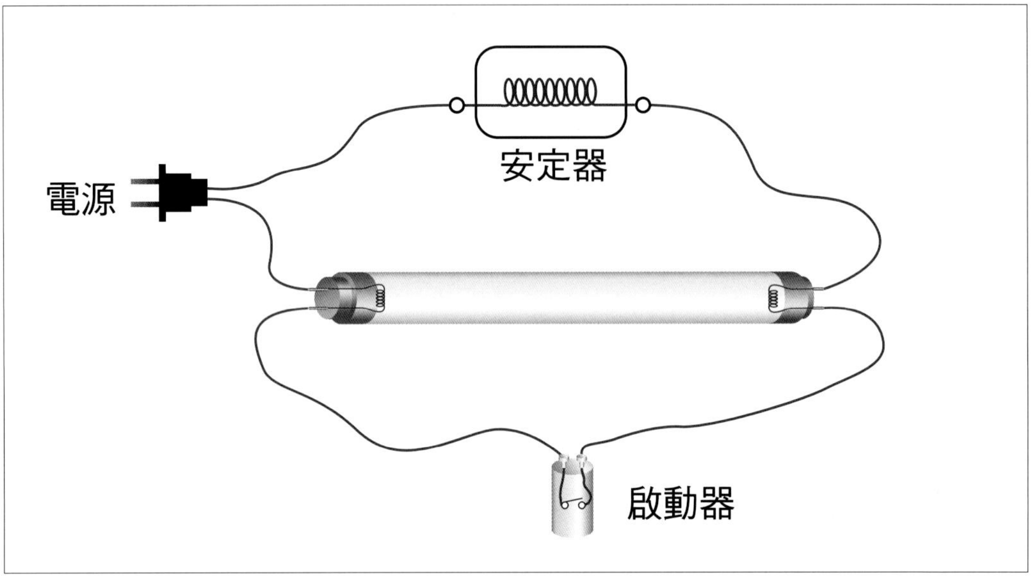

其中最常損壞需要更換的是燈管及啟動器，要更換燈管或啟動器並不困難，一般人都會，但是如果是安定器壞了就會變成很麻煩，光是要檢出安定器是否損壞就需用專業儀錶，而且傳統安定器本身也是耗電能的器具，所以漸漸地傳統的日光燈具已被電子式取代，它最主要的差別只在安定器與啟動器。

電子安定器如下圖：

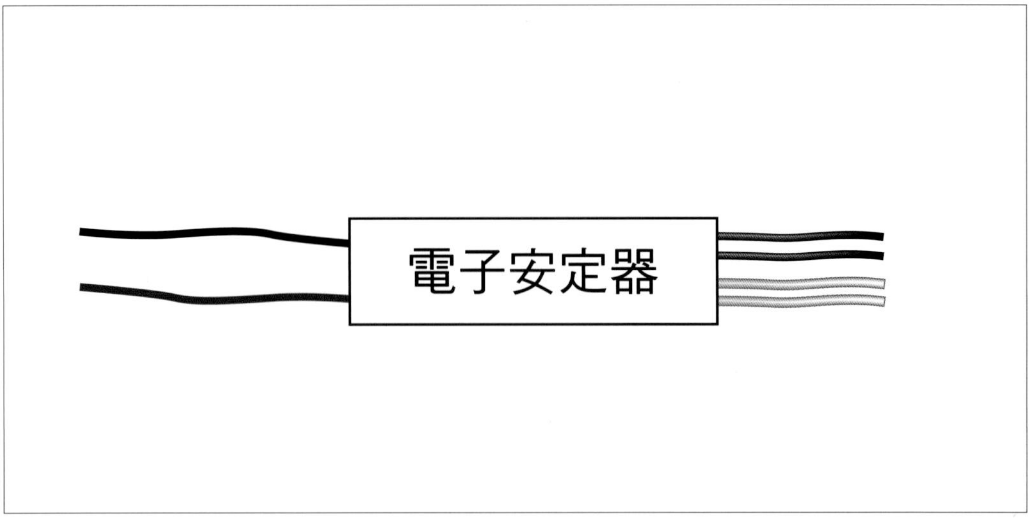

要將傳統式日光燈改成電子式並不困難，只要將安定器及啟動器剪掉。

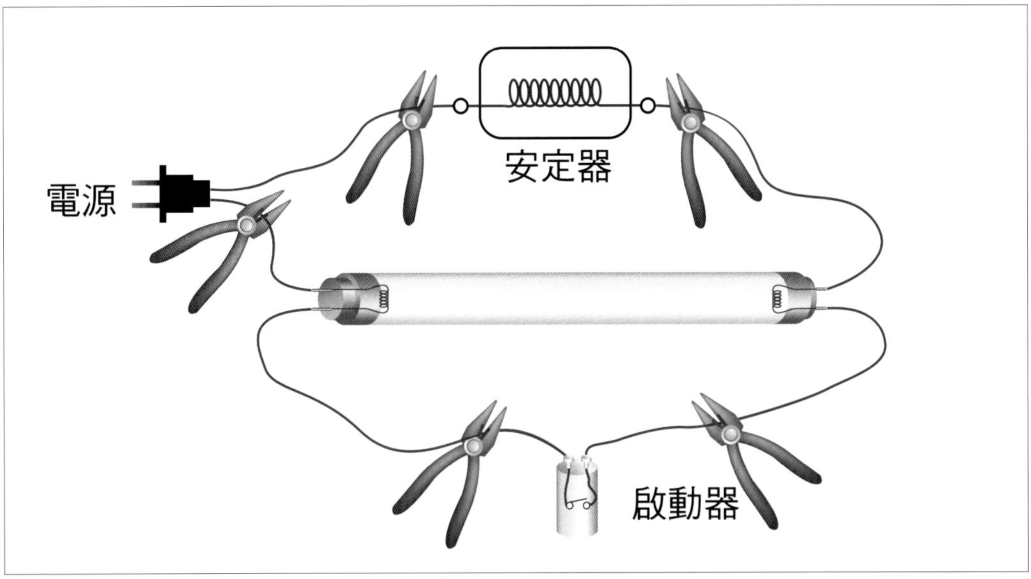

只剩下燈管。

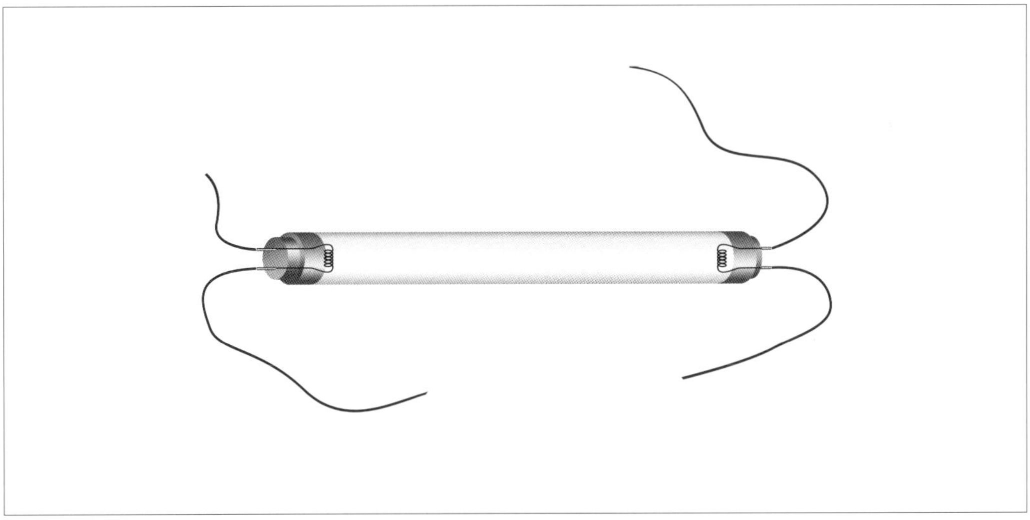

再加入電子安定器，很簡單的接線就完成了。

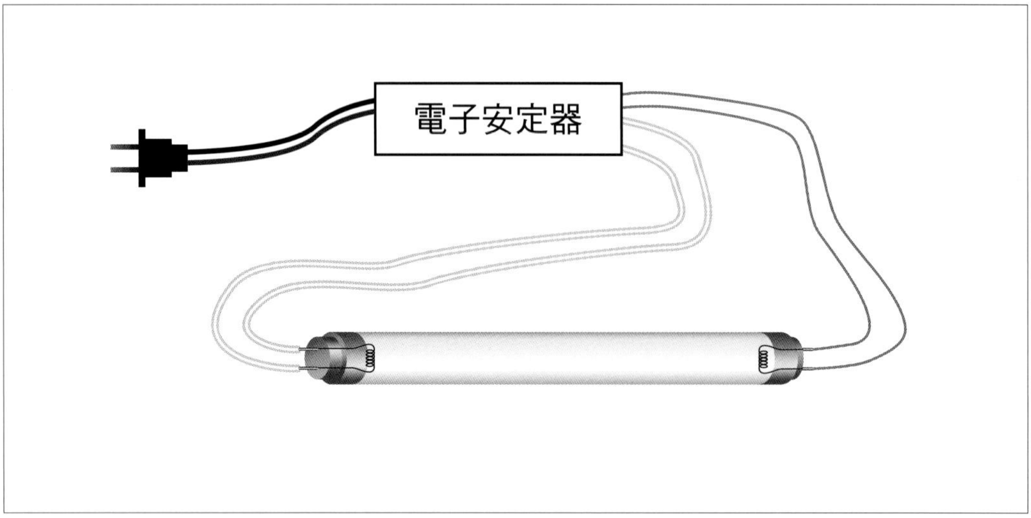

如果是雙管的日光燈就要用一對二的電子安定器，它的接線圖如下：

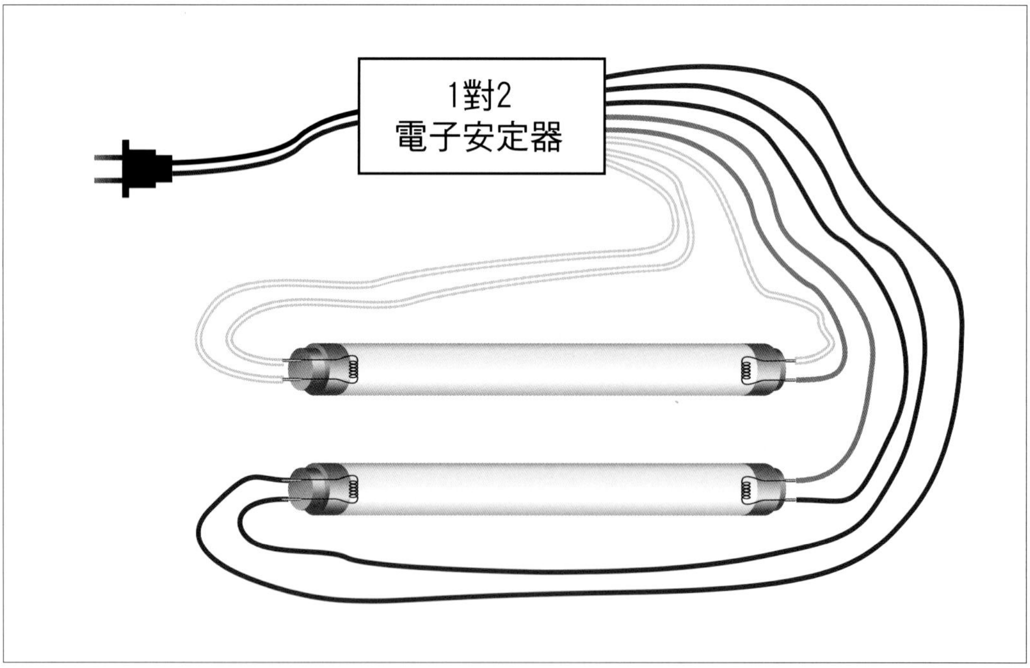

如果覺得太複雜，就乾脆將它視為兩組日光燈處理。

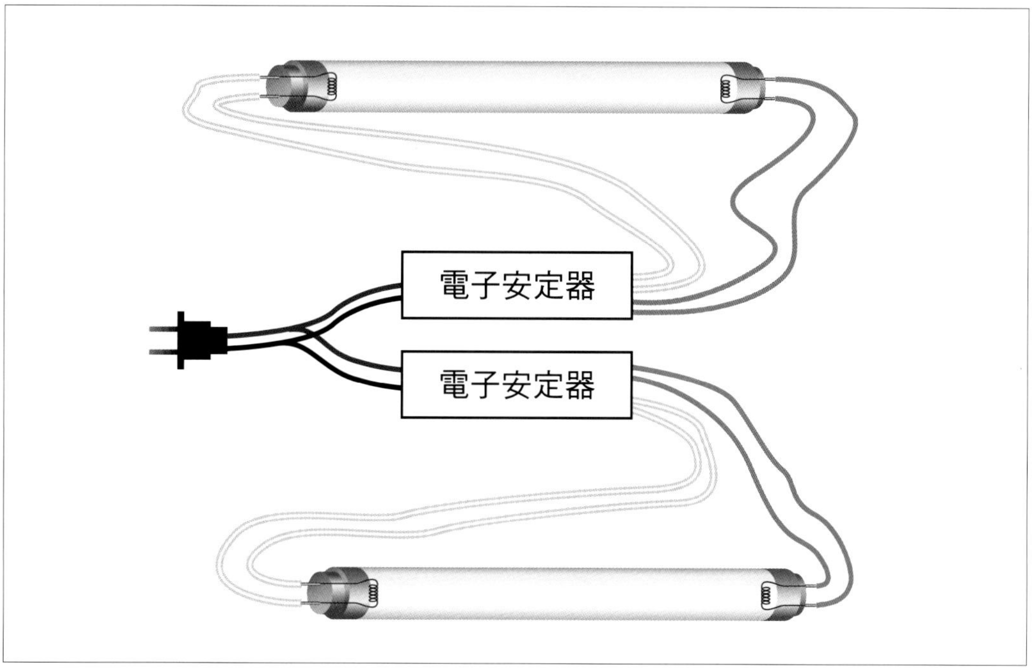

改為電子式就不需再用啟動器了。

冷氣排水

公寓大廈的冷氣窗為了外觀整齊美觀，會刻意將每層樓的冷氣窗設計在同一條縱線上，所以水電工會順勢在附近牆內建立一條冷氣排水幹管直接排至水溝，以收納每層樓的冷氣排水，一般都會用 1" 的幹管，而分支管用 6 分或 4 分的：

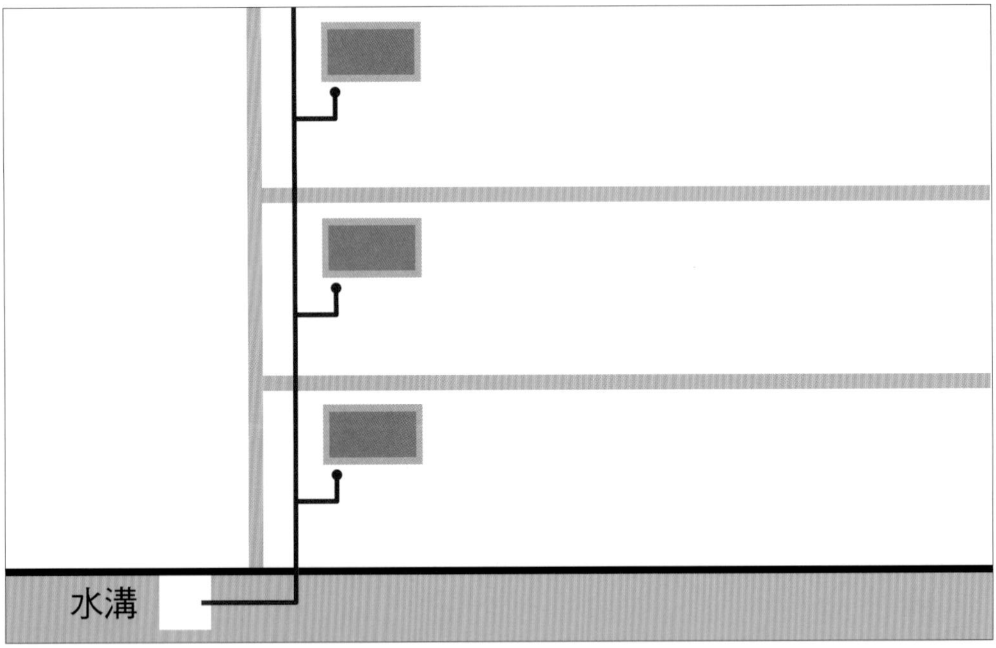

冷氣排水口預留在冷氣窗的下面，以便連接冷氣的排水軟管（如下圖黃色線）

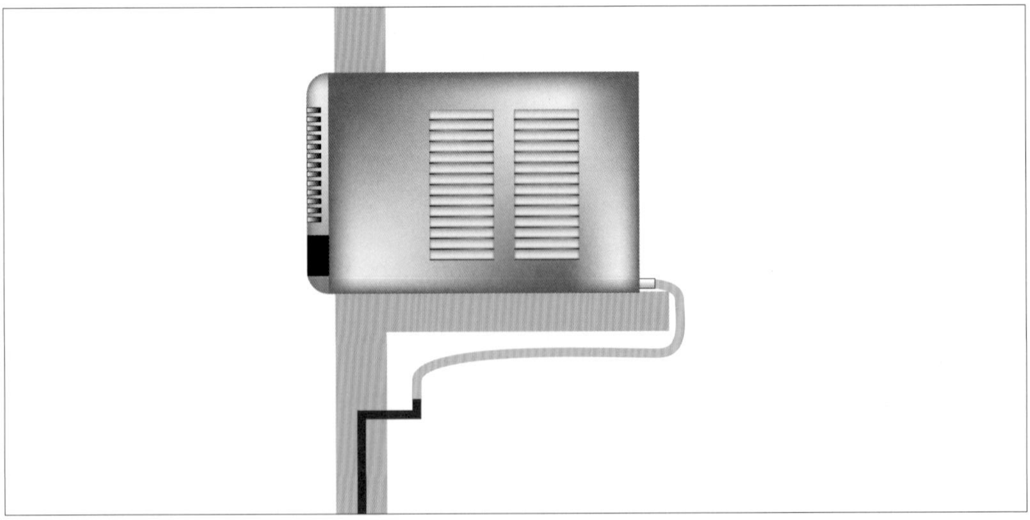

看起來似乎很完美，但這種施工法過幾年之後就會出問題，排水軟管經過日晒很容易在內部長青苔，尤其是透明軟管。

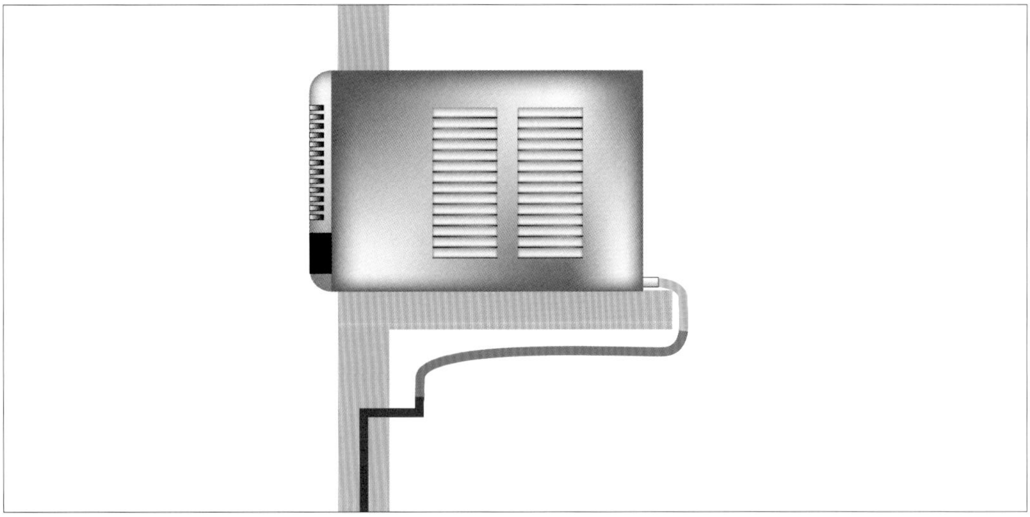

這些青苔會慢慢累積在幹管底部，最後造成幹管堵塞。

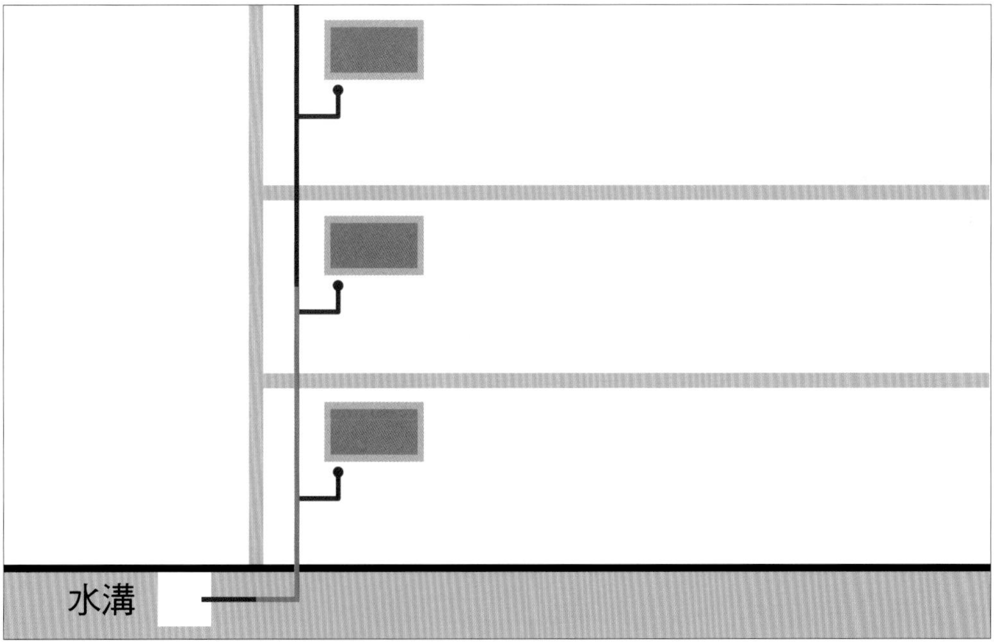

而且 1" 的冷氣排水幹管堵塞是最難處理的，所以大部分用戶最後都放棄通水管而改做明管，造成美觀上的大缺陷。

正確的施工法應該是將冷氣排水管接到結構柱內的柱管上，因為柱管的管徑都在 2" 以上，不會因為 6 分管內的堵塞物而堵塞。

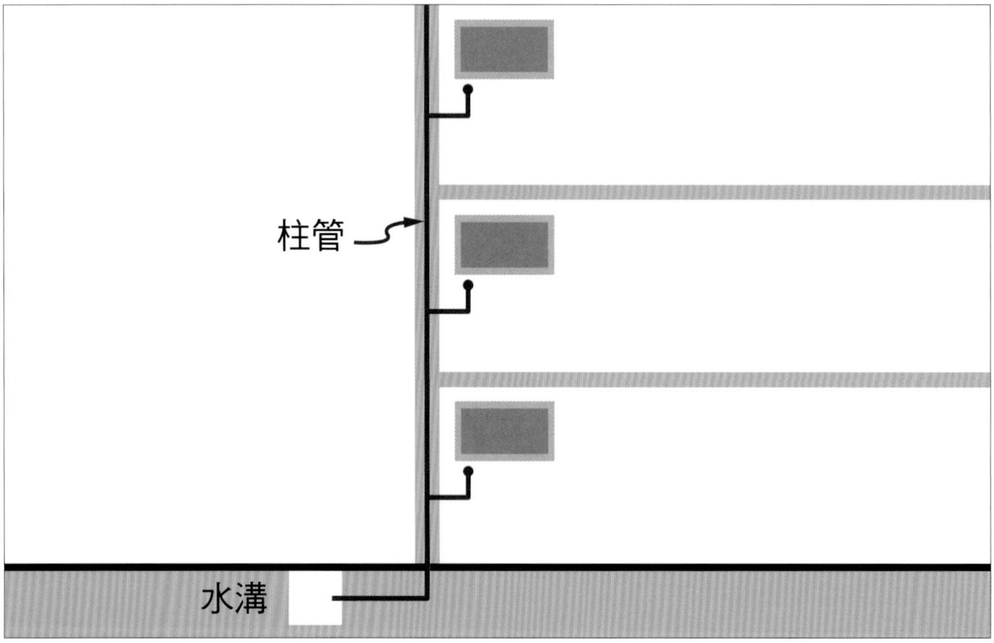

冷氣排水口的預留位置也很重要，應該預留在接近大窗戶或陽台側。

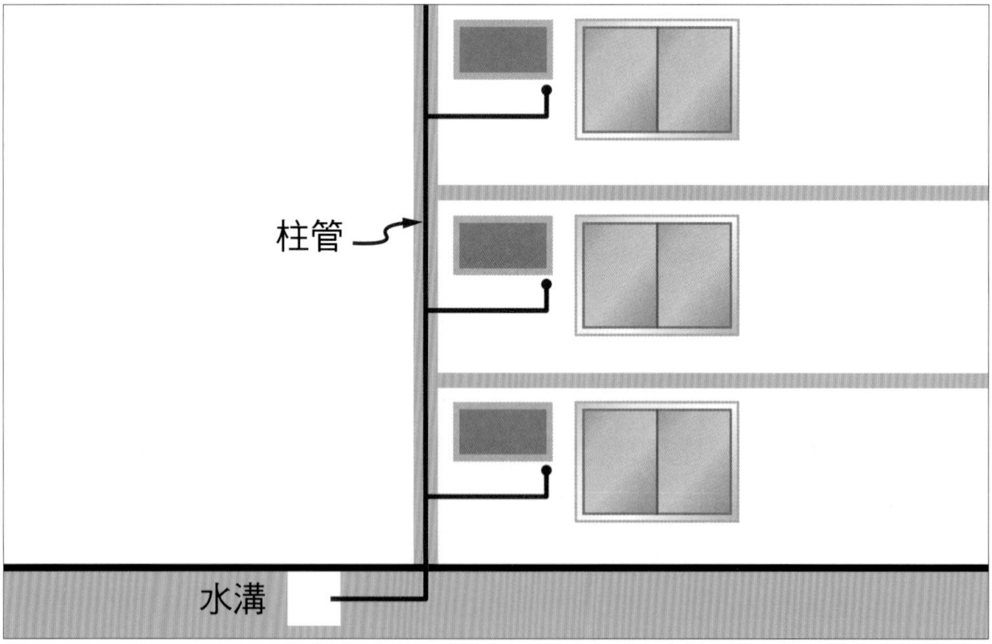

如此才能很容易裝接及維修冷氣排水軟管。

如果位置不對，就必須爬出窗外施工，是很危險的！

cd 管

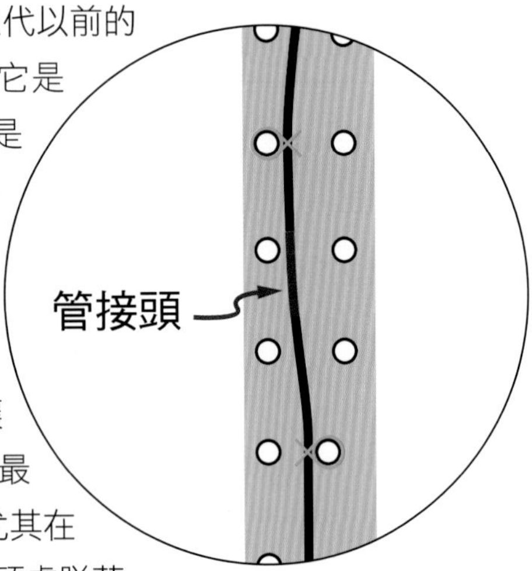

cd 管是最近才盛行的配管方式，它已經慢慢取代以前的 pvc 的電管，最主要的場合是 RC 灌漿內的配管，它是一種新的工法，而且已經很普遍，用 cd 管的好處是不必再用噴燈，如此而已。依據屋內線路裝置規則第 15 節第 292-20 條規定，cd 管只能用在鋼筋混泥土內，但是如果使用在磚牆內配管應該也不為過。cd 管本身是屬於軟管，因此首要防範的是 RC 灌漿時造成的浮力使 cd 管變形，嚴重的變形會讓後續的穿線變得很困難，要防止 cd 管因灌漿變形最好的方法是加強固定（縮短綁在鋼筋上的間距），尤其在接頭處兩端一定要綁扎固定，以防止因浮力而使接頭處脫落。

在 RC 牆內除了管接頭兩端要固定外，其他部位就不要再固定，因為固定太死，會提高被板模工鑽破的風險。以前用 pvc 管，板模工一鑽到就知道，好配合的板模工會通知水電工來處裡，然而 cd 管被鑽破了，板模工會沒感覺。

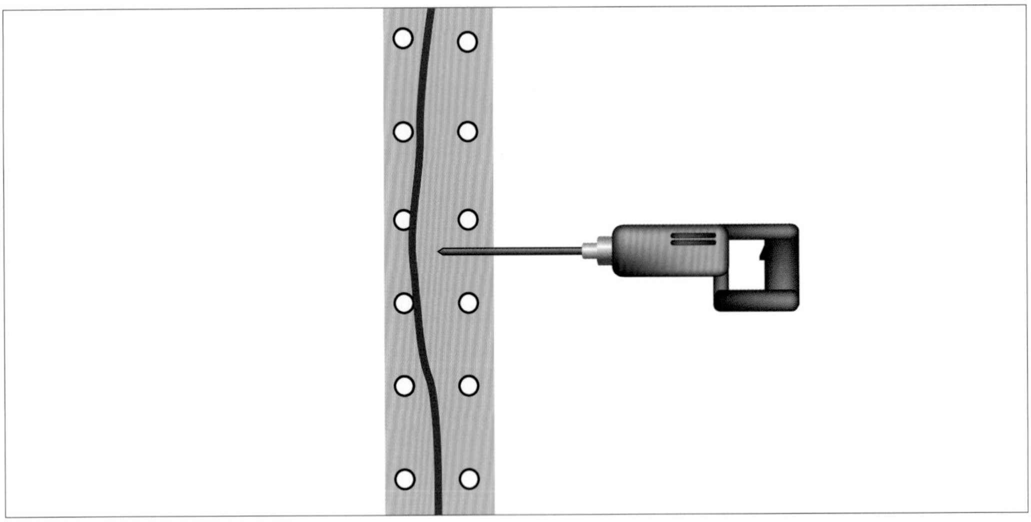

不要固定死的主要用意是避免被版模工鑽破，因為它是活動自如的，會自動閃掉鑽頭，就算版模工故意要鑽破它，會是很困難的。

除了浮力與模板工的問題外，還有些配管上該注意的事項：
下圖是燈切管錯誤的配管方式。

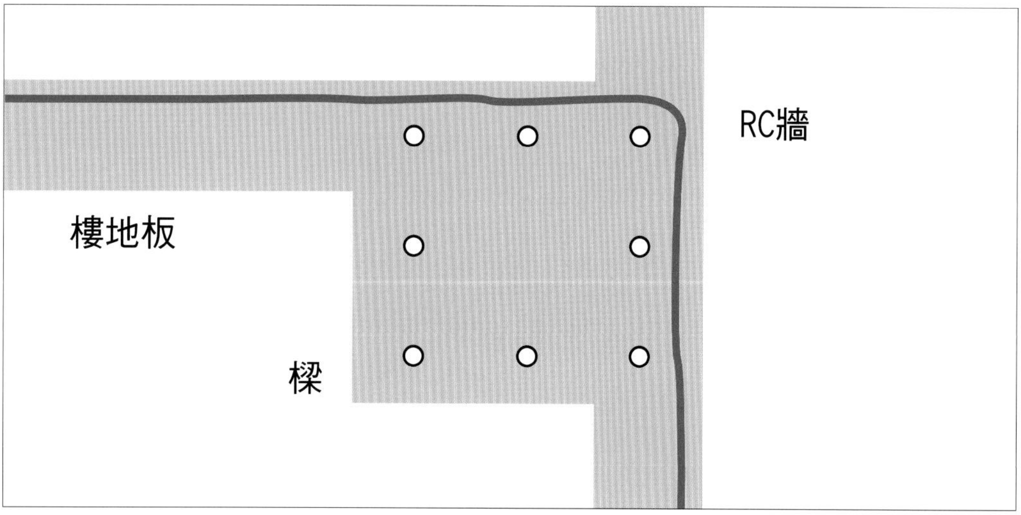

轉彎處的彎曲半徑太小了，會使穿線作業變得很困難。
正確的做法如下圖：

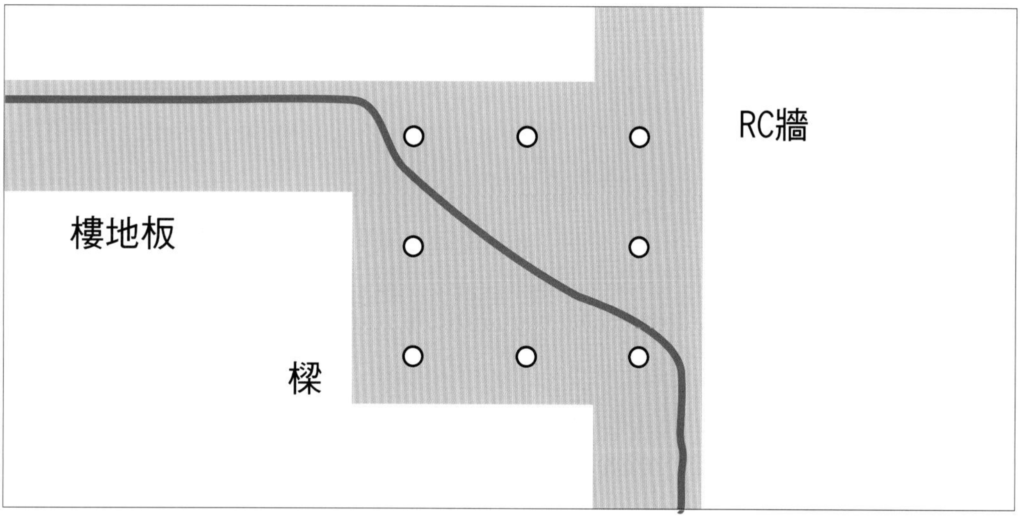

彎曲半經可以大到穿線時感覺不到有轉彎處的存在，但是也有例外的。
就是上行管路，如插座，弱電等。

它的配管常如下圖：

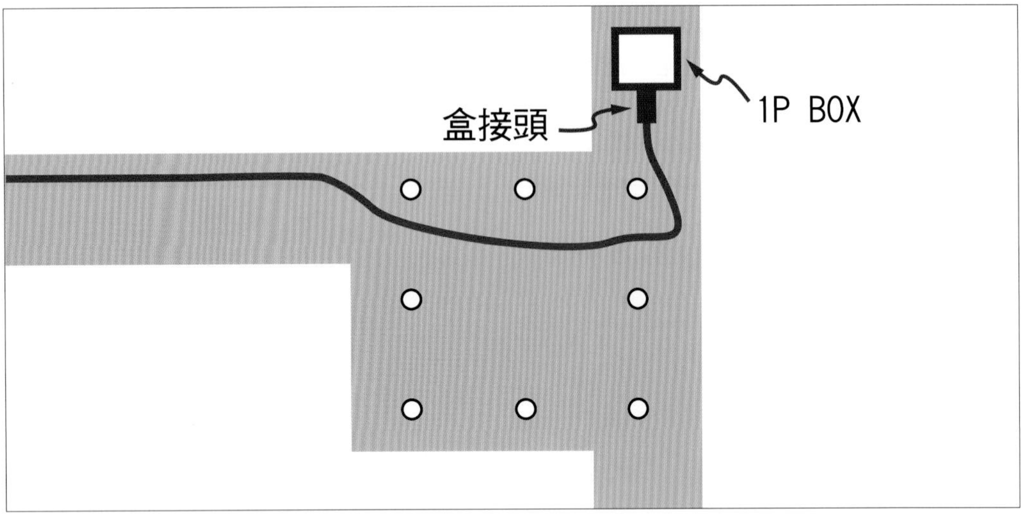

插座管路在 RC 牆內是最容易被鑽到者之一，如果萬一被鑽到，後果會很慘。

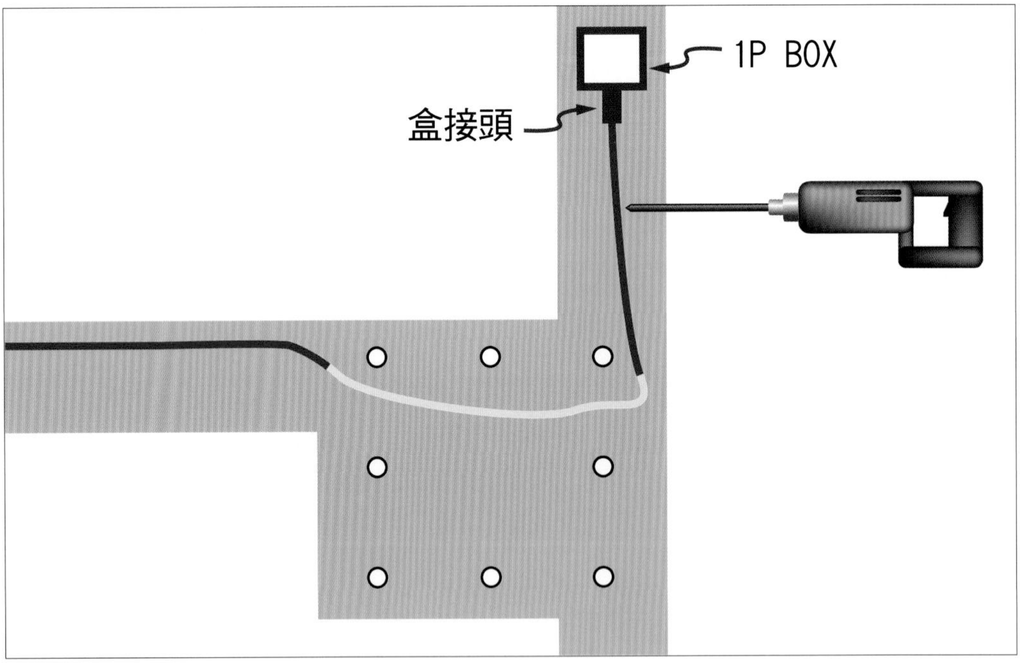

上圖的黃色部分是因 cd 管被鑽破而流進管內的混泥土漿，乾固後會塞住管路而無法穿線，很不幸的，堵塞處剛好在結構梁內，根本無法處理。

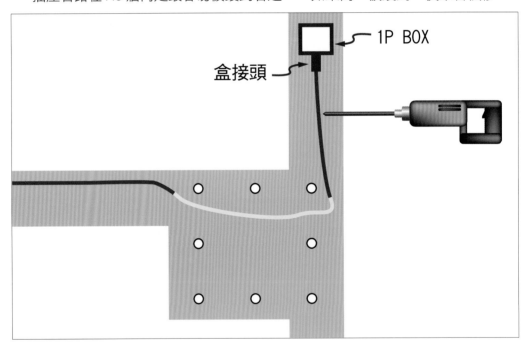

正確的配管方法應該如下圖：

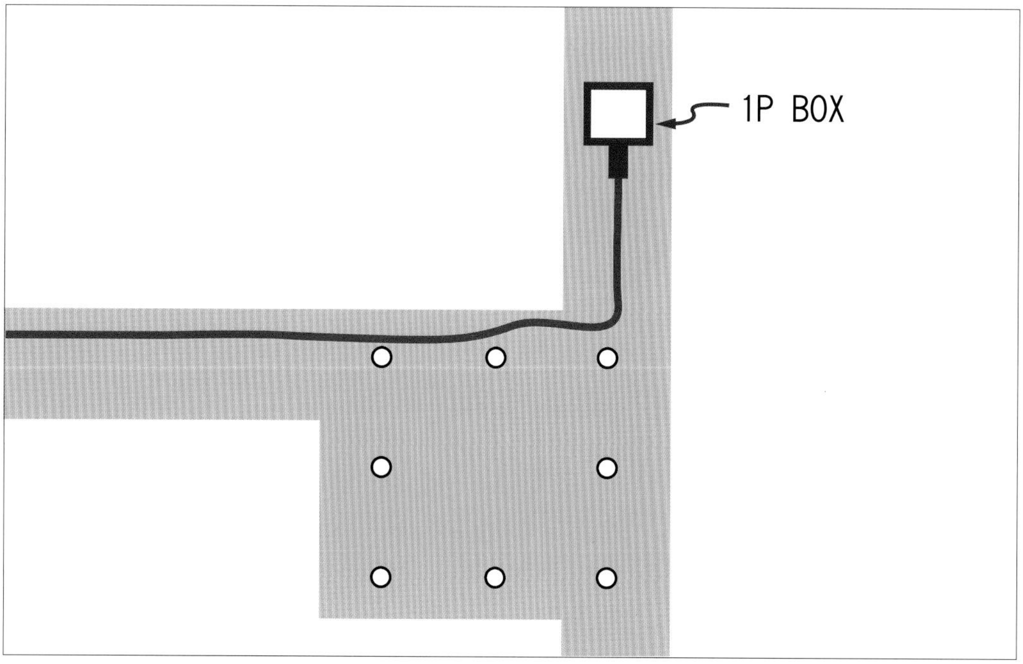

cd 管要越過樑鐵上層筋的上面，因此就算被鑽到，堵塞處也只是在樓地板的表層。

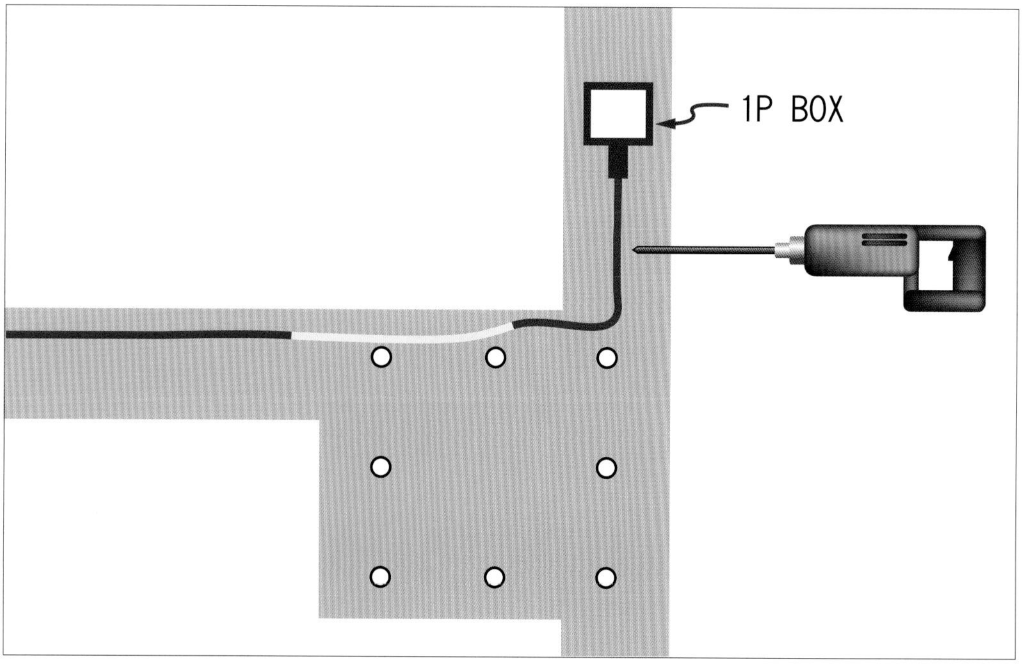

因此很容易用電動槌找到堵塞處，進行處理。

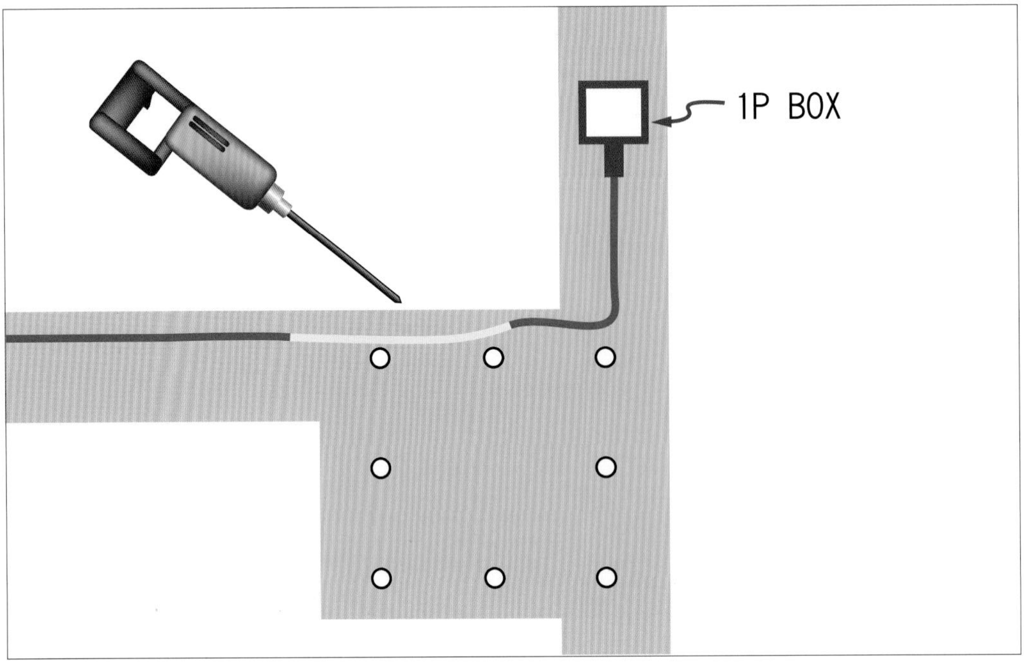

電子開關

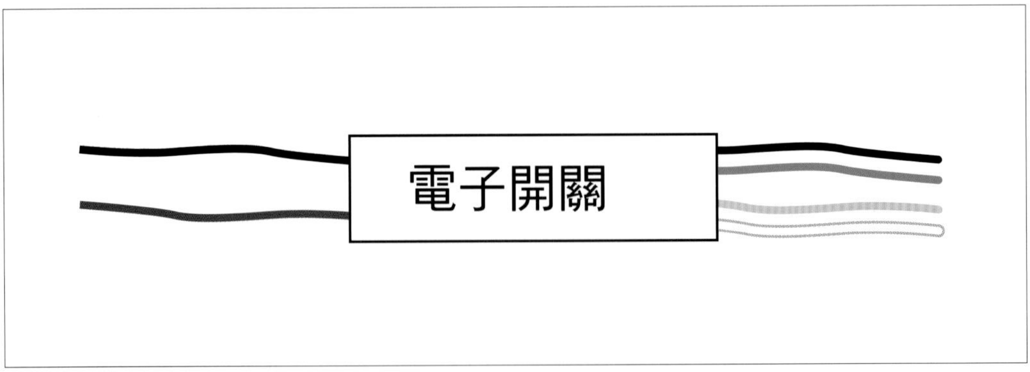

上圖是一個電子開關，用在多盞電燈的組合切換，取代舊式的拉鏈開關，在美術燈及裝潢燈具上很常用。

基本上，左邊的紅與黑兩條線接 110v 電源，而右邊有四條線，黑色是共用線，其他三條色線是電子開關的控制線。

我們在電源線上加一個開關，如下圖：

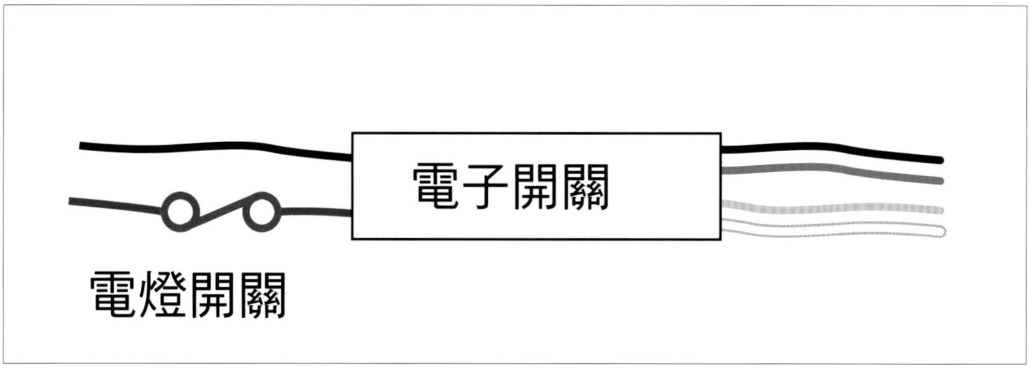

每切換一次電燈開關，電子開關就會在藍，黃，白三條色線中做輸出轉換，輪流地與共用線（黑線）產生 110v 的電壓，但它不是單純的藍 - 黃 - 白做輪流，其中有同時兩條色線對共用線作輸出，電子開關有它設計好的固定輸出模式，它有三段式與四段式兩種。

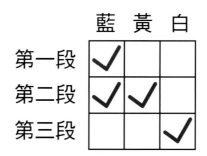

三段式的輸出模式如下：

	藍	黃	白
第一段	✓		
第二段	✓	✓	
第三段			✓

第一段是藍色線輸出，第二段是藍色線與黃色線同時輸出，第三段是白色線輸出，而四段式的輸出模式如下：

	藍	黃	白
第一段	✓		
第二段			✓
第三段	✓	✓	
第四段		✓	✓

第一段是藍色線輸出，第二段是白色線輸出，第三段是藍色線與黃色線同時輸出，第四段是黃色線與白色線同時輸出。

市面上就只有三段式與四段式兩種，沒有兩段式或五段式的，如果是以下面的接線方式：日光燈接藍色線，燈泡接黃色線，小燈接白色線。

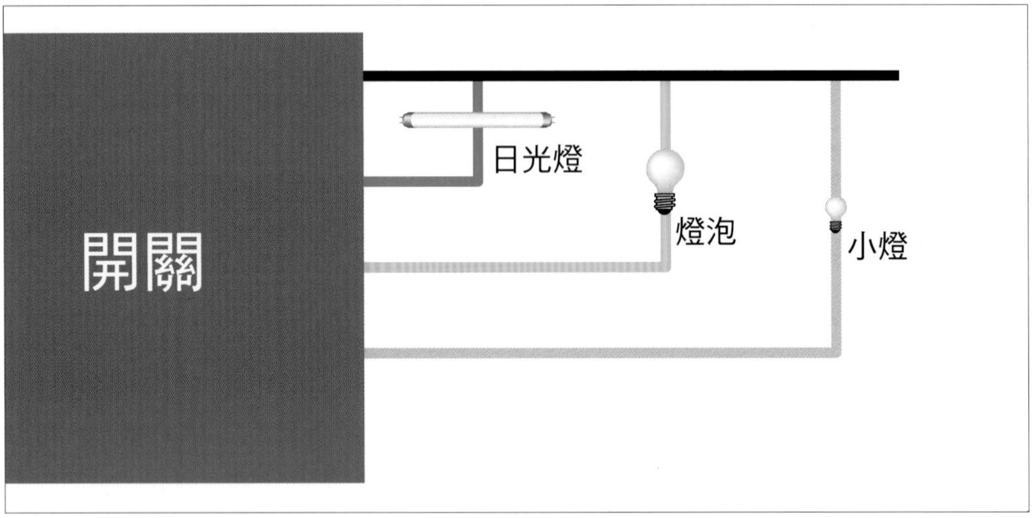

三段式的矩陣圖如下：

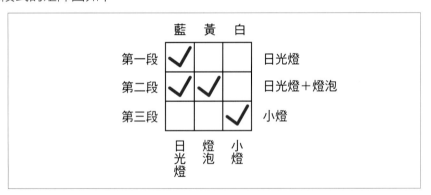

	藍	黃	白	
第一段	✓			日光燈
第二段	✓	✓		日光燈＋燈泡
第三段			✓	小燈
	日光燈	燈泡	小燈	

第一段日光燈亮，第二段日光燈與燈泡同時亮，第三段小燈亮。
四段式的就不一樣，如下：

	藍	黃	白	
第一段	✓			日光燈
第二段			✓	小燈
第三段	✓	✓		日光燈＋燈泡
第四段		✓	✓	燈泡＋小燈
	日光燈	燈泡	小燈	

第一段日光燈亮，第二段小燈亮，第三段日光燈與燈泡同時亮，第四段燈泡與小燈同時亮，四段與三段的差別就是只在它多了一段黃白同時輸出，不管三段式或四段式它都設定為三組燈的控制模式。但是如果只有兩組燈要控制呢？

如果用以下的接法：

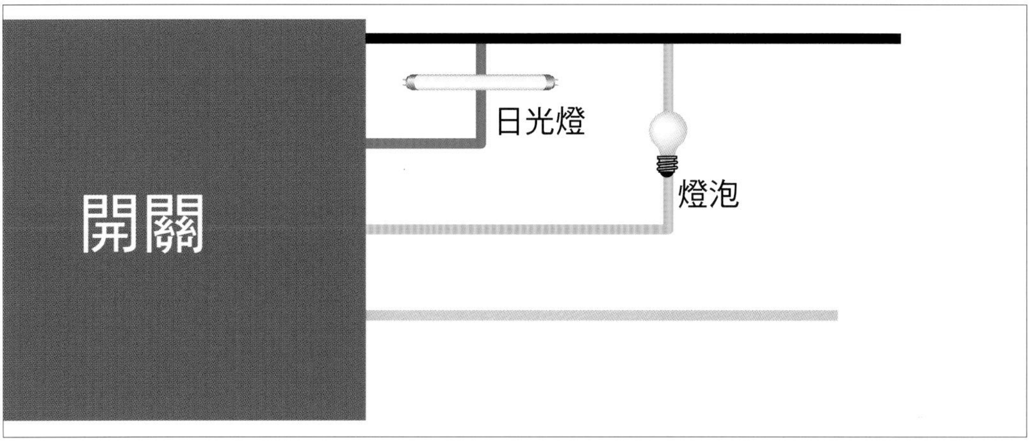

只接黃色與藍色兩線，白色不接，如此會產生空段（那一段沒有任何電燈會亮稱為空段），三段式的矩陣圖：

	藍	黃	白	
第一段	✓			日光燈
第二段	✓	✓		日光燈＋燈泡
第三段			✓	空段
	日光燈	燈泡		

四段式的矩陣圖：

	藍	黃	白	
第一段	✓			日光燈
第二段			✓	空段
第三段	✓	✓		日光燈＋燈泡
第四段		✓	✓	燈泡
	日光燈	燈泡		

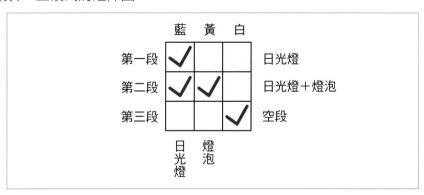

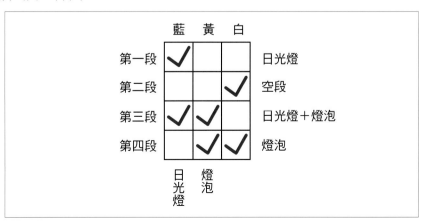

最常用的接法是將黃色與白色線接在一起：

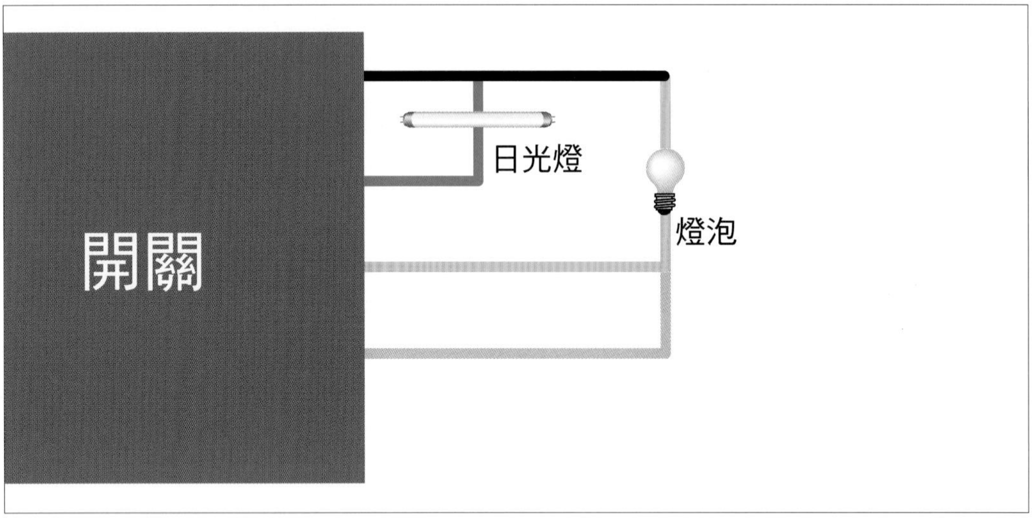

矩陣圖如下：

（三段式）

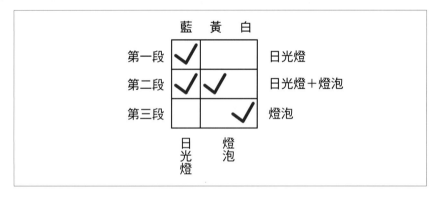

	藍	黃	白	
第一段	✓			日光燈
第二段	✓	✓		日光燈＋燈泡
第三段			✓	燈泡
	日光燈	燈泡		

（四段式）

	藍	黃	白	
第一段	✓			日光燈
第二段			✓	燈泡
第三段	✓	✓		日光燈＋燈泡
第四段		✓	✓	燈泡
	日光燈	燈泡		

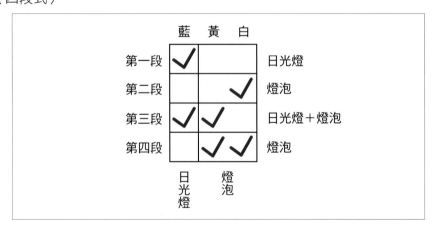

下面兩種接線方式是比較不被接受的切換順序：

1. 藍色接黃色：

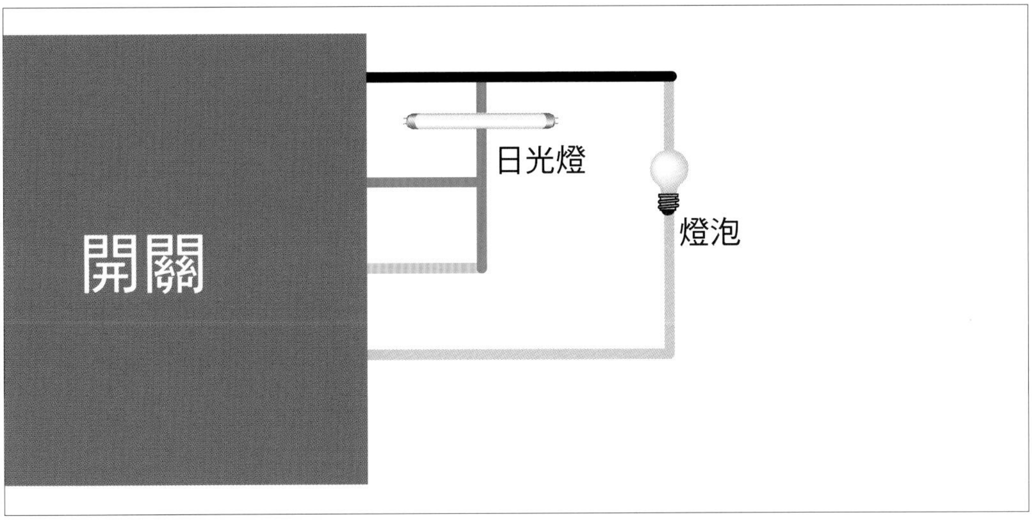

矩陣圖如下：

（三段式）

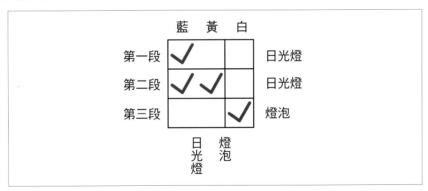

	藍	黃	白	
第一段	✓			日光燈
第二段	✓	✓		日光燈
第三段			✓	燈泡
	日光燈		燈泡	

（四段式）

	藍	黃	白	
第一段	✓			日光燈
第二段			✓	燈泡
第三段	✓	✓		日光燈
第四段		✓	✓	日光燈＋燈泡
	日光燈		燈泡	

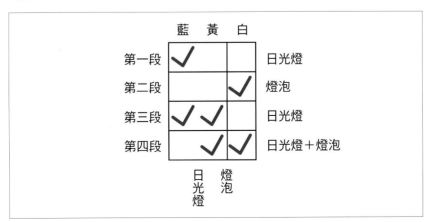

2. 藍色接白色

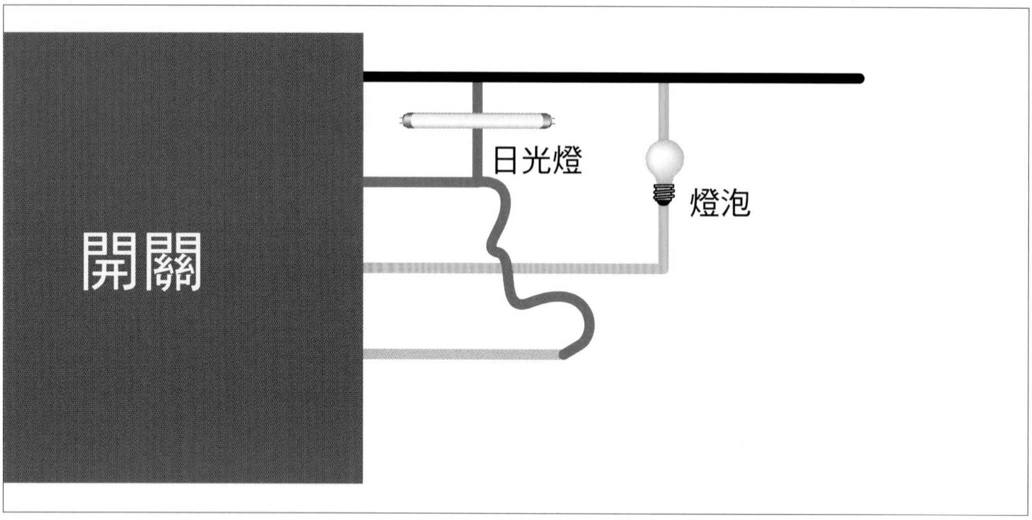

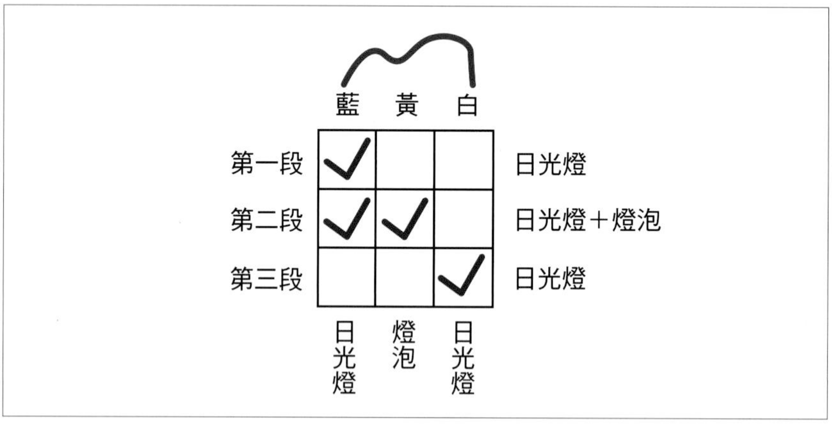

格友 Rain 的問題：

請問例如有 3 盞燈共用一個開關，怎樣使它第一次開 3 盞燈全亮，第二次開只亮其中固定一盞？麻煩您可否附上電路圖較清楚。有請師父為我解答，非常感謝！

三段式的接法：

藍色與白色接在一起後連接燈泡 1、燈泡 2 與燈泡 3 並聯後接黃線。

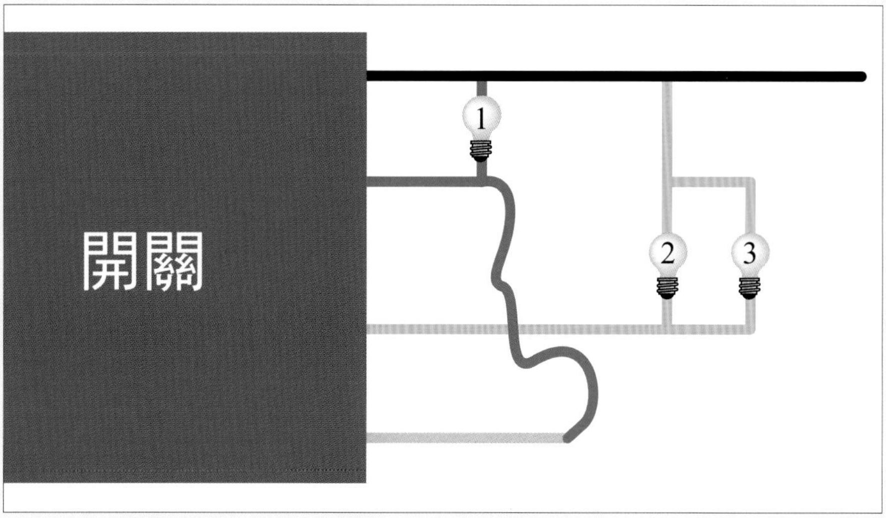

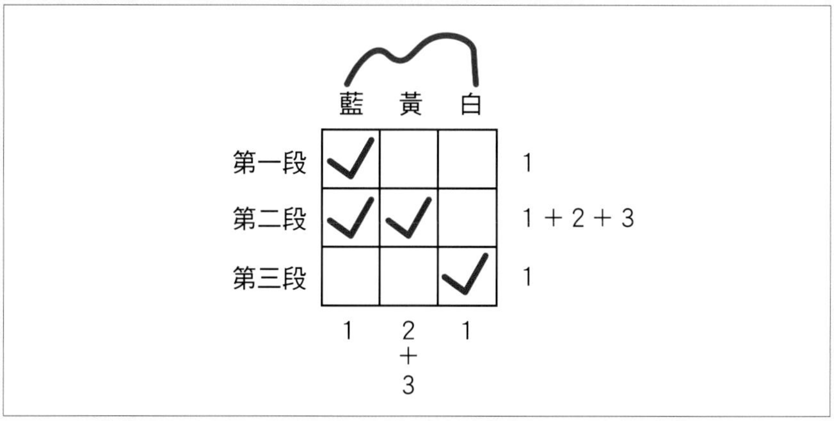

第一段燈泡 1 亮，第二段全亮，第三段燈泡 1 亮，第三段之後又回到第一段，所以有重複段的問題（燈泡 1 連續亮兩次）。

如果用四段式：

	藍	黃	白	
第一段	✓			1
第二段			✓	1
第三段	✓	✓		1＋2＋3
第四段		✓	✓	1＋2＋3
	1	2＋3	1	

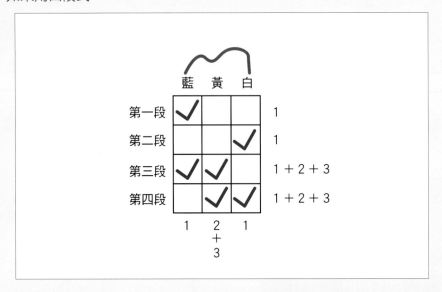

第一段燈泡 1 亮，第二段燈泡 1 亮，第三段全亮，第四段全亮，還是有重複段的問題。

格友 YSF 有妙招可解決這個問題如下圖：

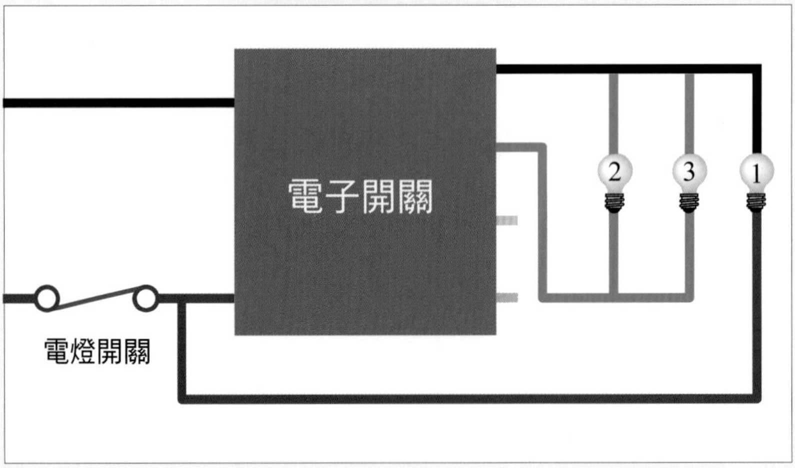

燈泡 1 跨過電子開關，只受電燈開關控制，所以每次電燈開關 ON，它都會亮，而燈泡 2 與燈泡 3 並接於藍線，黃與白線放空不接線。

對照四段式的矩陣圖：

	藍	黃	白	
第一段	✓			2＋3
第二段			✓	0
第三段	✓	✓		2＋3
第四段		✓	✓	0
	2＋3	0	0	

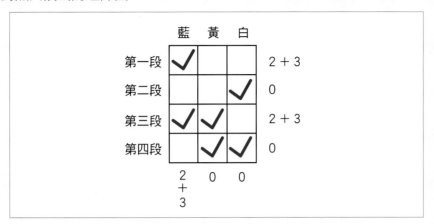

燈泡 1 是外加的，所以每一段都會亮。因此：第一段燈泡 1 亮 +2，3 亮，第二段燈泡 1 亮，第三段燈泡 1 亮 +2，3 亮，第四段燈泡 1 亮，也因此滿足 rain 的要求。

引拉線技術

要將一把電線穿入管內，並不是很簡單。

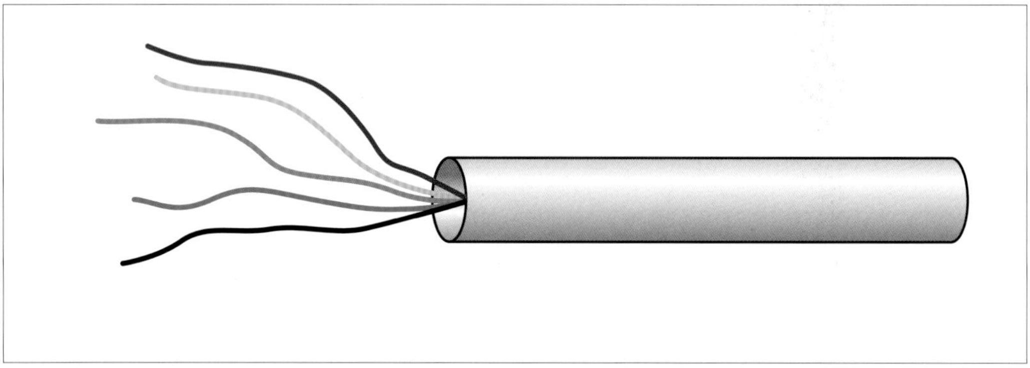

最好的方式是在另一頭用拉的。

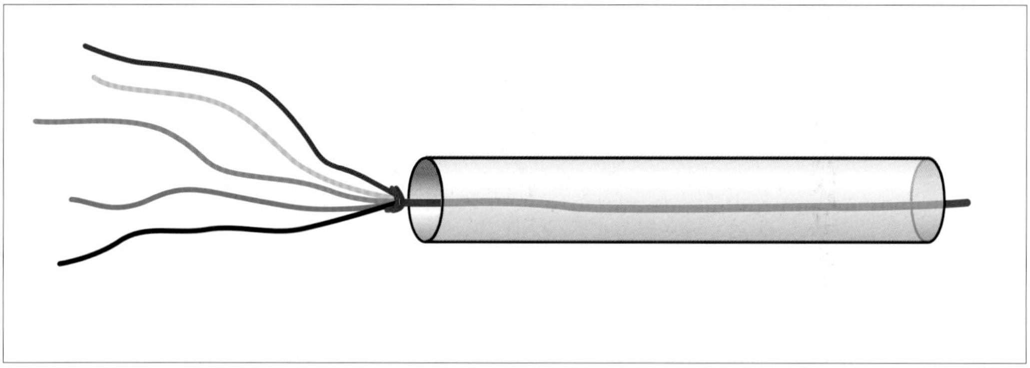

問題是管內的那條拉線如何產生？
引拉線技術就是要討論那條拉線的產生方法：
下圖是一個直管，很容易用一條鐵線穿到底。

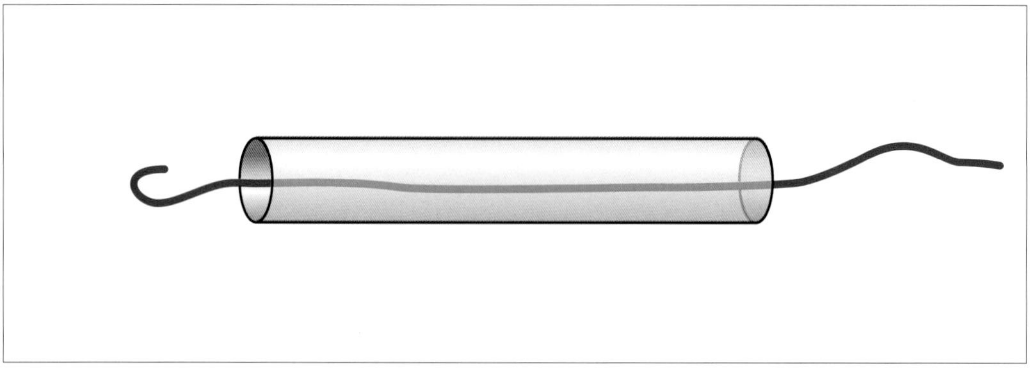

但是如果中間有管接頭，用單勾常會頂在接頭處。

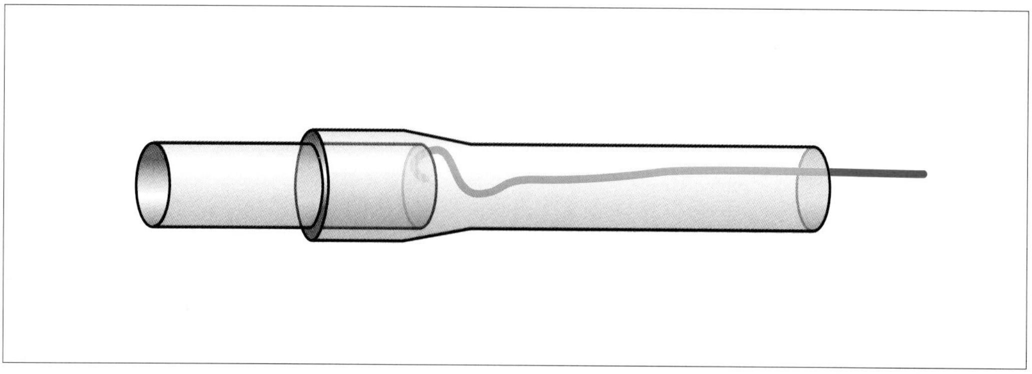

若改用十字勾，比較容易穿過接頭處。

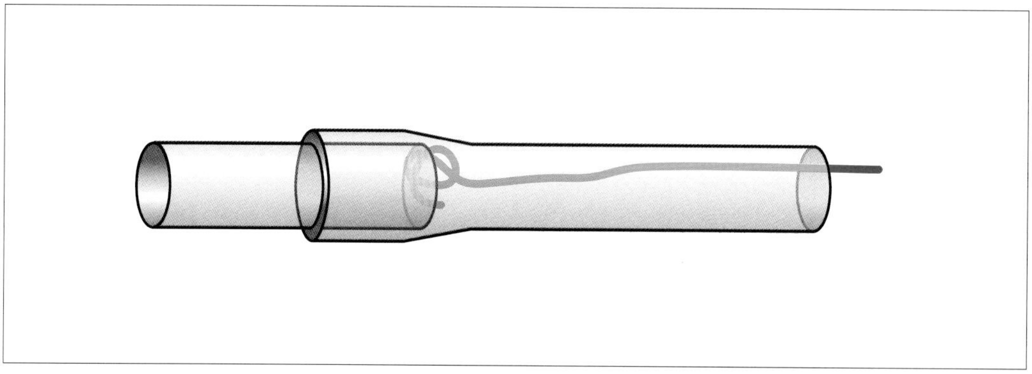

一般穿線用的鐵線都用 16 號的，十字勾的打法如下圖。

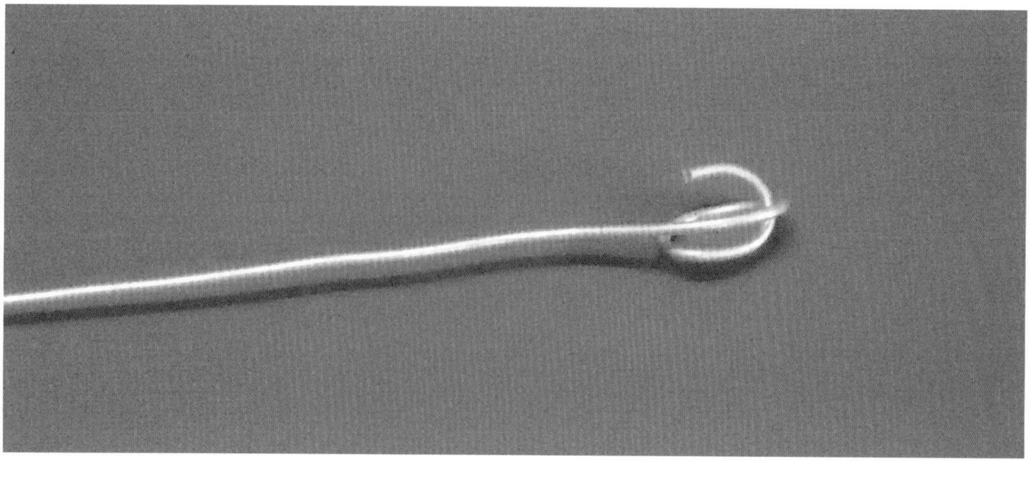

十字勾雖然容易穿過接頭處，但是管路轉彎處太多時，還是無法一路穿到底。

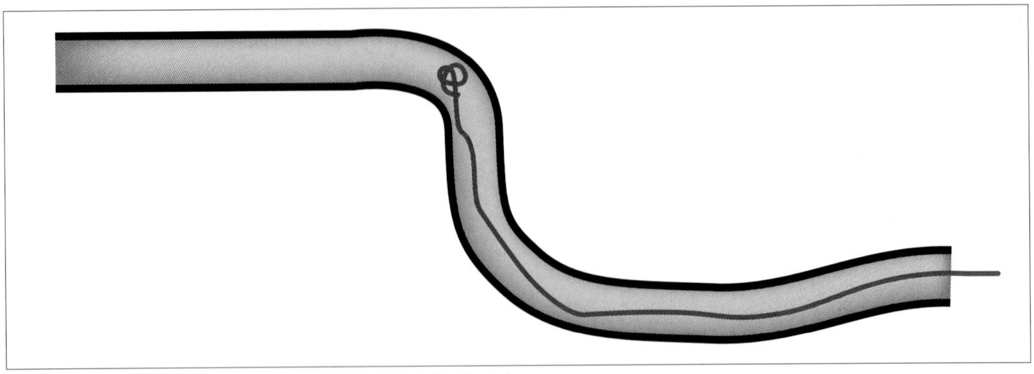

此時就必須在另一頭穿入單勾作勾引。

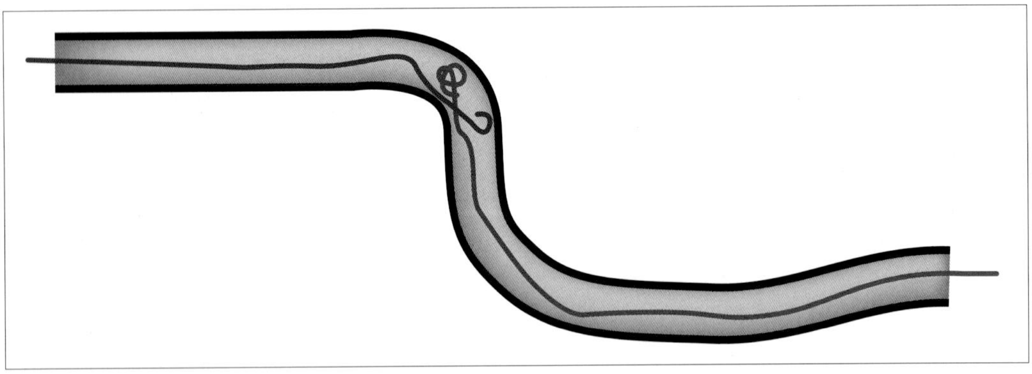

下面是單勾與十字勾的實體照片。

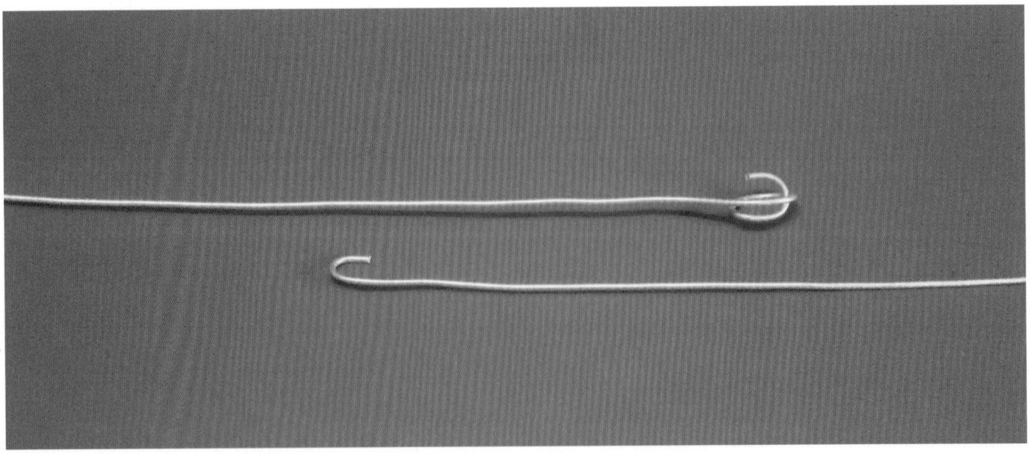

它的大小依管徑而定，十字勾大約是管截面積的 60%，而單勾是 40%，如此在管內才能交錯通過：

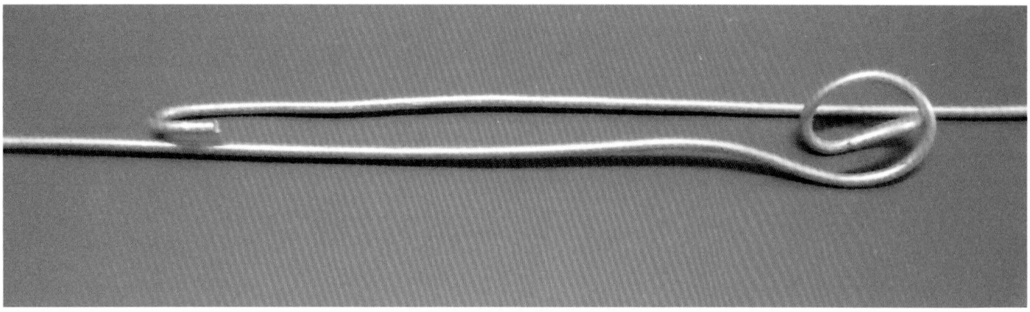

然後回拉，就能勾住。

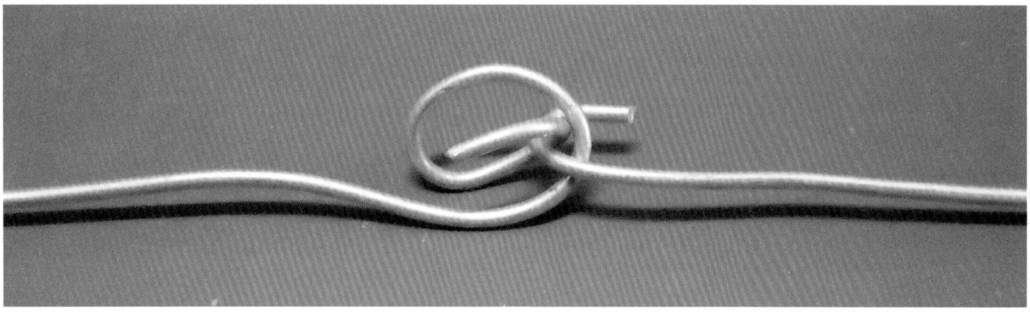

如果管路太長，鐵線無法深入，就需使用穿線條。

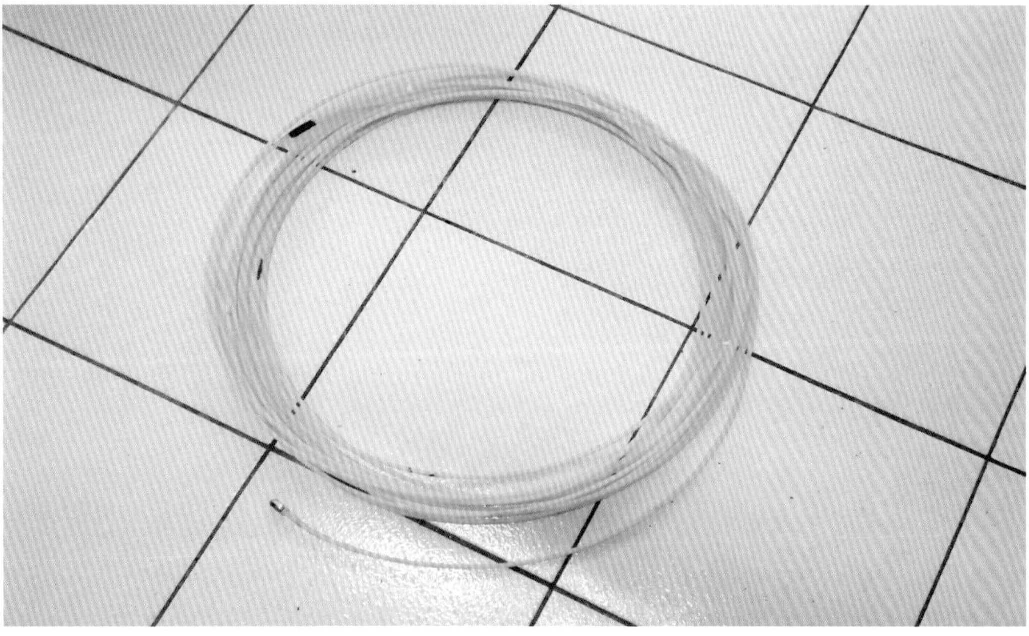

穿線條可穿入比鐵線更深，更遠。所以比鐵線好用，如果無法一次穿到底，就在另一頭用十字勾作勾引，此時，穿線條的前頭須先做處理：

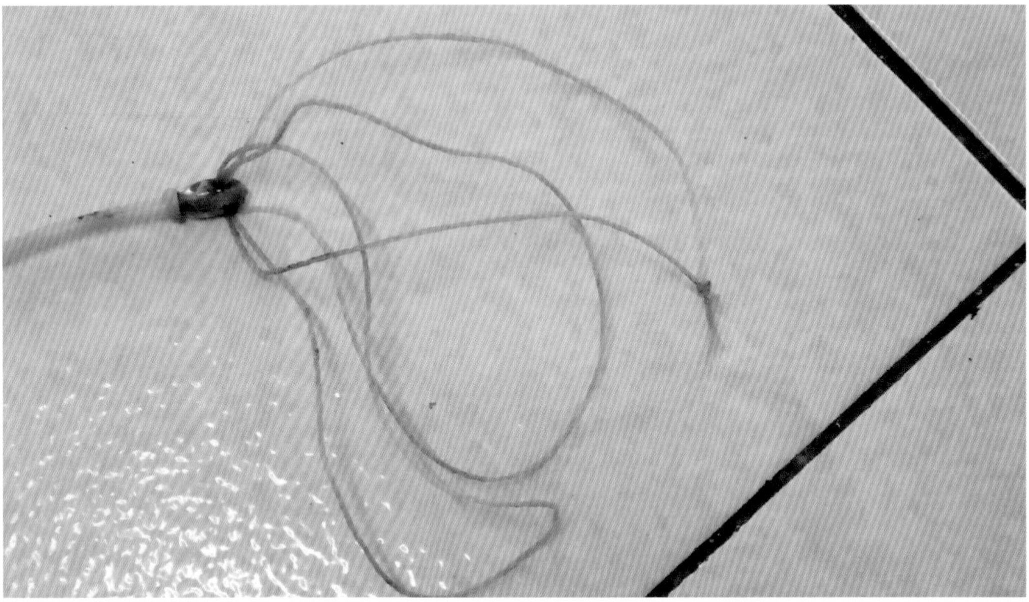

將水線綁在穿線條的前端，在管內，十字勾很容易就勾到水線。

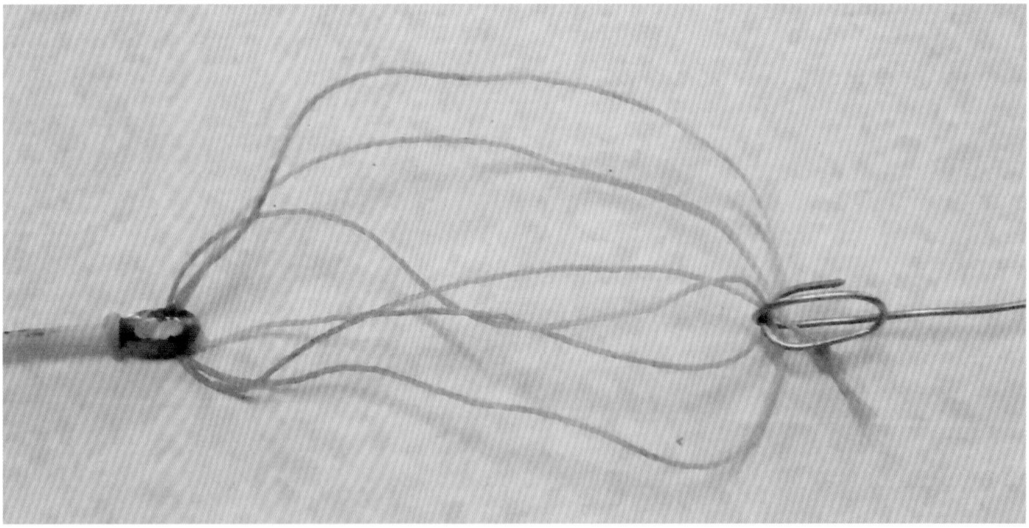

水線是土水師與模板工很常用的耗材，有一種是布線型的，不要用。要用尼龍線型的，如果管路很長，轉彎處又很多。就必須用 CO2(一種高壓鋼瓶，目前只有水電工在使用)，利用塑膠袋柔成紙團，綁住水線，大小與管徑差不多，塞入管內，再用 CO2 拍擊打入管內至另一頭，然後綁上鐵線引拉過來，就可做拉線作業。

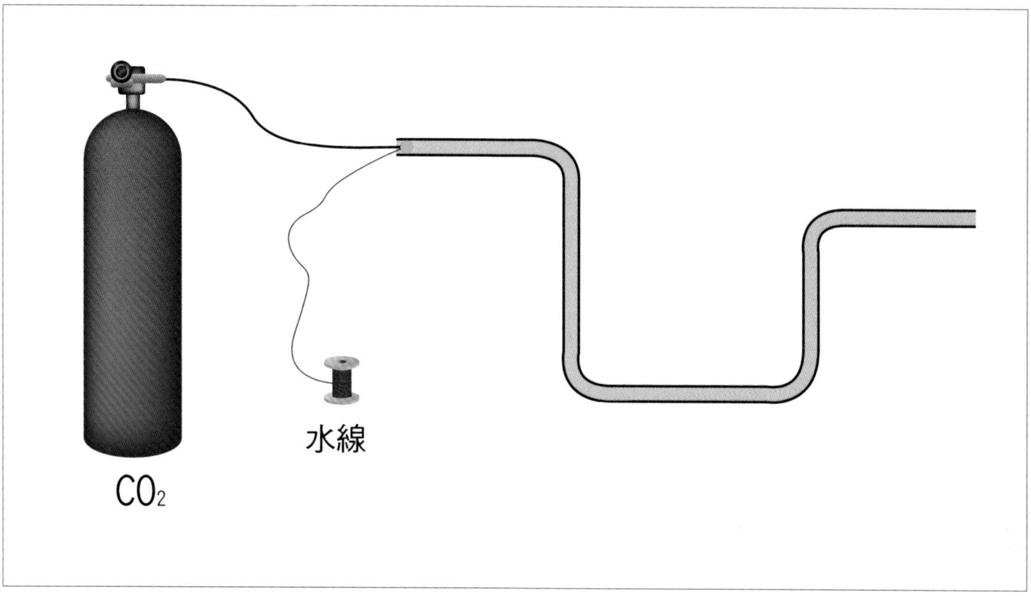

CO2 不僅是引拉線的利器，它還可順便清理管內的雜碎，所以一直是水電工的最愛，但也有他力有未怠之處，在 1 英吋以上的管路，CO2 就很難發揮。

所以在 1 英吋以上的管路就要用乾濕兩用的吸塵器，他的強大吸力很容易就將紙團連帶水線吸過來。

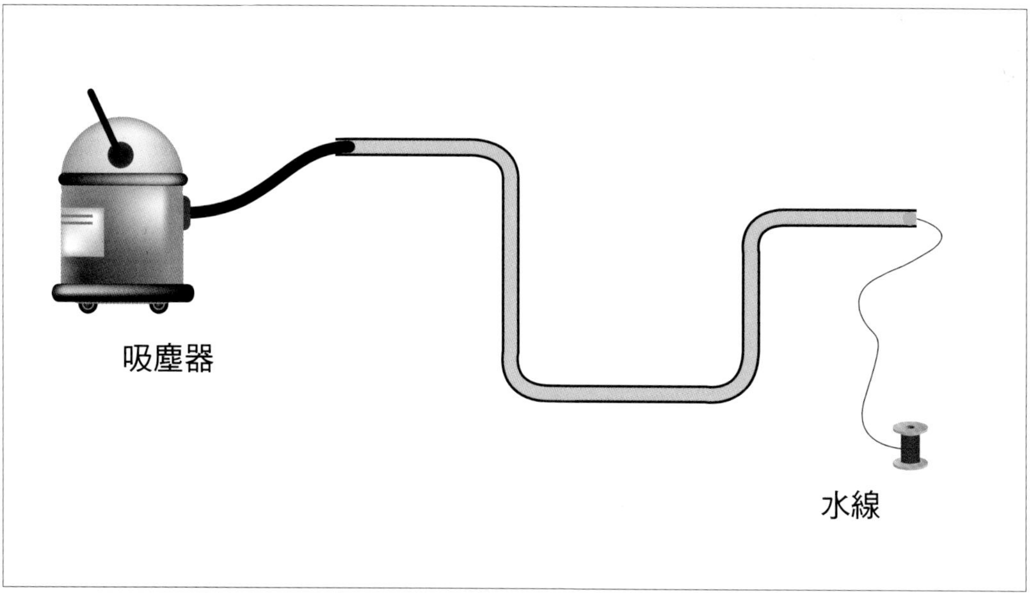

水線只是用來當引線，穿過水線之後再引拉強度較強的鐵線，再用鐵線來拉電線，如果是大線徑 (60 平方以上的電線) 可能需用到拉線機，此時它的步驟是。先穿水線，再用水線引拉鐵線，然後用鐵線引拉鋼索 (拉線機是用鋼索來拉線的)。

自動控制基本概念

在這篇文章只介紹「自動控制」裡的一小部分的 on-off 控制，目的是讓初學者得到一些基本概念。

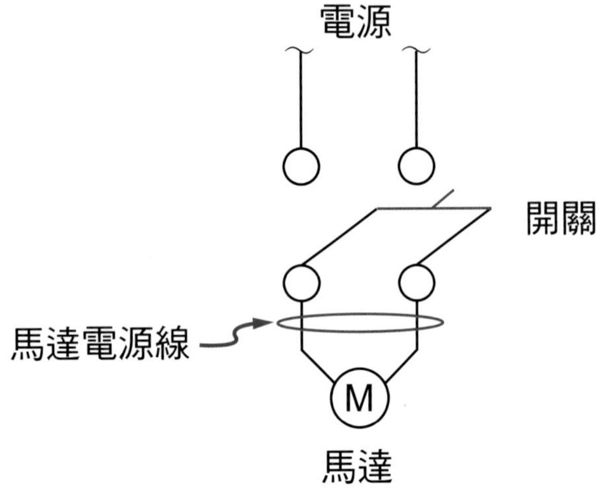

上圖是一個開關控制一台馬達的線路圖，開關 on 上，馬達就開始運轉。開關 off 掉，馬達就停止，很簡單而直接的控制方式，但是這有一個缺點，就是開關必須接在馬達的電源線上，開關的位置被限制了，每次要開啟或停止馬達都要到現場操控，很麻煩的，如果改用電磁開關來控制，不但可做遠距遙控而且可多處控制，連鎖，故障檢出等，有很多優點，因此一直被廣泛採用。

下面是最簡單的控制線路圖。

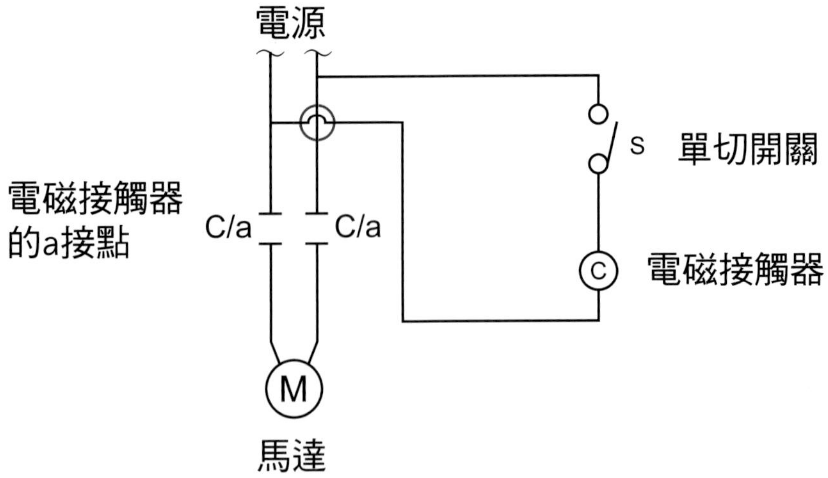

圓圈內的 Ω 形狀表示橫線越過直線，兩條線沒接在一起。控制線路由馬達電源線路取得電源，串聯單切開關與電磁接觸器，當單切開關切上時，電磁接觸器動作，使電磁接觸器上的 a 接點接通（兩個），因此馬達得到電源開始運轉。

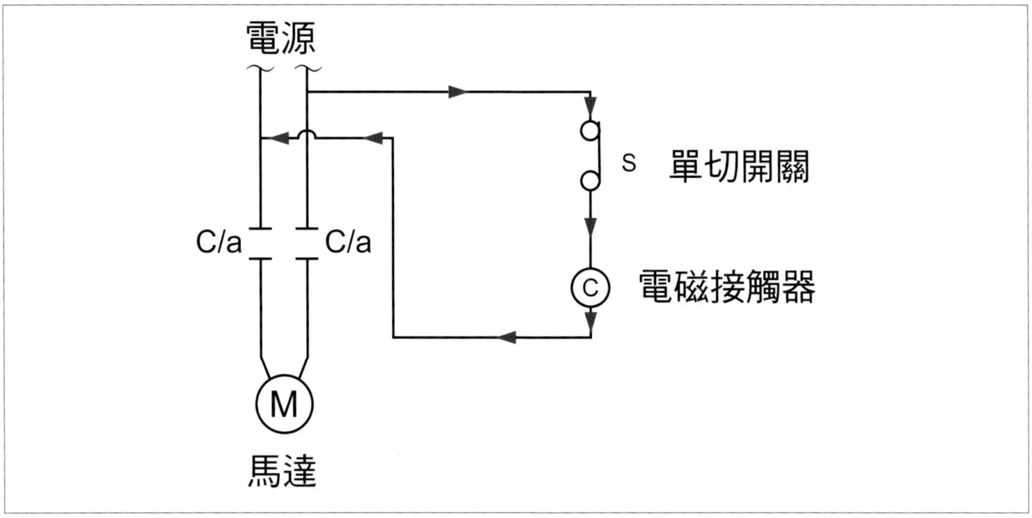

因為電磁接觸器的用電量很小，所以控制線路的線徑不必太大（一般只要 1.25 平方就夠了），因此我們可以很容易的將細小的控制線路拉到我們想要的地方。

如下圖：

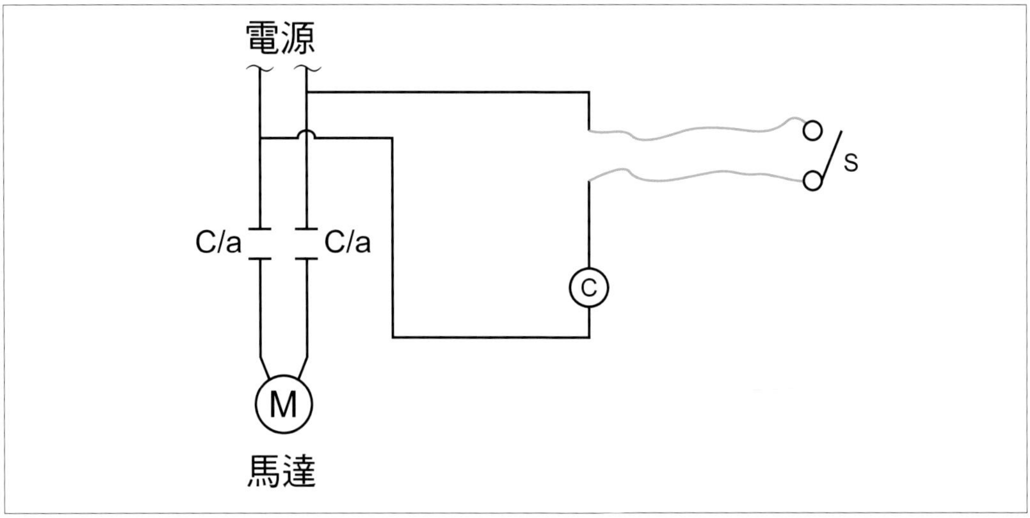

接下來，先介紹 a 接點與 b 接點，a 接點的定義是：平常是 off 的，當事件發生時變成 on：平常是開路的，當事件發生時變成閉路：平常是不通的，當事件發生時變成接通，而 b 接點的定義剛好與 a 接點相反。在電磁接觸器上通常有二組以上的 a 接點與 b 接點（依其型號各有不同數量）。

下面是電磁接觸器的簡單構造圖：

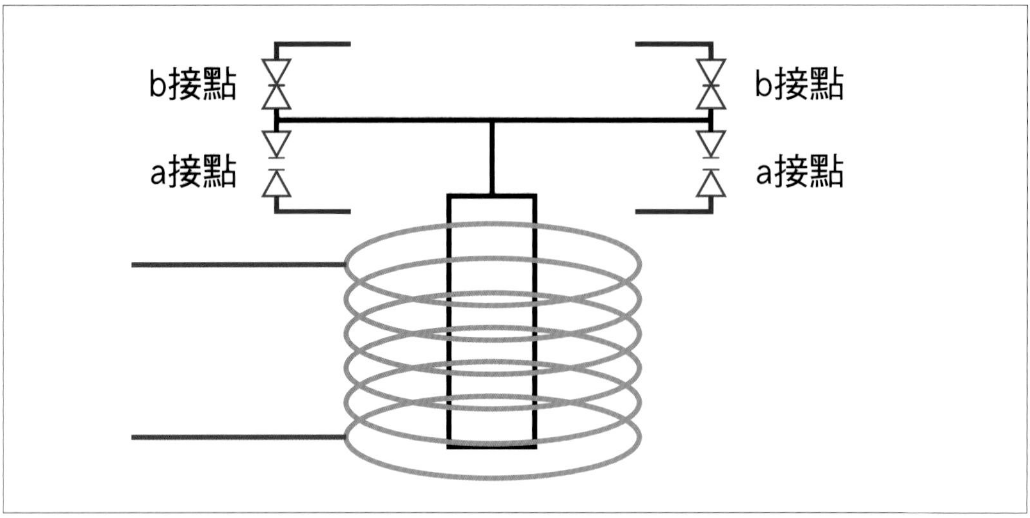

平常狀態：a 接點是開的而相對的 b 接點是閉合的，當綠色的電磁線圈接上電源的同時，線圈內的鐵心會被往下吸，於是帶動接點連桿，使接點改變狀態。

如下圖：

b 接點開了，而 a 接點閉合。

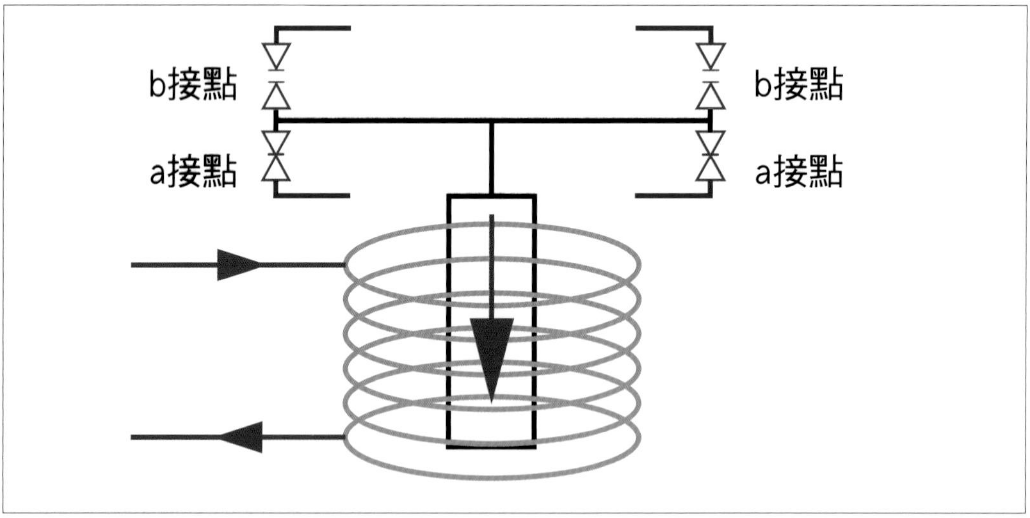

而當停止電磁線圈的電源之後，接點又回覆到原來的狀態。

下面的線路圖，原來的單切開關已經被取代了。

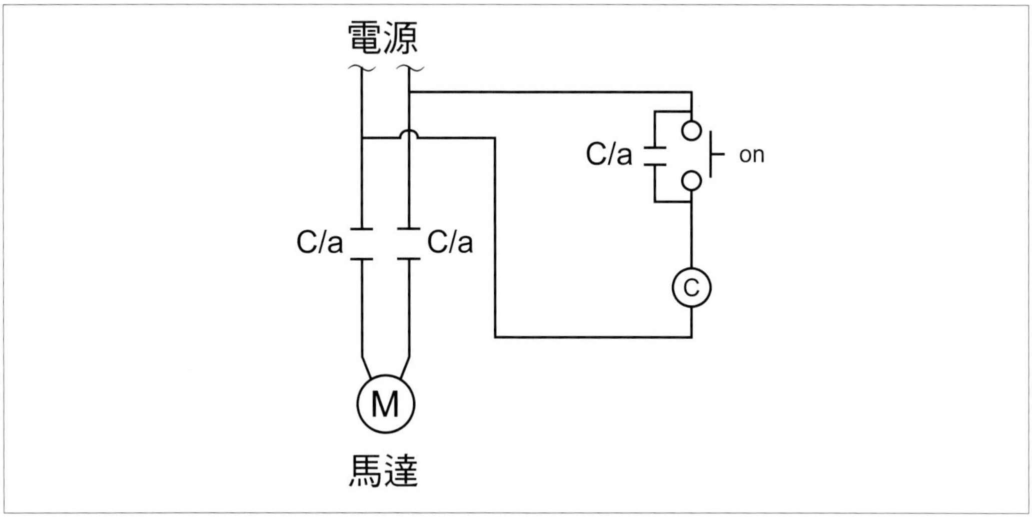

on 開關並聯一個電磁接觸器 c 的 a 接點，on 開關是一種加彈簧的手按開關，按下時開關接通，手放開它又回到原來不通的狀態，基本上 on 開關只是提供啟動的功能。

如下圖：

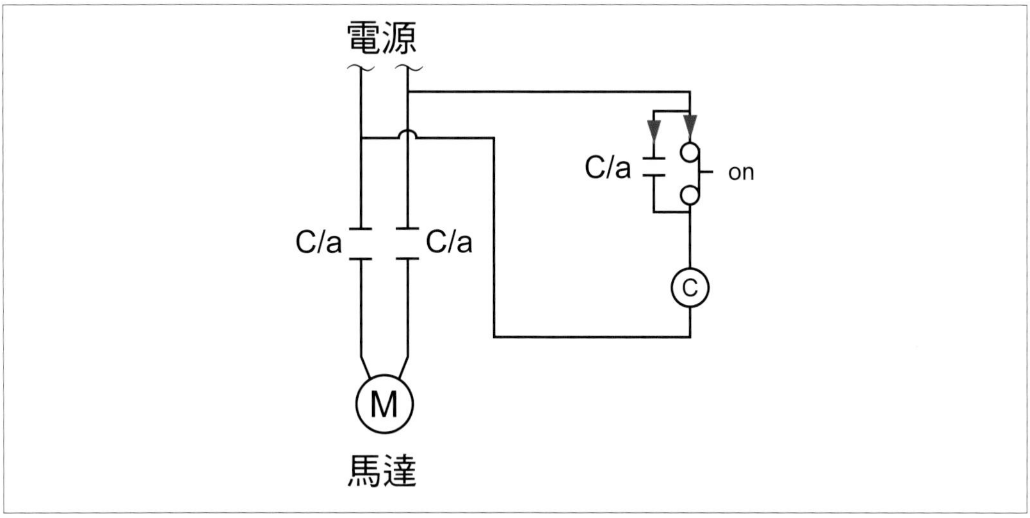

按上 on 開關時，電流流經電磁接觸器 C，使 a 接點接通；此時電流變成二條路徑流到 C，手放開之後，on 開關復原（開路），但另一條路徑的 a 接點仍處於接通狀態，持續供應電流到電磁接觸器 C，這種線路的組合被稱為「自保持電路」

但是要如何讓馬達停下來？

有一個方法是切斷控制線路的電源，讓電磁接觸器 C 失去電磁力使 a 接點跳脫，回復到原先的狀態，所以我們在控制線路串聯一個 off 開關。

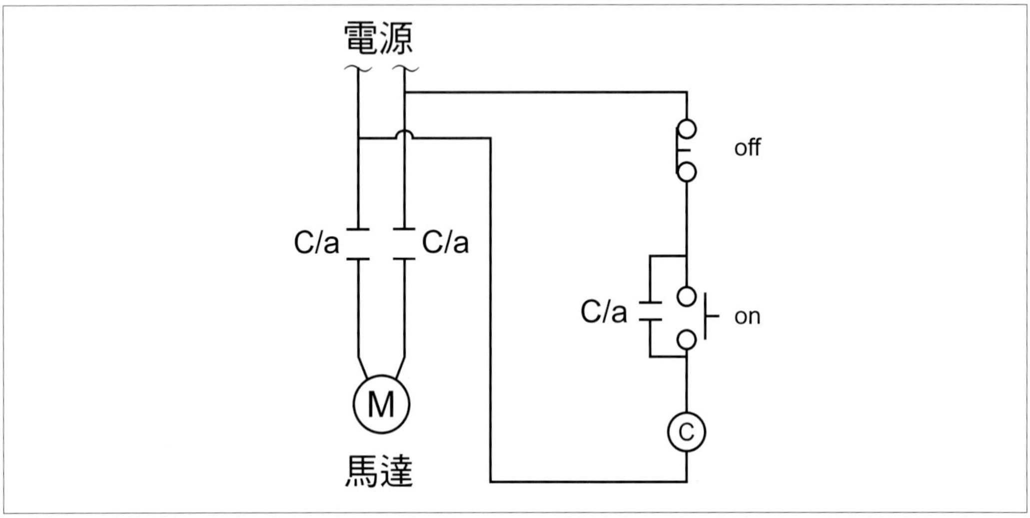

off 開關與 on 開關相反，它平時是接通的，手按上時變成不通，手放開之後他又回到接通狀態，雖然手按的時間很短，卻可在一瞬間讓自保持電路復原 a 接點都跳開了因此馬達停止了，因此以上的線路，我們可以按 on 來啟動馬達，然後按 off 來停止馬達。

但是想想只不過是啟動與停止一台馬達，幹麻弄得這麼複雜？看了以下的線路圖，您可能就不會覺得如此。

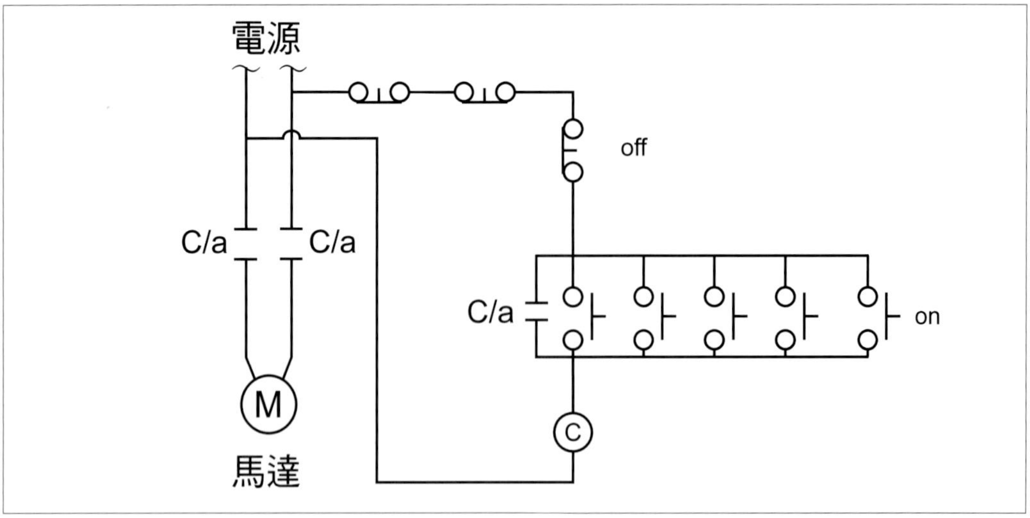

只不過是多串聯幾個 off 與多並聯幾個 on 就變成可以多處控制，而且這些 on 與 off 可以接到任何您想要的地方，每個 on 都可以啟動馬達，且每個 off 都可以停止馬達。

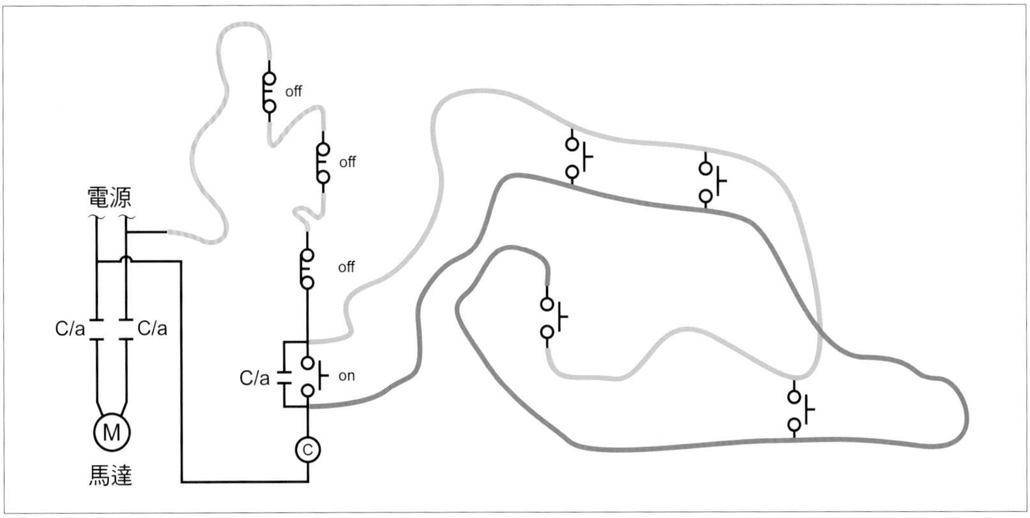

在下圖中主線路串聯了一個東西：

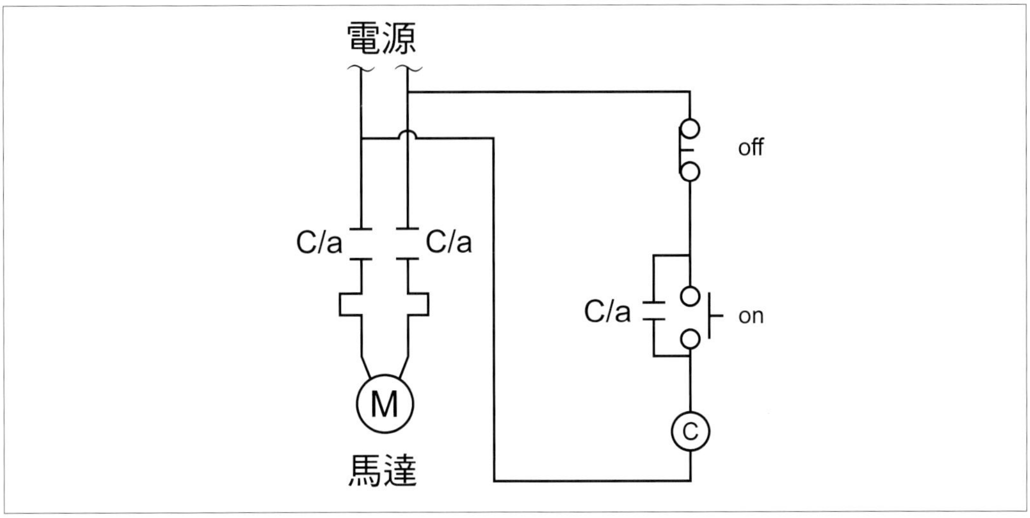

它是被稱為積熱電驛 (thermal relay) 或過載電驛 (over relay)，是用來保護馬達的，在馬達過載即將燒毀之前動作，啟動它的 a 與 b 接點，而它的 a 與 b 接點被用在控制線路上：

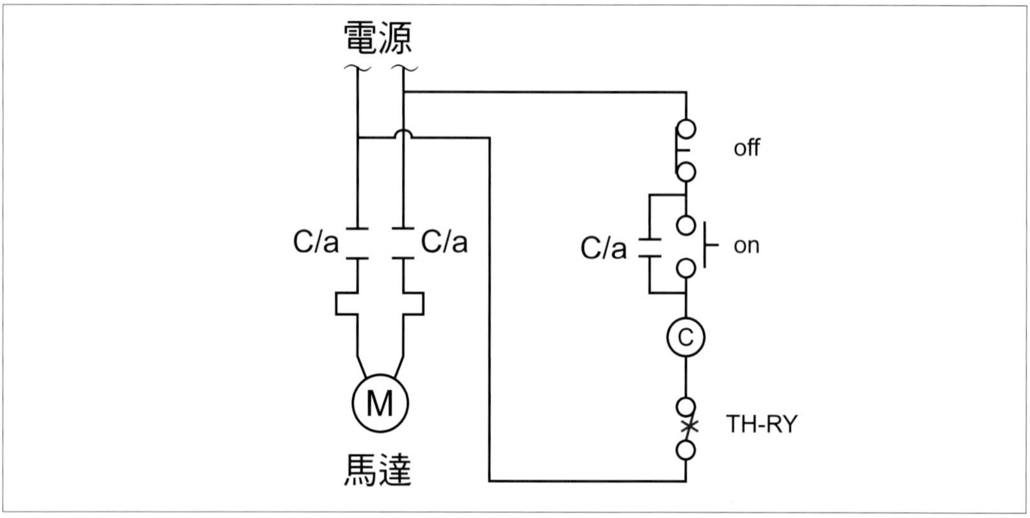

控制線路多了一個積熱的電驛（TH-RY）的 b 接點，只要積熱電驛感測到馬達過載，TH-RY 的 b 接點就會跳開，使控制迴路斷線→電磁接觸器跳脫→主線路上的 c/a 跳開→馬達停止，於是上圖就是最基本的馬達控制線路圖。

我們再討論一下 TH-RY，在上圖，它只被使用 b 接點。當然它也有 a 接點：

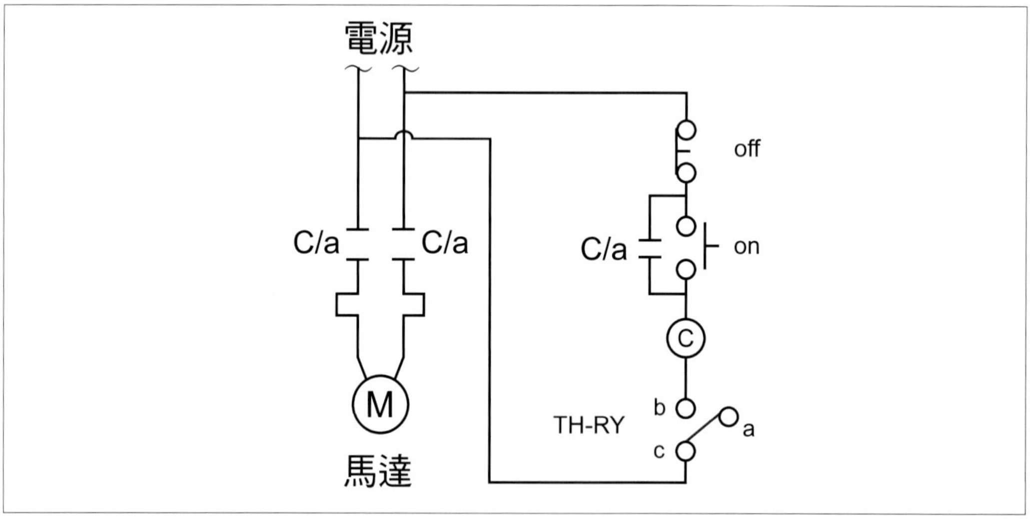

它有一個共用接點 c(common)，正常時 c 與 b 接通，過載時 c 與 a 接通，但是這個 a 接點有什麼用呢？我們可以利用這個 a 接點裝設警報器。

如下圖：

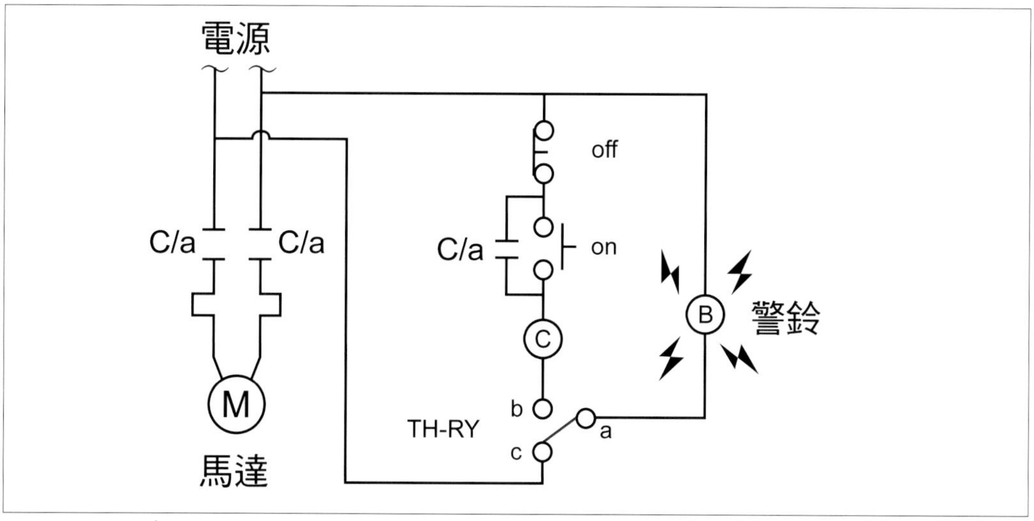

馬達過載時就會警鈴大作，通知現場人員作緊急處理。

我們可以再多加幾個線路：

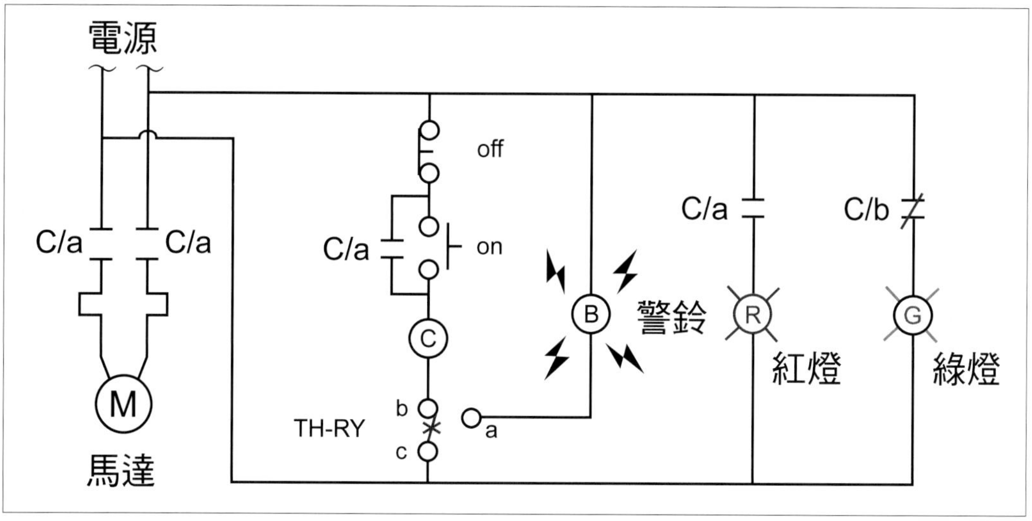

馬達未啟動時 c/b 是接通的，因此綠燈亮，馬達啟動時變成 c/b 開路而 c/a 接通的，因此綠燈熄滅，而紅燈亮。

綠燈→馬達停止

紅燈→馬達運轉

馬桶安裝法

一般的馬桶有兩種規格，有 30cm 與 40cm，就是糞管中心點與牆壁的距離。所以安裝馬桶之前必須先量糞管的距離，再來選擇馬桶，新建工程大都以 30cm 來施作，下圖是先前預留的馬桶糞管，也就是馬桶的出口。

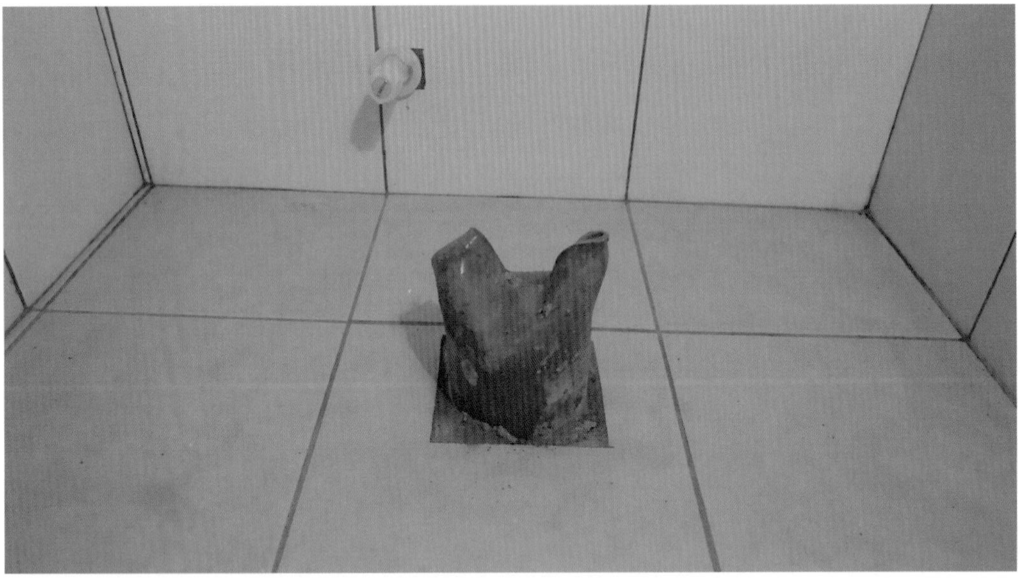

安裝馬桶之前須將他鋸掉。

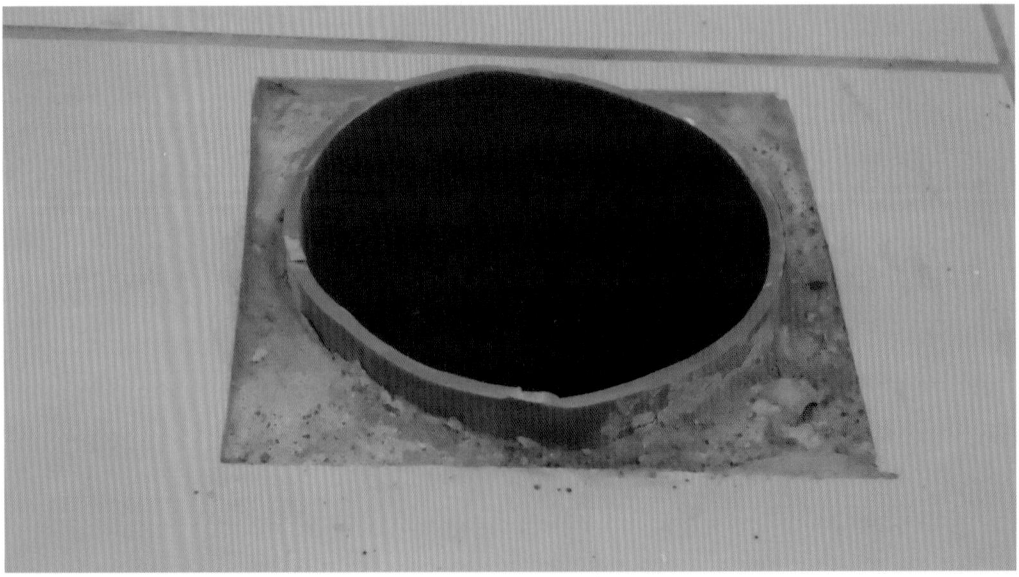

當然也不一定要用鋸的，有一個方法是用噴燈將它烤軟之後，再用美工刀來切會比較快。

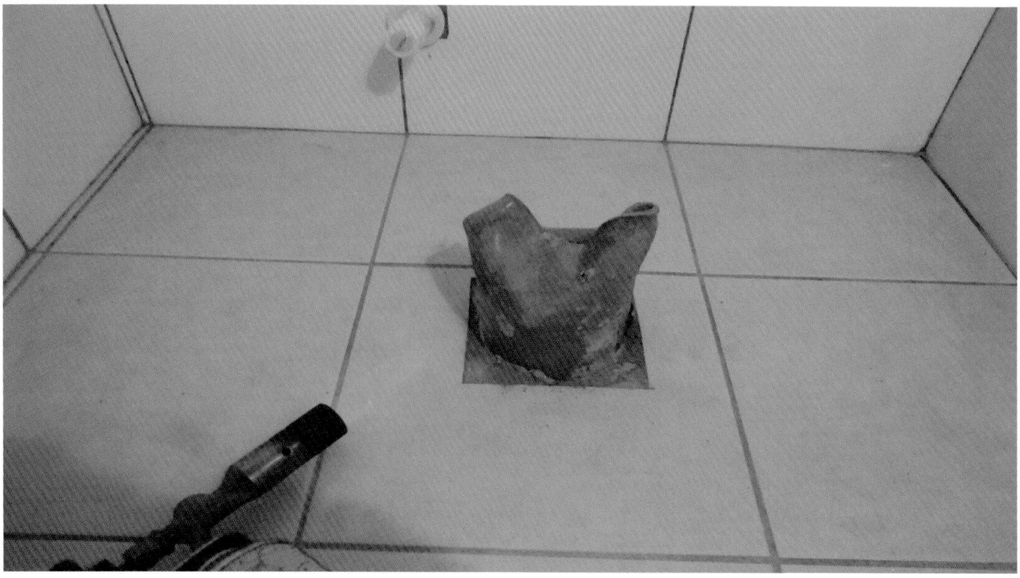

有一個技術上的撇步，不要將糞管與地磚切齊，要留大約零點五公分的高度，目的是用來確定馬桶出水口與糞管是否正確接上，然後就可試裝馬桶將馬桶的出口與糞管對準。

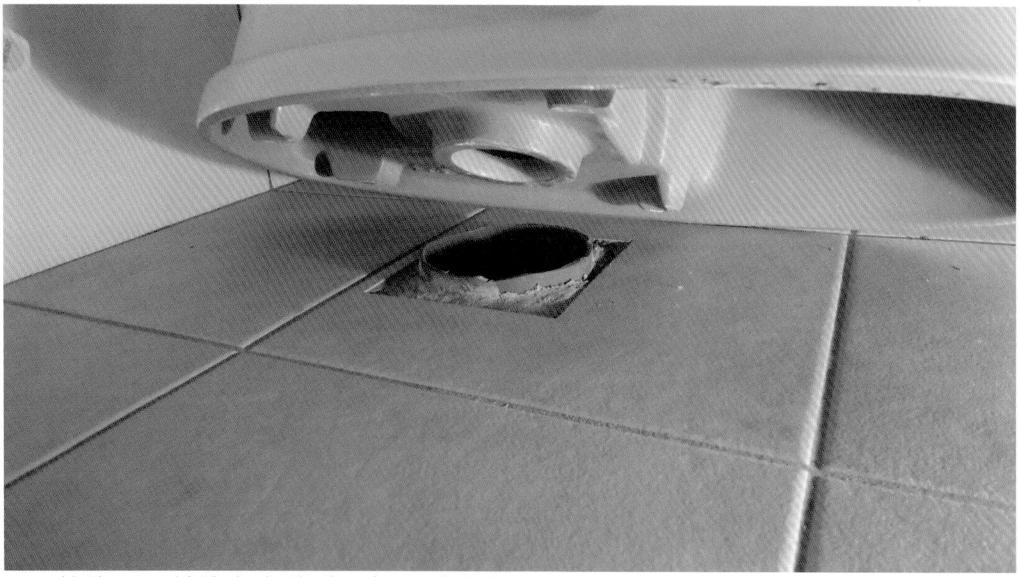

然後平面前後左右移動馬桶，感覺出水口已經套在糞管上，這就是正確的位置，確定馬桶就定位之後，在馬桶底座用攪拌好的混凝土畫上記號。

然後移開馬桶。

在記號內舖上混泥土。

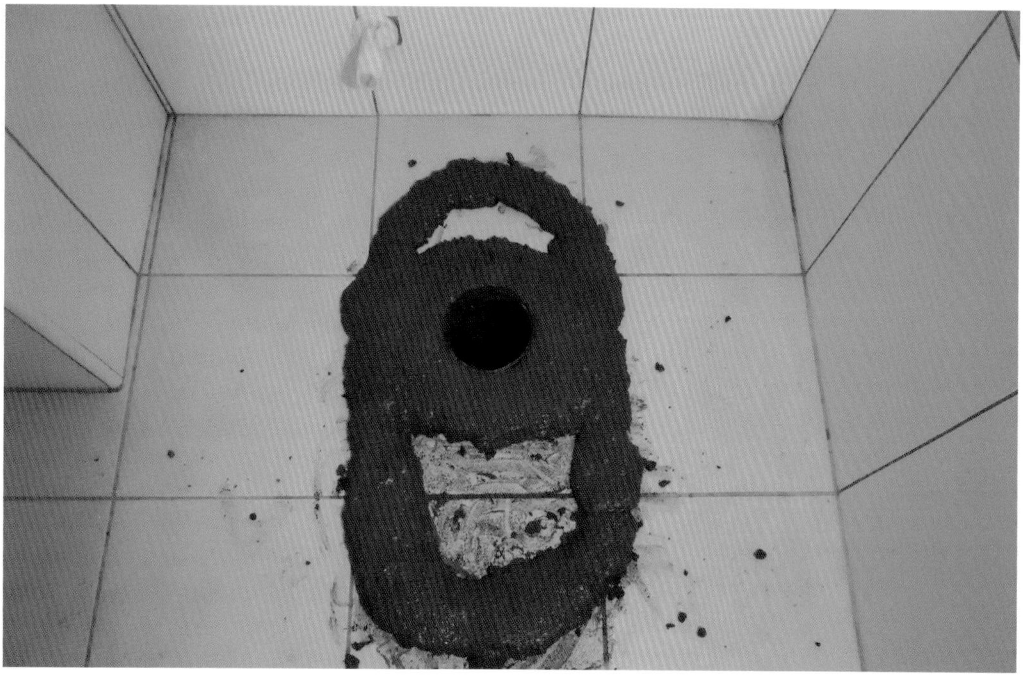

有一個重點，不要將記號內的空間全部鋪滿，如上圖，讓馬桶有熱脹冷縮的空間，不然日後馬桶底座可能會裂開，鋪好水泥之後將馬桶依記號合入，然後用手刮掉周圍的混凝土，再用濕海綿輕輕擦拭乾淨。

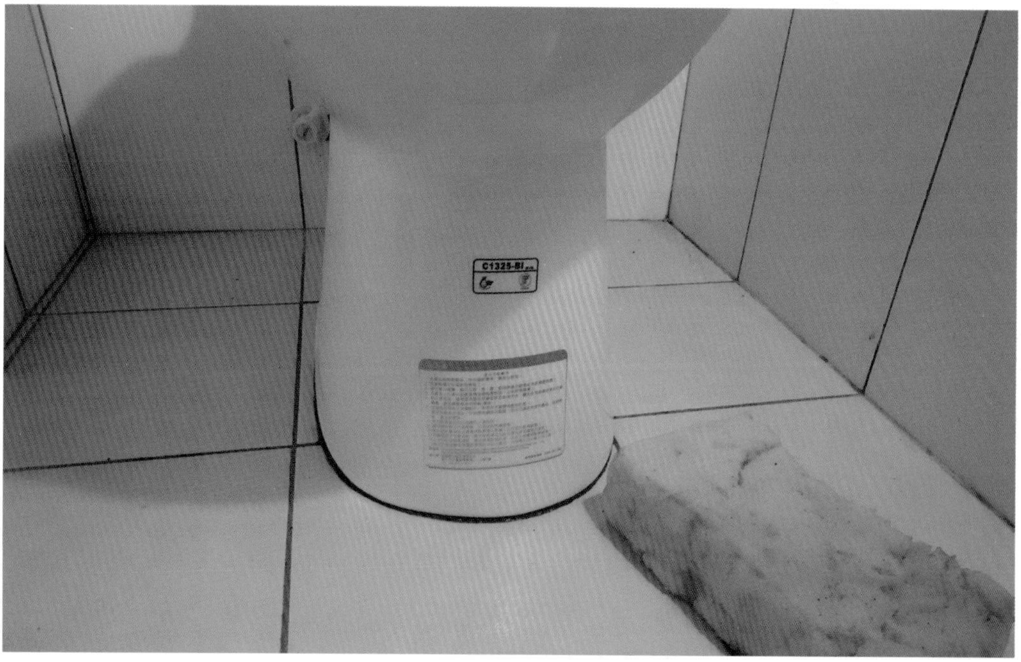

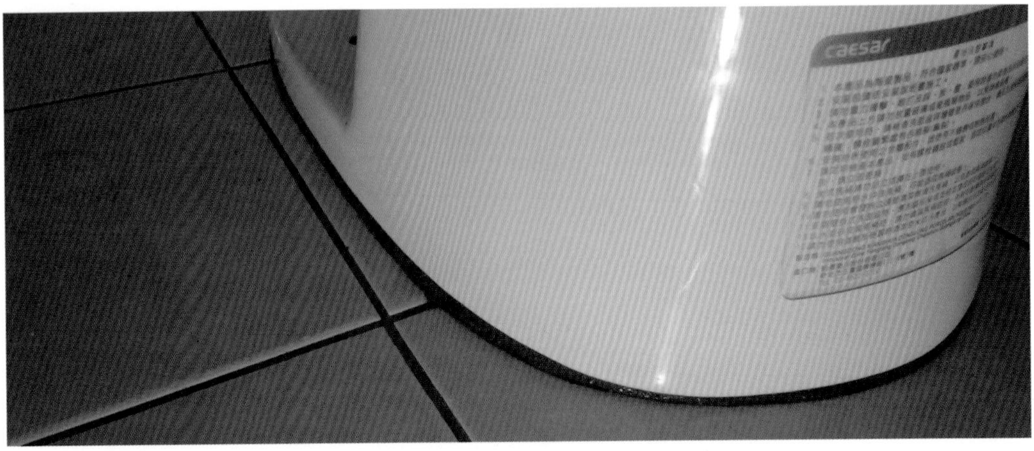

安裝好的馬桶一天之後就可使用。

混凝土的比例一直有爭議，馬桶製造商註明要 1：3(水泥：砂)，但是我所遇到過的師父幾乎百分之百不用這種比例施工，因為如此怕連接不牢固又無法刷出完美的接合面，而且日後又有起砂的問題，師徒傳授至今一直都是如此，以我的做法至少是 10：1，我們應該將馬桶以貼瓷磚的方式來施工，貼瓷磚的混凝土根本不加砂的，只是水泥加海菜粉，施工時會刮出凹凸線再貼上瓷磚，目的是防止瓷磚日後龜裂，馬桶也是有伸縮空間的，比照處理處理應該不會有問題，最重要的是安裝馬桶時不要將混泥土全部填滿。

電燈穿線法

水電師父在穿線時總是將鐵線或穿線條穿入管內，在管的另一頭綁上一把電線再拉過來，他們心裡頭總是知道這條管路內要穿多少條電線以及每條電線的顏色，其實每一個管路內都有不同的電線數以及各條電線的顏色，在他們了解管路的走向及電燈與燈切的相關位置之後，就可進行穿線，然後再結線之後就完成整個電燈線路，這是經驗以及師徒相授的技術，如果跟著師傅穿線一段時間之後通常都會學成，而您又沒有時間去當學徒，就看以下的文章，也許您就學會了。

首先，要從最基本的觀念開始：

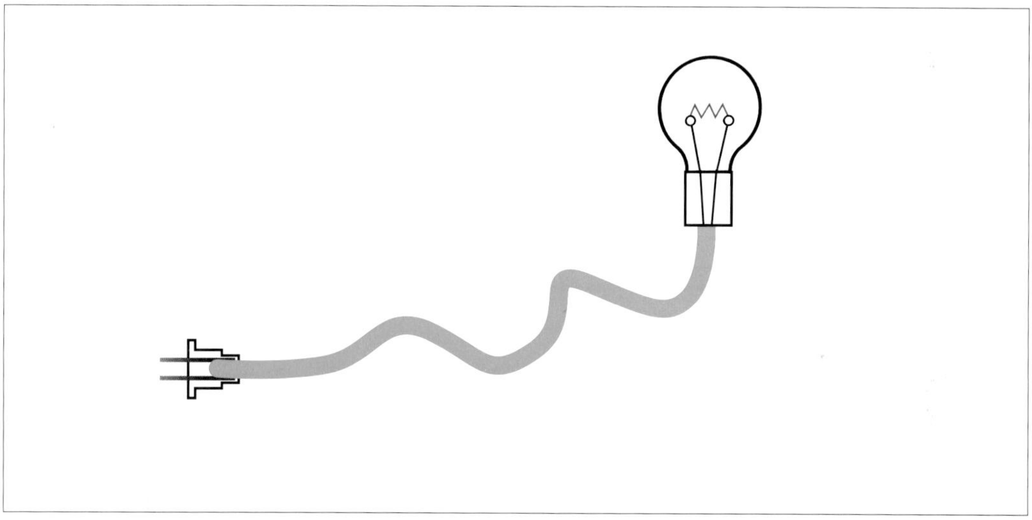

上圖是我們很熟悉的電燈設備，只要插頭插上電源，電燈就會亮；插頭拔掉電燈就熄滅，這是最簡單的電燈線路，如您所知那條電纜線裡面是由兩條電線組成的，它的簡單線路圖如下：

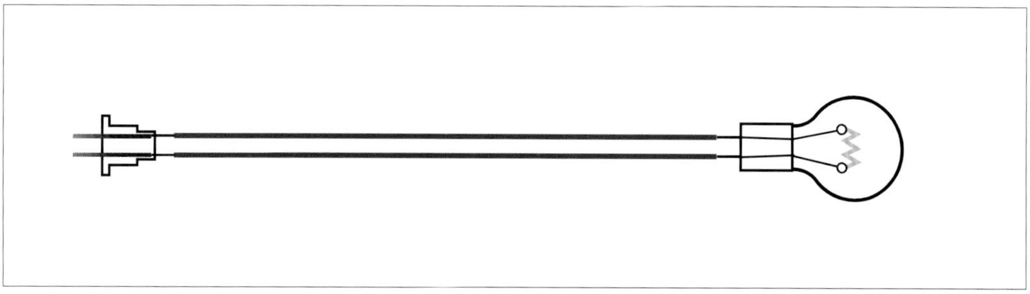

它是插上電源的，所以電燈是亮的，但如果線路中有任何一處斷了，電燈就不會亮，如下圖：

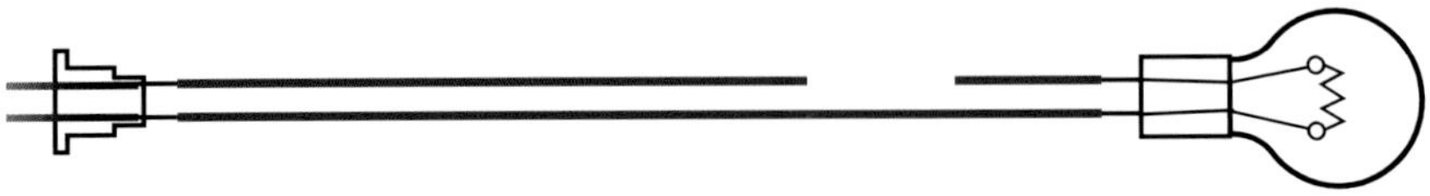

其實在線路中不管那一處斷了，電燈都不會亮，如果將斷掉處接回去，電燈又亮了，所以我們可以在線路中任何一處加上燈切開關來控制電燈的亮或熄滅。

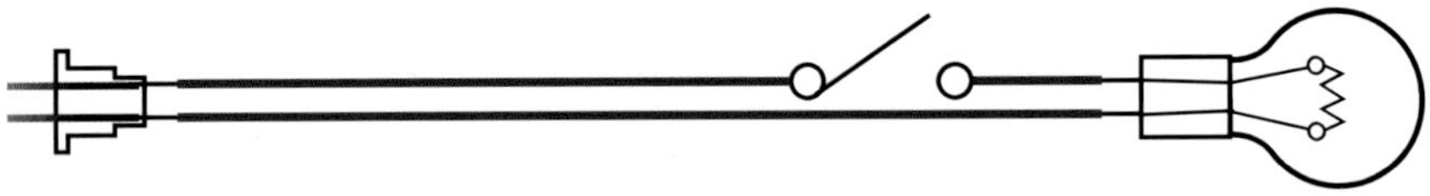

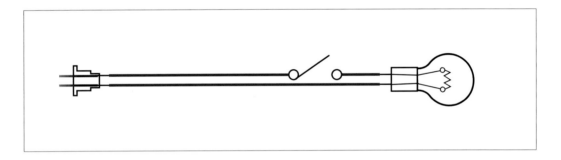

上圖是已經加上開關的電燈線路圖，此時開關並沒接上，因此電燈不亮，當燈切開關按上時，線路就接通了，電燈也就亮了，如下圖：

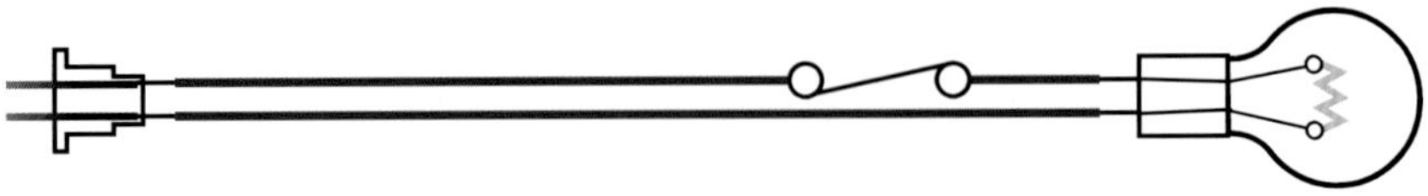

上面的圖形看起來簡單明瞭，可是如果電燈及燈切數量變很多的話，圖面會變得很複雜而難以辨識。因此有人發明了單線圖：

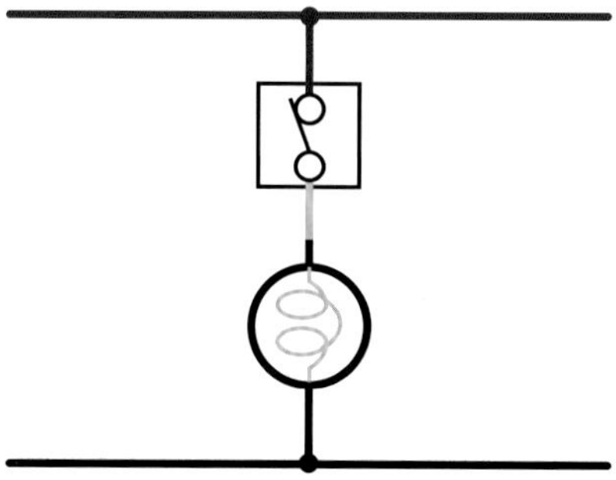

S 	單切開關	S3 	三路（雙切）開關
	電燈	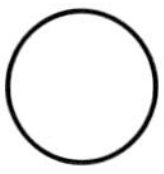	單切開關控制的電燈
	三路（雙切）開關控制的電燈	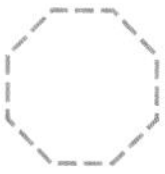	八角盒（電燈出線盒）

上面是電燈開關的單線圖，在單線圖上我們可以做線路分析：

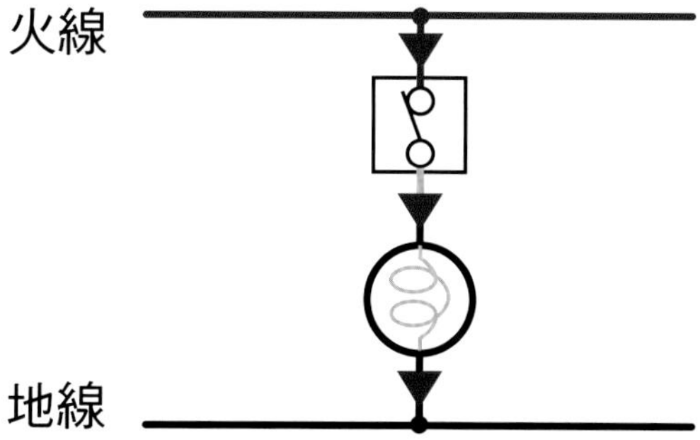

單切開關接通 (on) 時電流從火線經單切開關 --- 燈切線 (黃色)--- 電燈再到地線，形成一個迴路。因此電燈就會亮，單切開關切離 (off) 時，因無法形成電流迴路所以電燈是熄滅的如下圖。

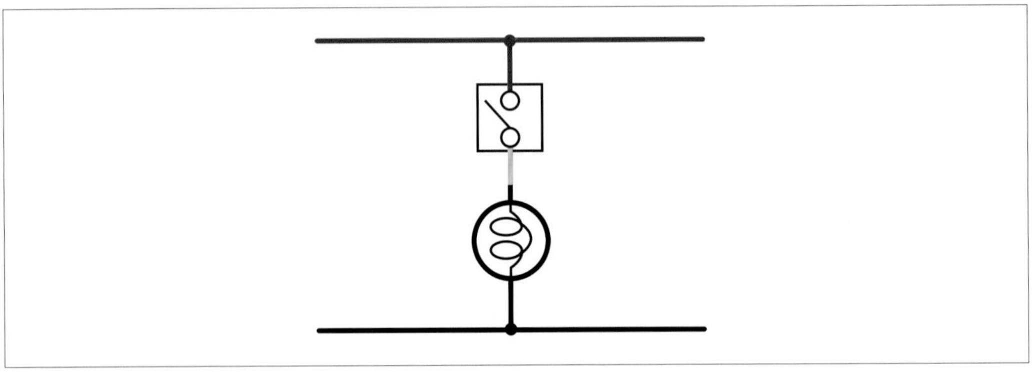

當然，線路不一定是要直的，開關與電燈也不一定在那個位置，上面畫的是電路等效圖，它與下圖是同樣的線路。

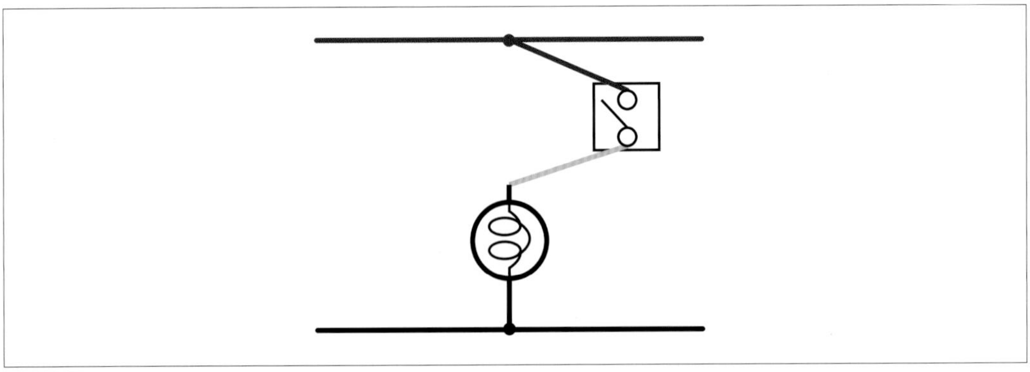

與下圖也是同樣的線路。

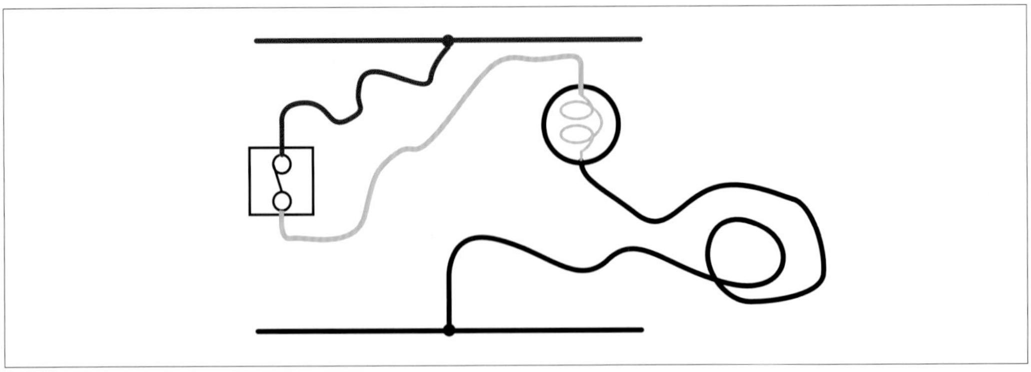

以線路而言，不管它有多長有多曲折它還是一條線路，所以下圖也是相同的線路：

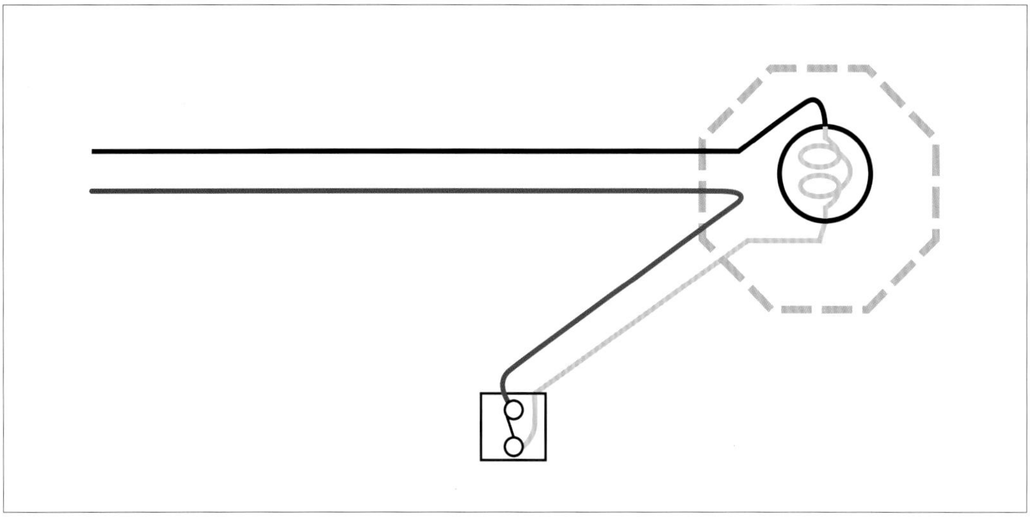

電燈穿線的定義是依電燈及對應的燈切位置並配合管路，達成其迴路目地。因此，電燈位置、燈切位置及管路這三項會影響穿線方式，如下圖：它是一個加了管路的一燈一處控制迴路。

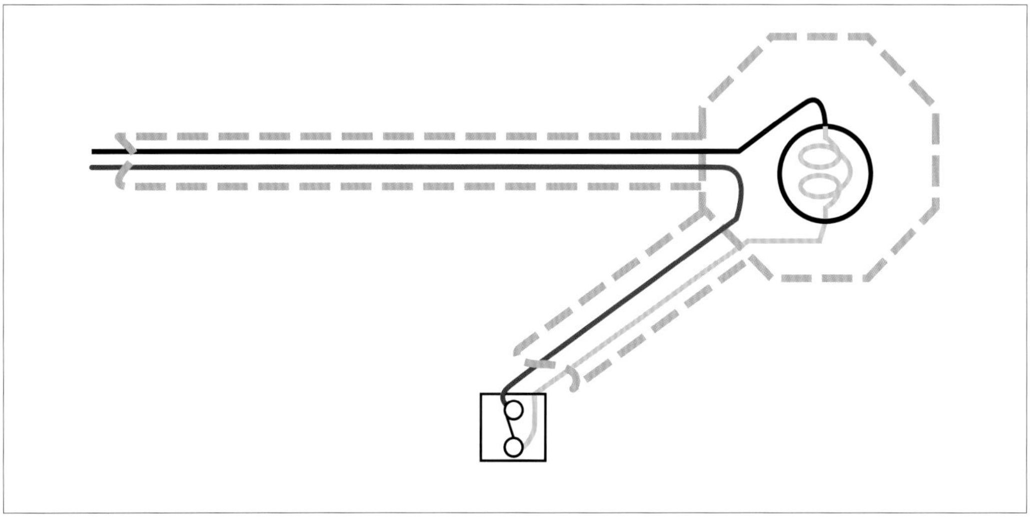

如果燈切位置改變了，穿線也要跟著改變：

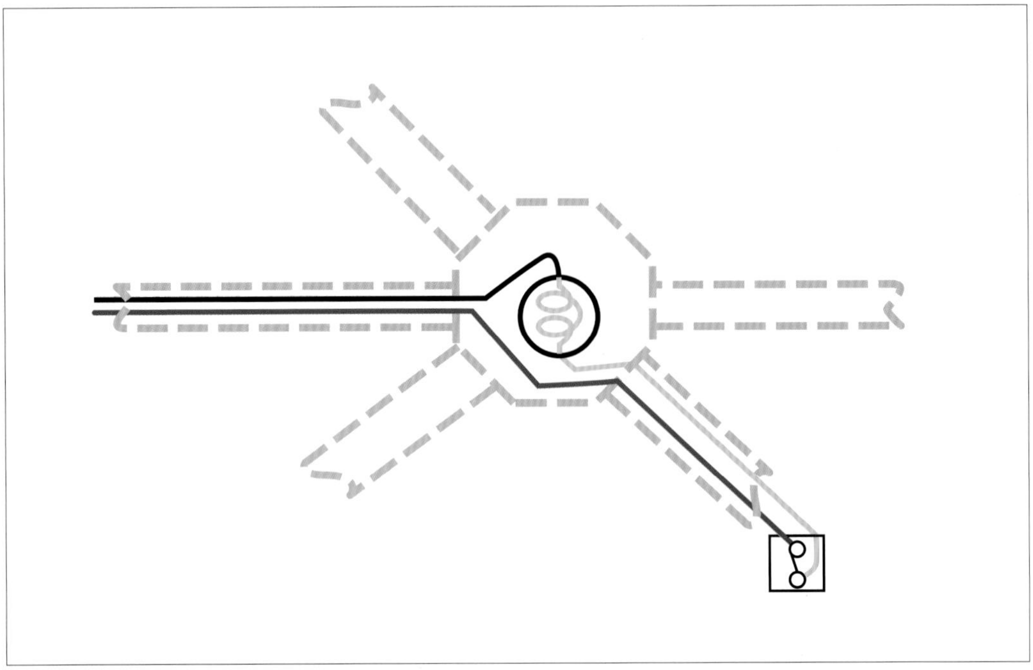

雖然位置改變了，它的線路仍然是從火線→單切開關→燈切線→電燈→地線，形成一個迴路。

下圖是一燈二處控制的單線圖：

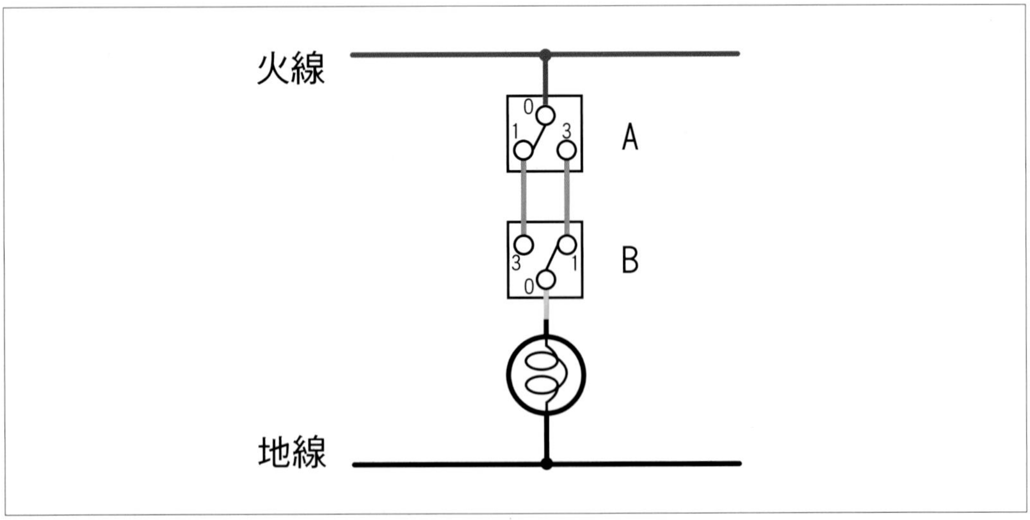

由二個三路開關控制一個電燈，例如樓梯燈它可以由樓上的開關控制也可以由樓下的開關控制。

三路開關是由三個接點組成，他只有兩種狀態；當開關按上時是 0 與 1 接通，當開關按下時是 0 與 3 接通，上圖並沒有構成迴路，所以電燈不亮，如果將開關 B 按下，於是迴路就形成了，電燈亮了如下圖：

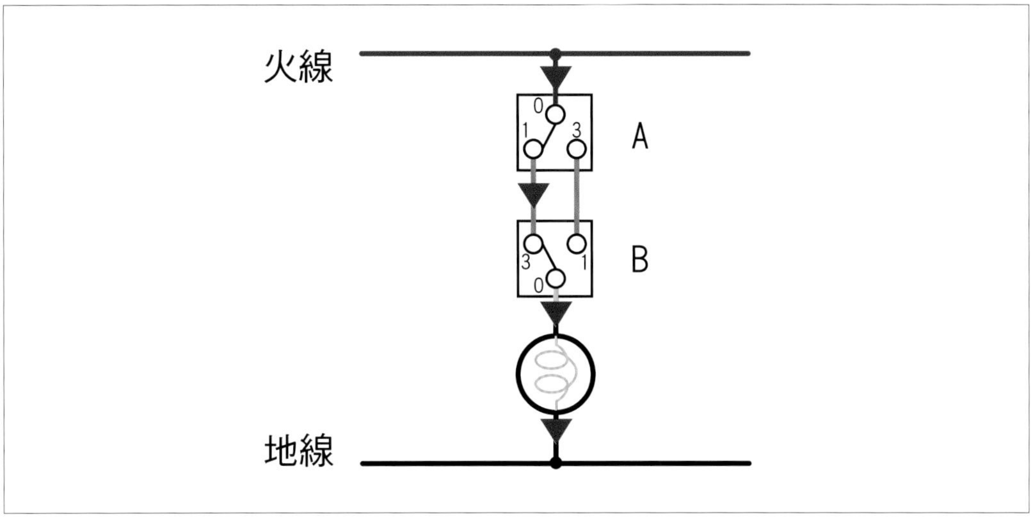

此時再將開關 A 按下，迴路又斷了，電燈熄滅了。

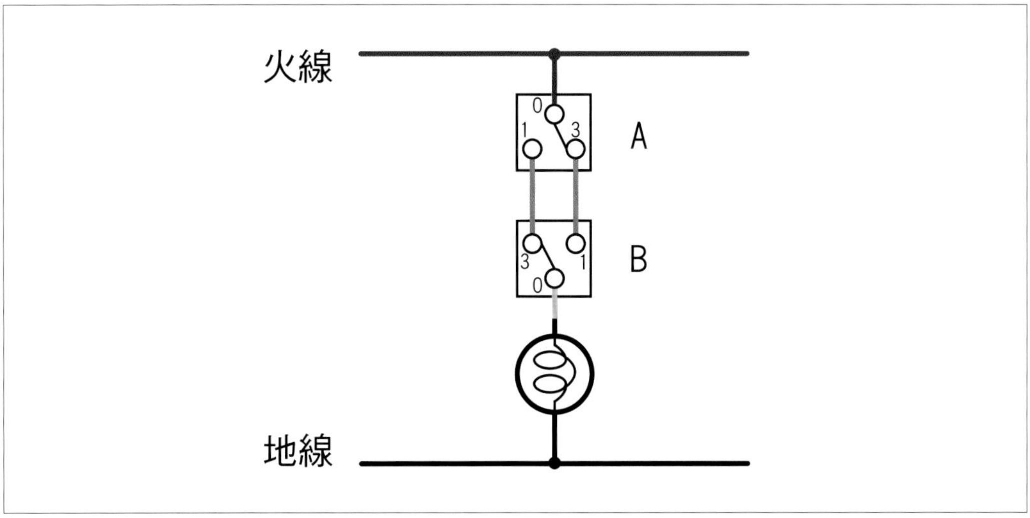

若再將開關 B 按上，迴路又形成了，電燈又亮了。

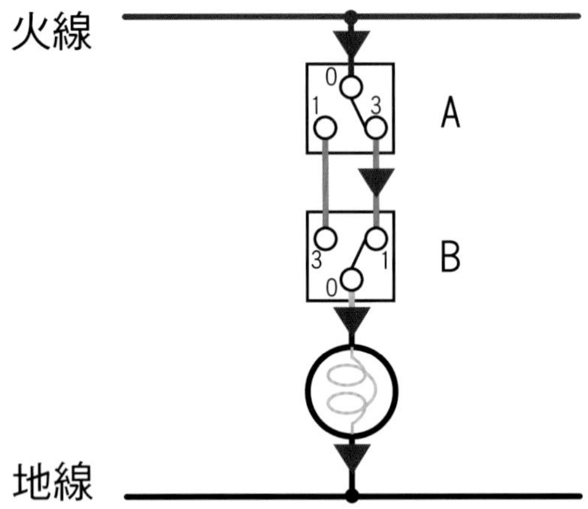

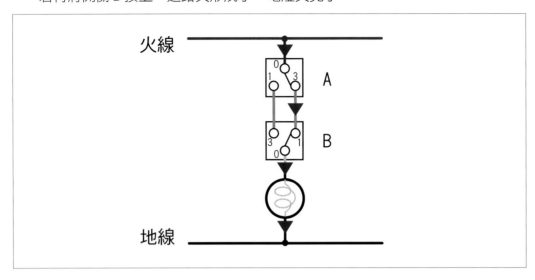

因此可以分別用開關 A 與開關 B 控制電燈的亮或熄，上圖中綠色線我們稱之為雙切線（或對切線），當然不一定要用綠色的，但兩條線最好用同一顏色，以方便區別，下圖是一燈二處控制的穿線圖，他與上面的單線圖是相同的線路，只是位置改變了。

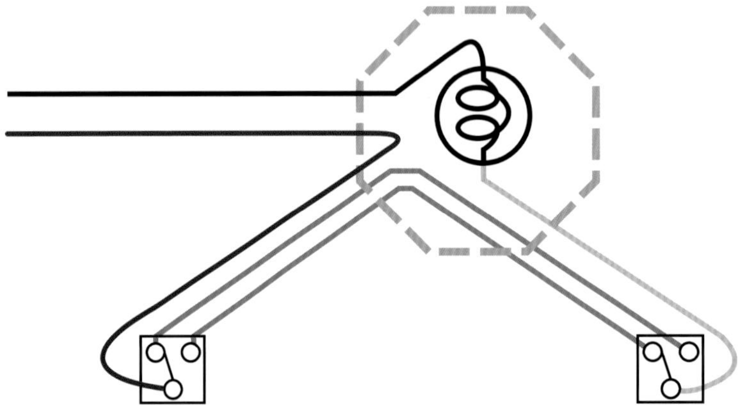

下面是兩個相鄰近的線路圖，一個一燈一處控制及一個一燈二處控制的迴路組成。

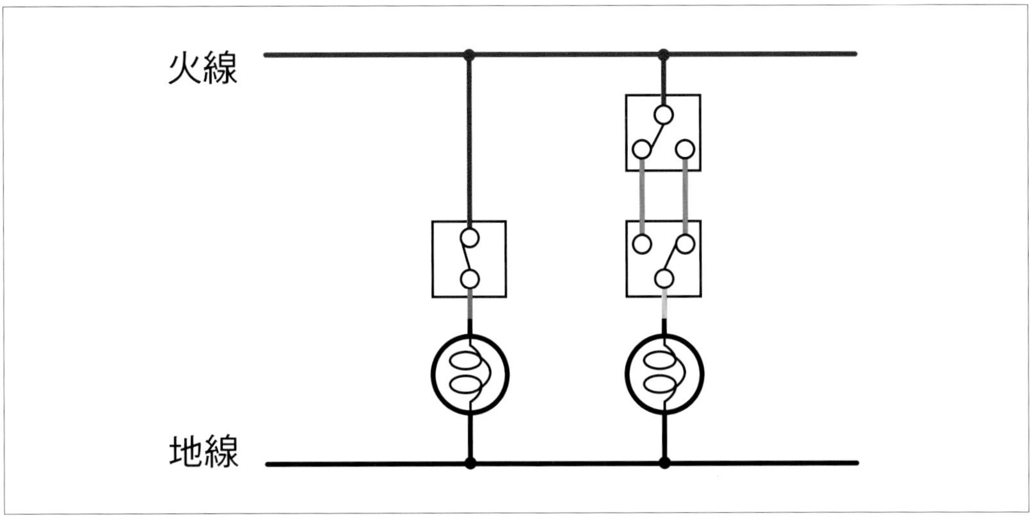

下面是它的穿線圖。

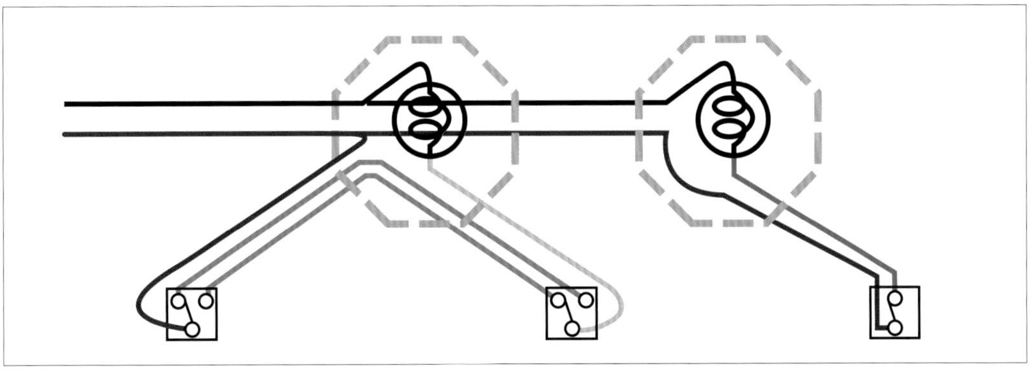

上圖是三個燈切分別在三個不同位置，如果其中一個三路開關和單切開關在同一個 BOX 內，穿線圖會變成下圖。

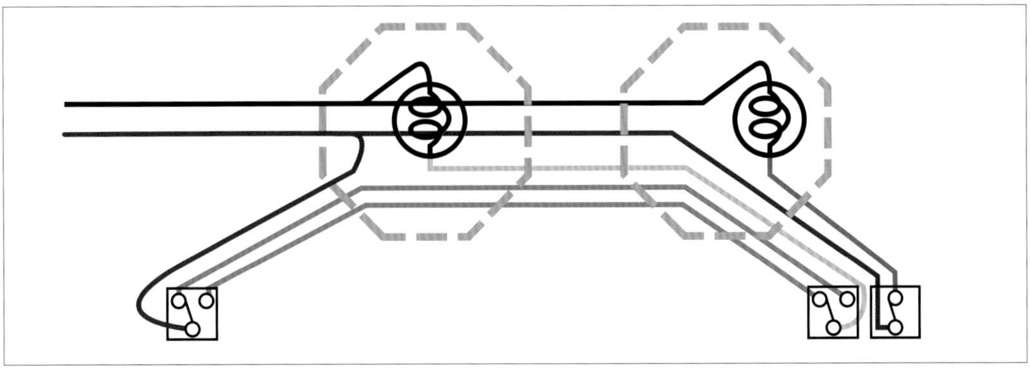

也可以是下圖。

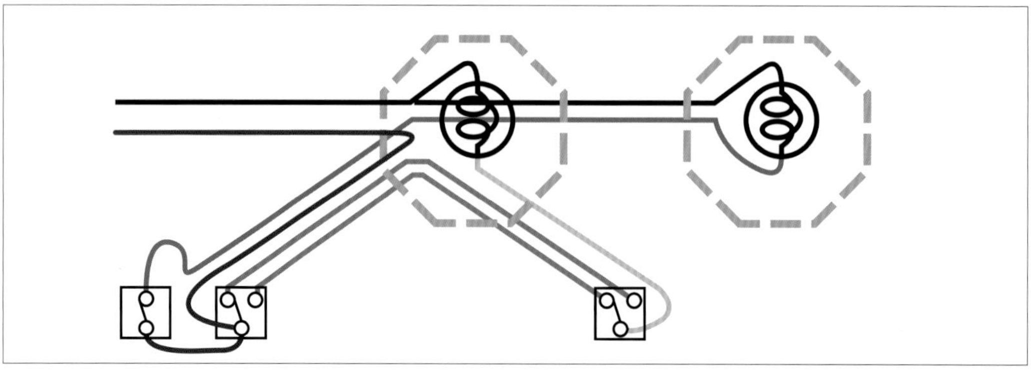

由於三路開關已經有火線了，因此旁邊的單切開關不需要再另外拉一條火線，只要 PASS 過來即可，我們稱之為「火線共用」。

下面是更複雜一點的線路：

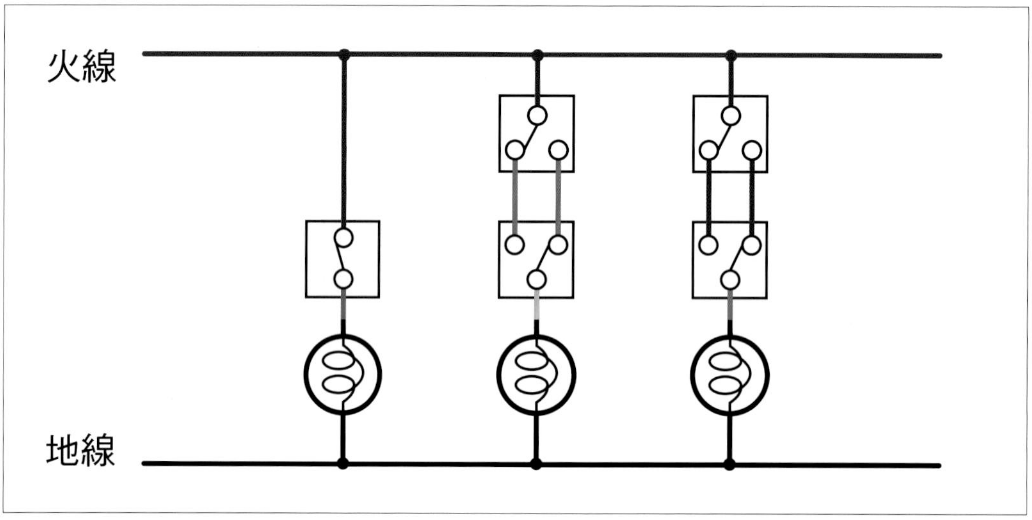

PS：實務上火線用紅色，地線用白色，其它的色線用作燈切線及雙切線（因為白色線很難在圖片上表現出來所以用黑色來表示）

它的穿線圖：

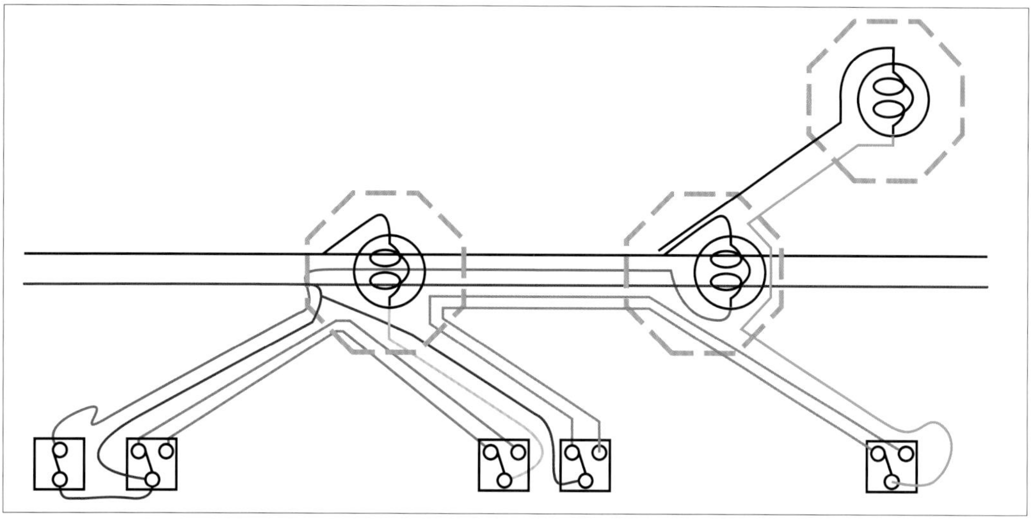

在實際的水電平面圖，它是這樣畫的：

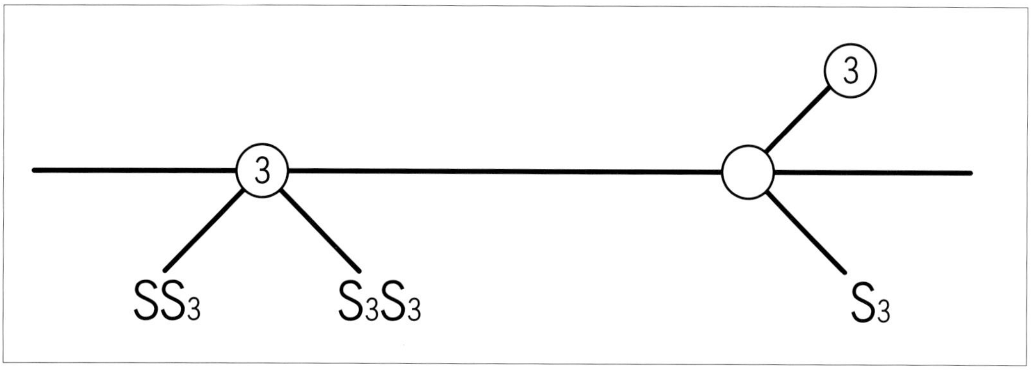

上圖的直線是代表管路的走相。

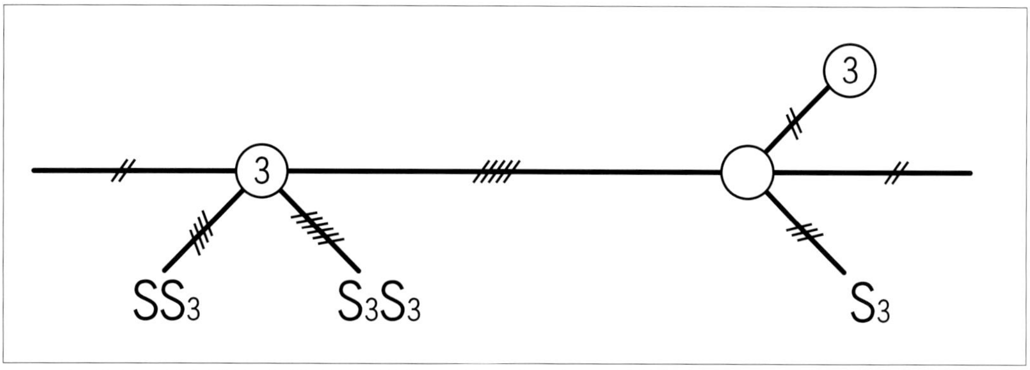

有幾條斜線就代表管內有幾條電線，當然，這些標線只是提供參考，最主要的目的是標示哪個電燈受哪些燈切的控制，所以常有一些爭議，最常見的就是「火線共用」的問題。

Plumber

吊管

吊管，在水電業界泛指吊在天花板上的排水管，包括「糞管」，須考慮排水方向的管系，吊管主要是排水幹管與分歧管組成，從幹管分歧支管的方式有很多種，最簡單的方式是用排水三通來做分歧。

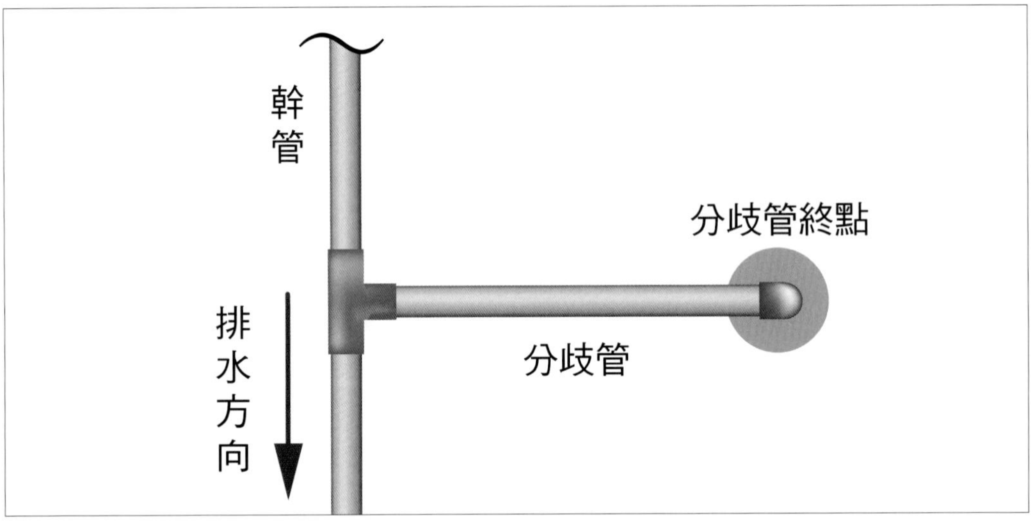

也可以用順 T 來做分歧。

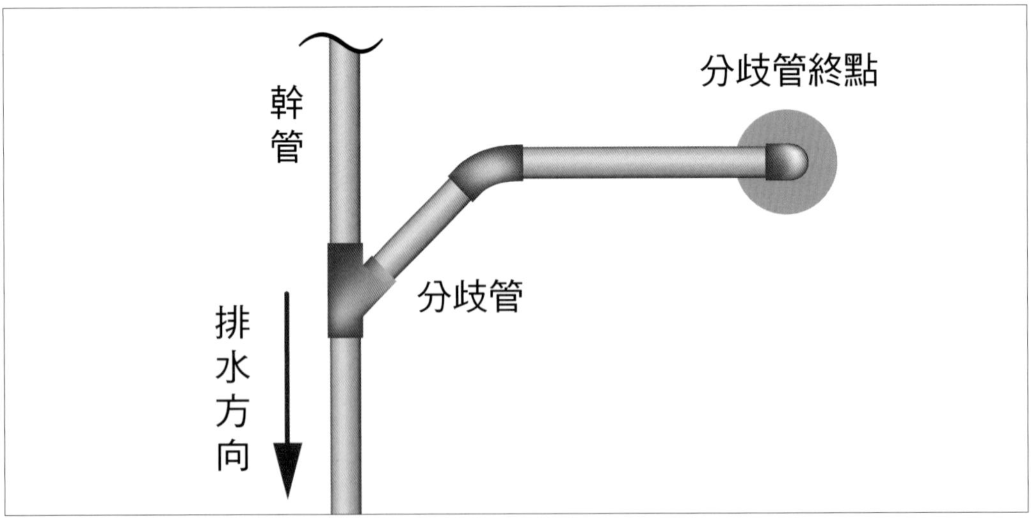

或是用斜T。

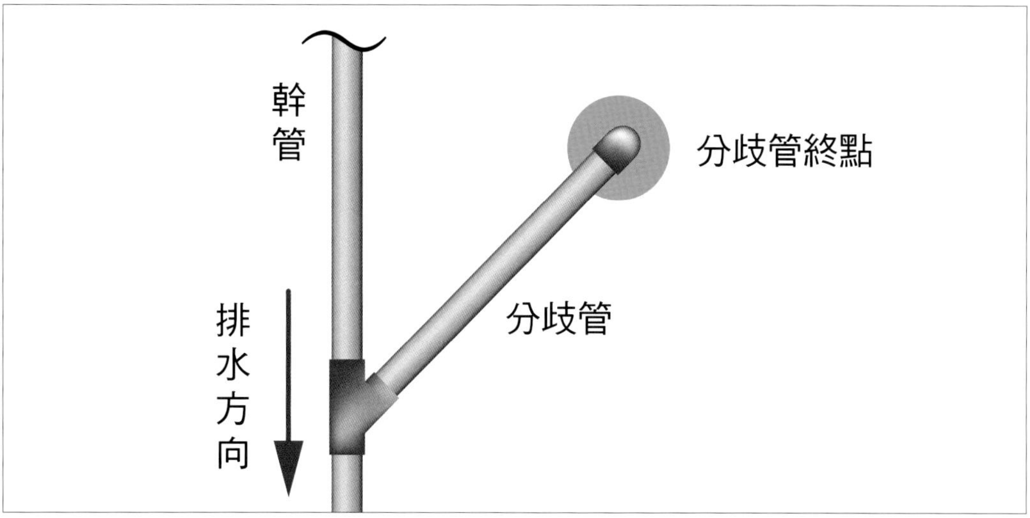

如果分歧管很長，或是須穿梁。

則使用順T或斜T加45度彎頭，比較好施工。

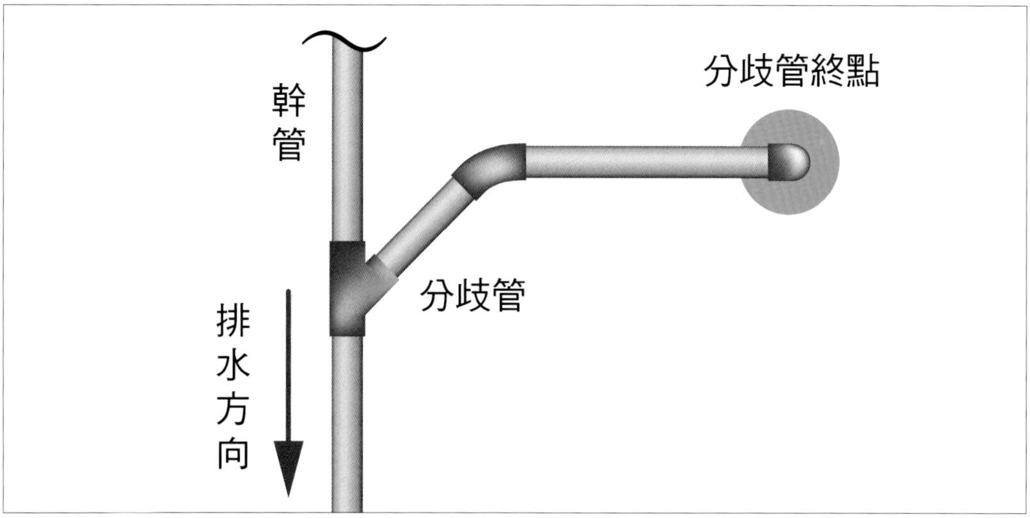

以排水性能而言斜T是最好的，而且美觀又有技術性，所以以監工者的立場，較傾向要求以斜T來施工，而用斜T施工需要用到一些數學運算，如果斜T的位置掌握不好，使角度不對，會讓整個吊管看起來凌亂不堪，斜T是一種排水管零件如右圖。

他是從幹管以45度的方向分歧出支管，所以整個

吊管系統最主要的技術問題是這個 45 度角，我們可以在分歧管終點與幹管之間畫上一個 45 度的等腰直角三角形，也就是我們小時候用的 45 度三角板。

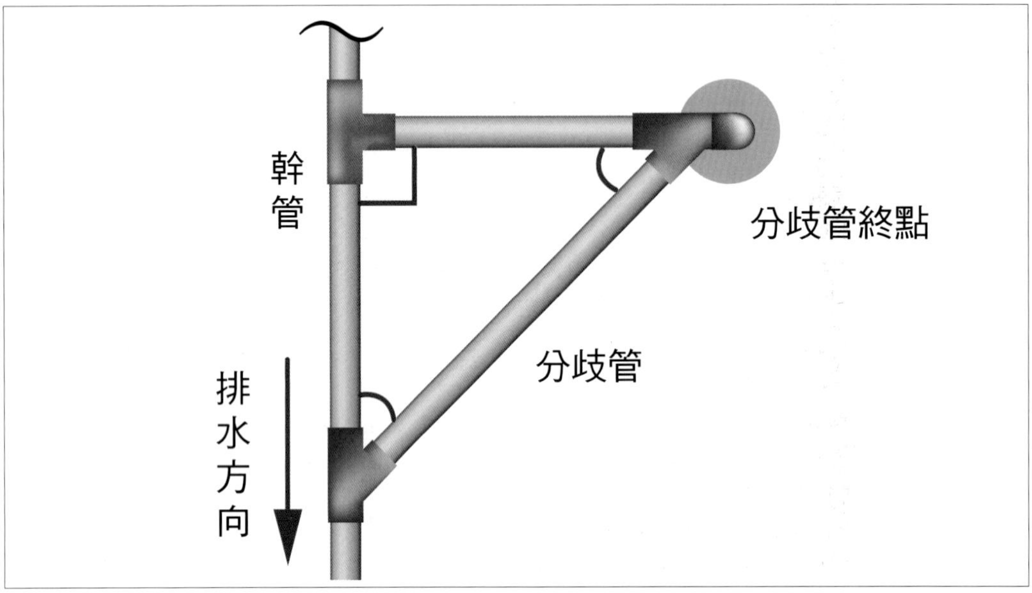

下圖中 x 與 y 的長度是一樣的，而 L 的長度是 $X/COS45^{\circ} = \sqrt{2}X = 1.414X$。

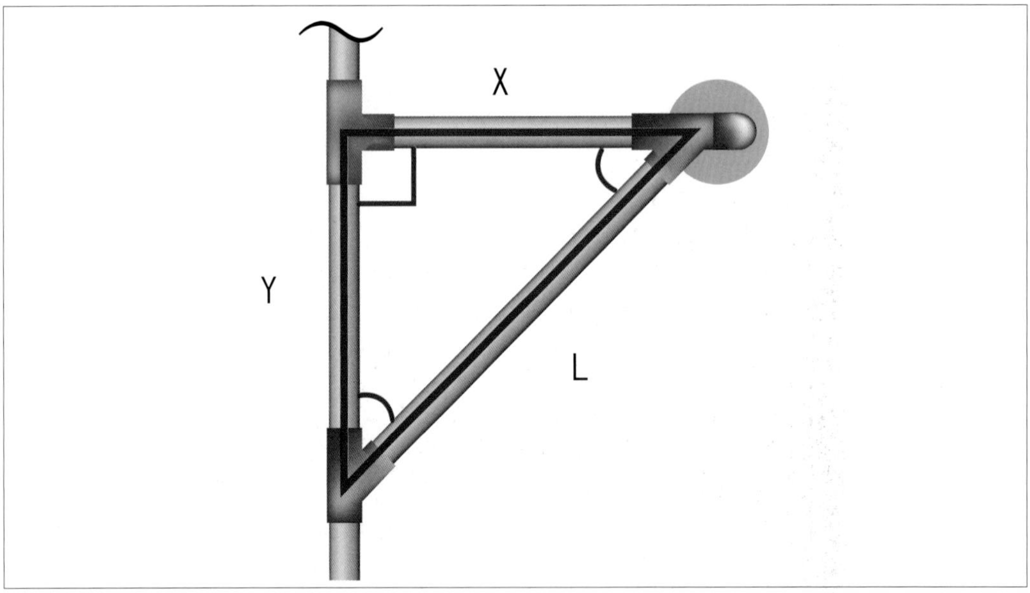

在實際配管中，須考量配管零件所佔的長度。

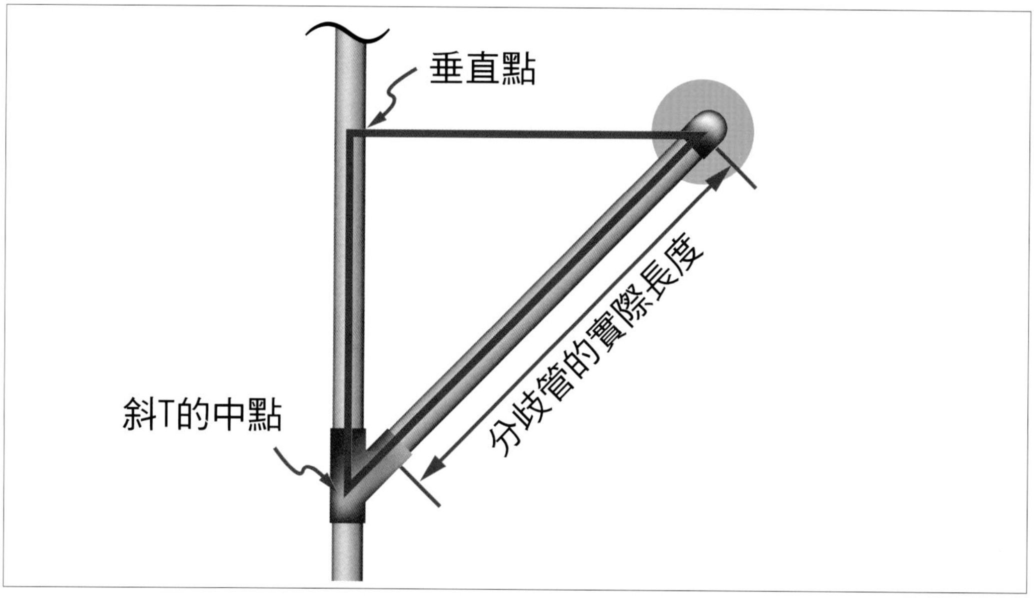

因為幹管與分歧管終點的位置是已經存在了，所以要算的是斜 T 的位置，首先必須先找到那個垂直點，然後就可量出 X 的長度，轉過來依幹管的方向取相同的長度，就是斜 T 的中點位置 (X 與 Y 的長度是相同的)，但是垂直點很難正確訂出，有一個方法是利用附近的橫樑與直樑來量測。

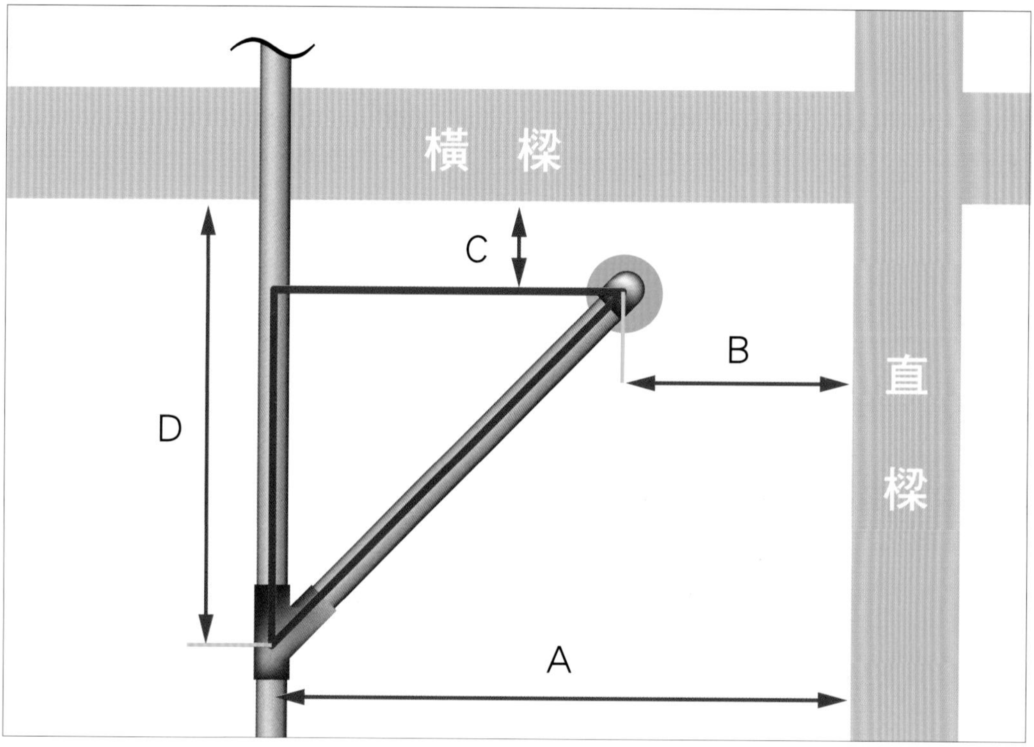

A－B＝X

D＝C＋X

所以從橫樑依幹管方向的 D 長度就是斜 T 的中點位置，斜 T 開出來之後，分支管的長度用米尺量一下就可得到，不用再計算了 (1.414X)；聰明的施工者會將幹管開立的方向平行附近的樑或牆以方便得到基準線。

以上的觀念不只局限於斜 T，45 度彎頭也同樣適用。

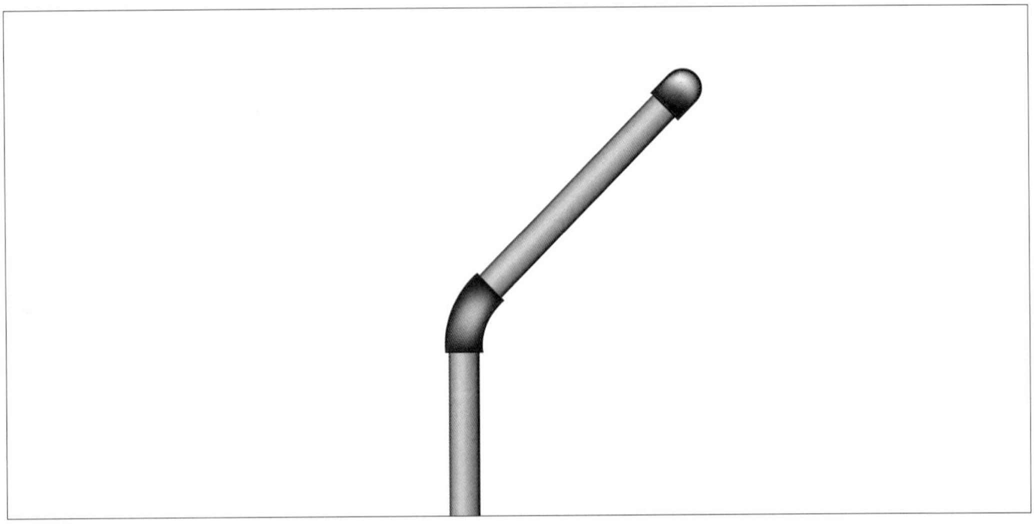

它的三角形如下圖。

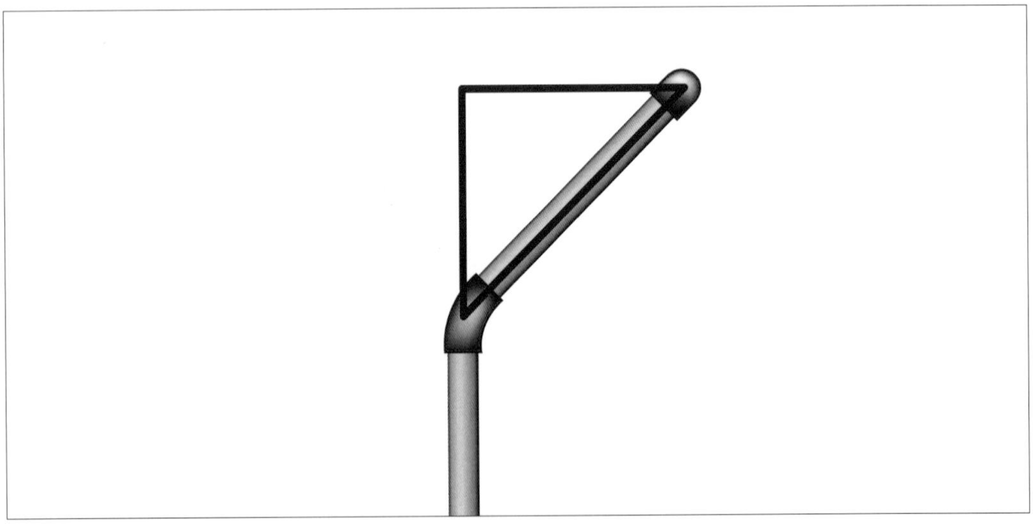

或是下圖。

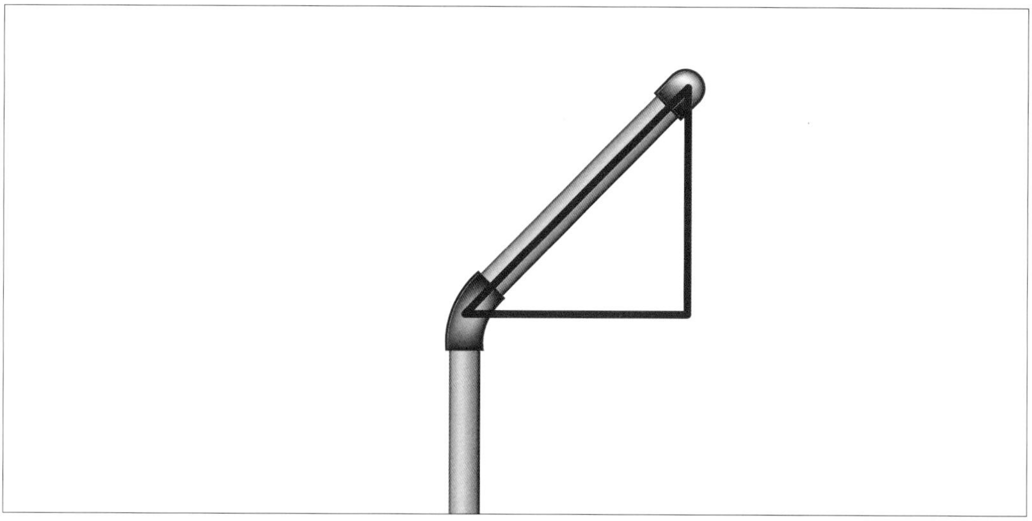

下面介紹關於同心連，如下圖是由甲乙丙丁戊組成的「同心連」，在吊管同高程的管排上很常見。

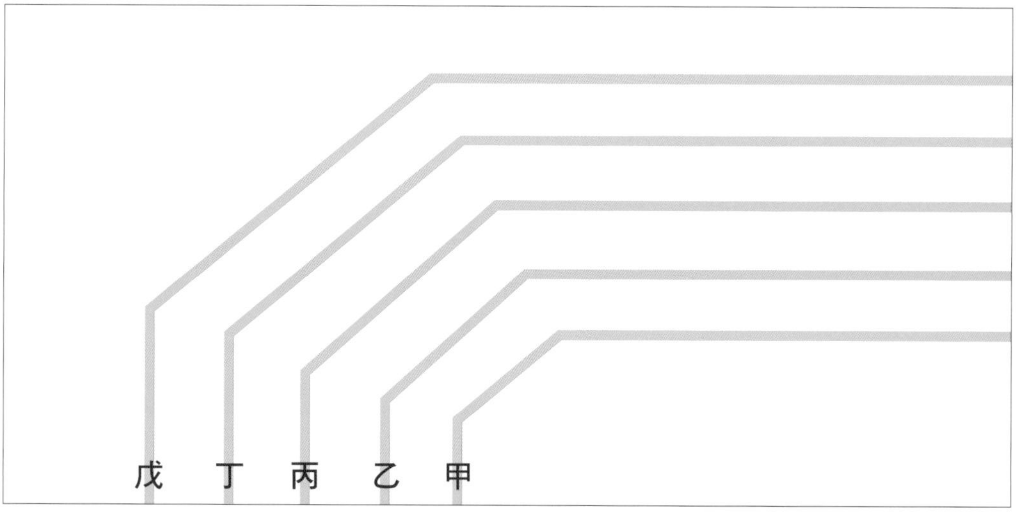

相同的，45 度角彎頭的位置很重要，位置偏差了，就配不出漂亮的同心連。

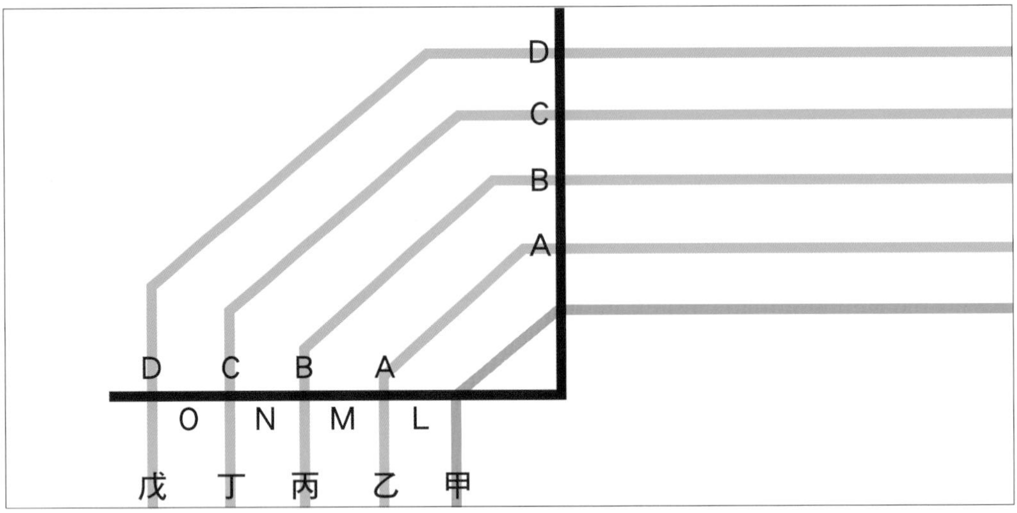

基本上同心連是由甲管先建立的，之後的管排都是以甲管作基礎來計算，所以在甲管的兩個 45 度彎頭的中點分別畫上兩條垂直線（紅色線）作為量側基準，以此來計算 ABCD 的長度。

A ＝ L×0.41421　　　　B ＝ (L ＋ M)×0.41421

C ＝ (L ＋ M ＋ N)×0.41421　　　　D ＝ (L ＋ M ＋ N ＋ O)×0.41421

依此類推後面的管排。而斜 45 度角的管長度，如下圖的 b，c，d，e。

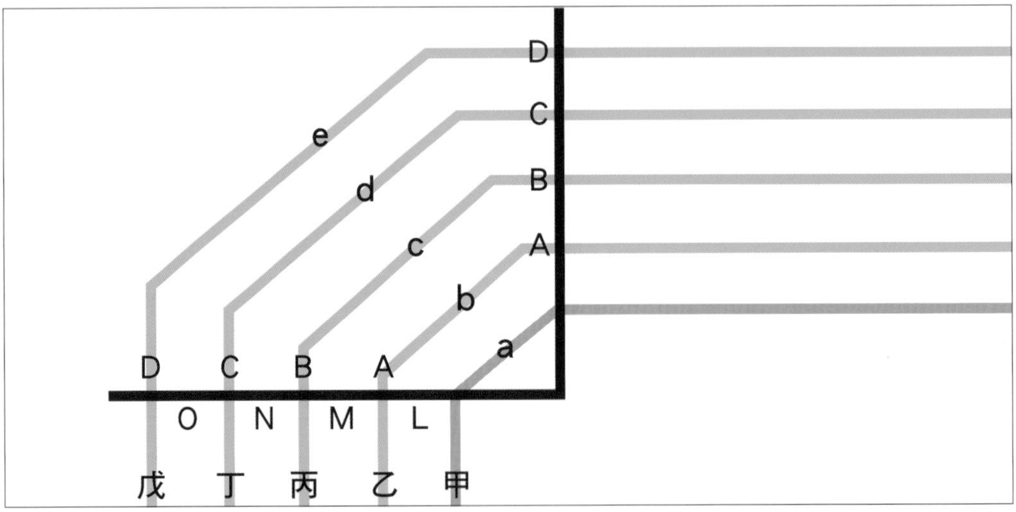

b ＝ 2A ＋ a　　　　c ＝ 2B ＋ a　　　　d ＝ 2C ＋ a　　　　e ＝ 2D ＋ a

下圖是實際計算例子。

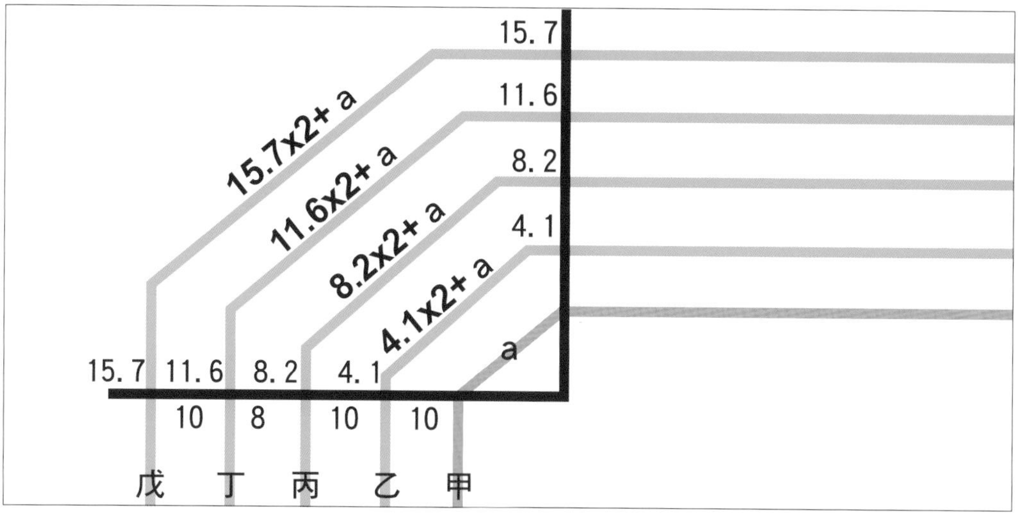

當然我仍然是用管中心作計算，實際的管長度是要扣掉零件部分，通常在厚管施工時，因為力道不足無法將零件接頭插到底，而造成尺寸偏差，解決方式是預先扣掉力道不足的差距，比如說本來的接管長度是 10 公分，在 10 公分處用簽字筆劃上記號，然後切掉 1 至 2 公分的差距，接管時只接到記號處就行。

早期的一燈二處控制

大約二十年以前的房子，它的一燈二處控制與現行的配線方式不一樣，所以在更換燈切時常常會搞不清楚。

其實它的配線方式很簡單，就是以火線與地線來交互切換對應使電燈點亮或熄滅，它的配線方式如下圖：

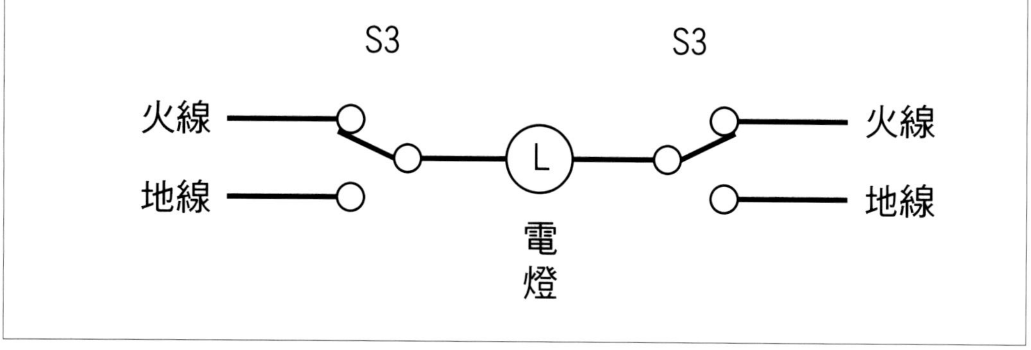

尤其在早期的配置方式多是燈切與插座在一起；所以就很方便地提供三路開關的電源，這是非常好用又節省的配線方式，但是現經今的燈切並不適合上述的配線方式，早期的燈切的主體是陶瓷做的（體積比較大）現今的燈切是塑膠製品（體積比較小），因為火線與地線太接近了，而開關燈切的火花會讓塑膠漸漸石墨化而變成導體，所以久了之後，燈切就「秀逗」了，現今的一燈二處控制配線圖如下：

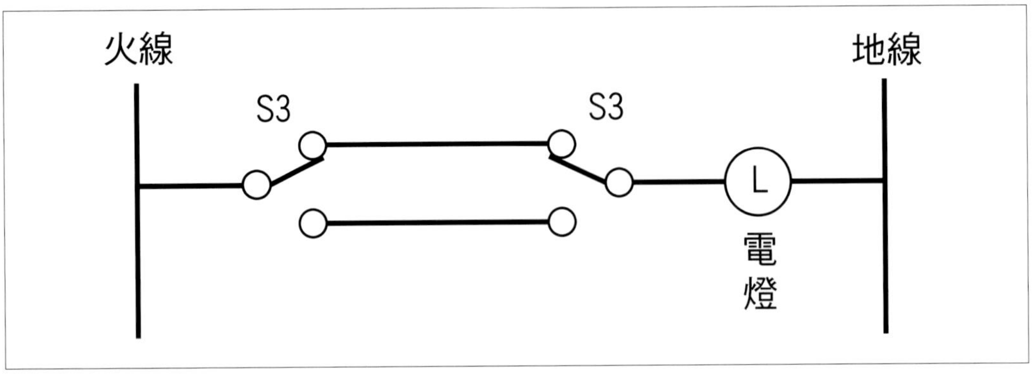

若要一燈三處控制就在兩個三路開關之間加入一個四路開關：

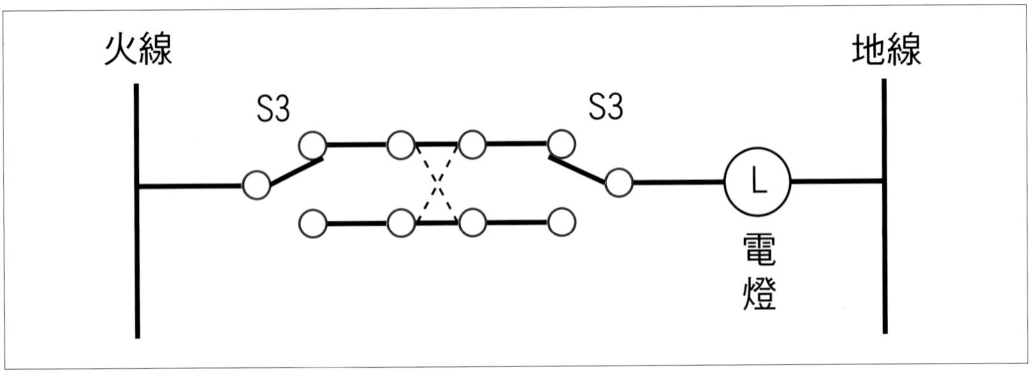

四路開關有兩個狀態，一是切上時兩組接點平行接通：

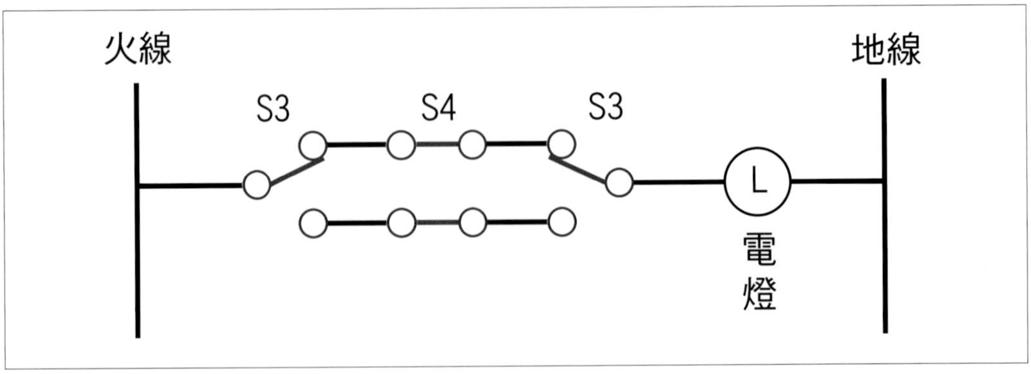

二是切下時，兩組接點變成交叉接通。

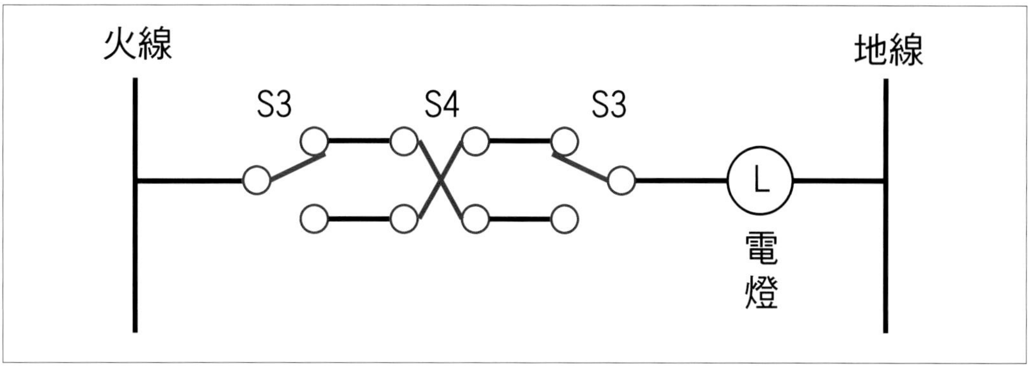

在兩個三路開關與一個四路開關之間作切換，都可控制電燈的亮或熄，如果要一燈四處控制，就再加一個四路開關：

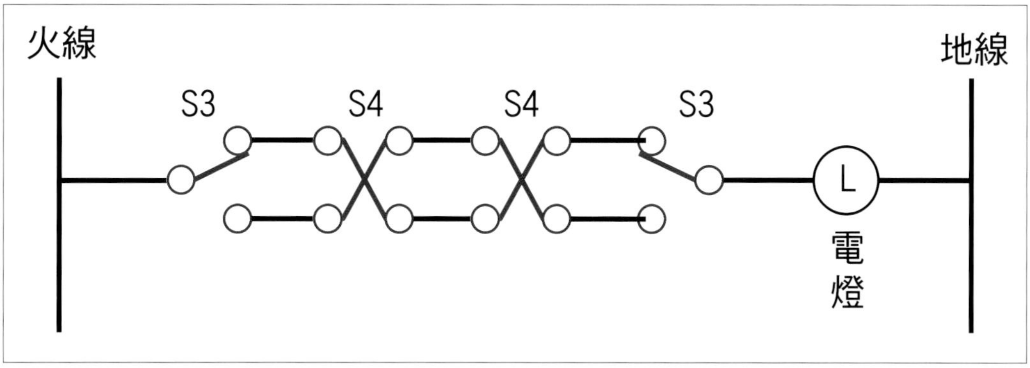

要五處，六處，七處，控制一燈，只要在兩個三路開關之間多加幾個四路開關就可。

透天厝的抽水機
為什麼常在停水之後燒掉

常常在自來水停水之後就有人發現他家的抽水機燒掉了，為什麼呢？因為抽水機太久沒用，葉片因生鏽而卡死了。

屋頂水塔沒水了，浮球開關動作，馬達開始啟動，但是因為葉片卡死無法轉動，到最後不是保護開關跳掉就是馬達燒毀。

為什麼平常不燒掉，而在停水之後才燒掉？因為平常自來水的水壓已經足夠送到屋頂水塔的最高水位，馬達根本無用武之地，所以它就閒置在那邊，慢慢地生鏽。

等到自來水的水壓降低（因為水公司停水 ------ 平均一年有一兩次），無法送水到屋頂水塔，水塔的水位降到最低水位時浮球開關動作才會啟動抽水馬達。

但是抽水機的葉片已經繡死了導致馬達燒毀，一般而言，裝置好的抽水機閒置六個月就可能會鏽死，因此至少一個月要讓它轉動一次。

因此我設計了管線迴路如下圖：

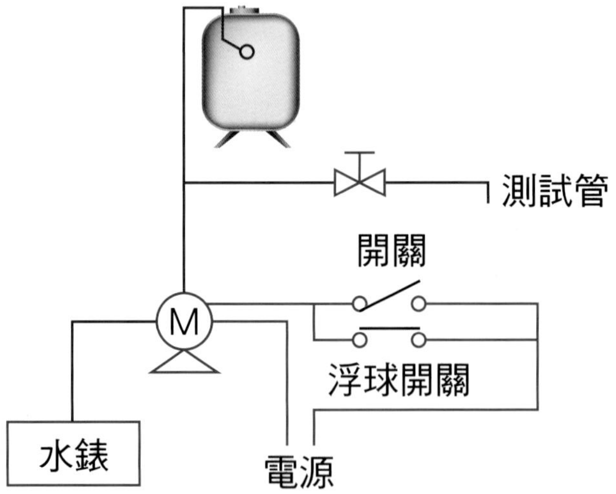

要讓馬達轉動時，只要將測試管的閥門打開，切上開關，讓馬達運轉幾分鐘就行了。

日光燈的拆解

一般傳統式日光燈是由燈管，安定器及啟動器三個元件組成：

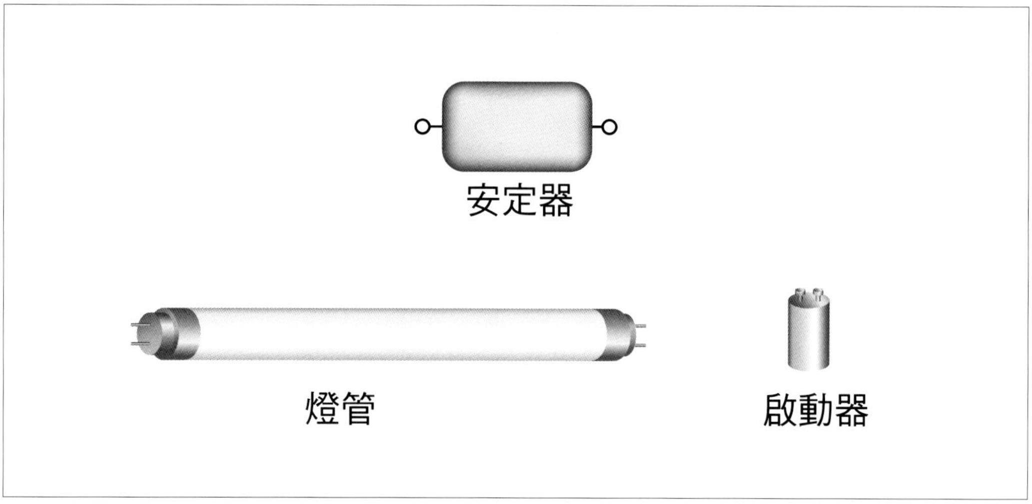

它的接線圖很簡單，而且三個元件都沒有方向性（沒有正負極之分），只要依下圖連接幾條線，就可讓燈管點亮

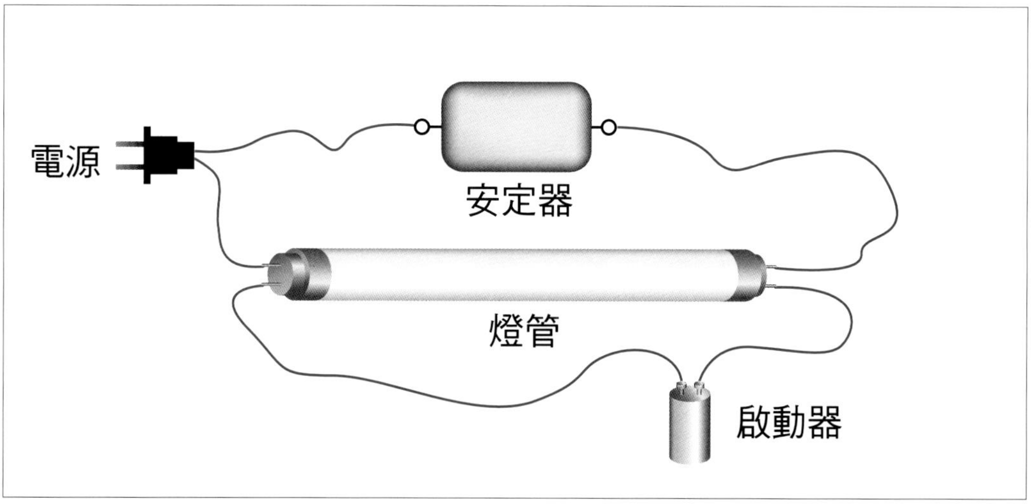

下面是每個元件的內部圖。

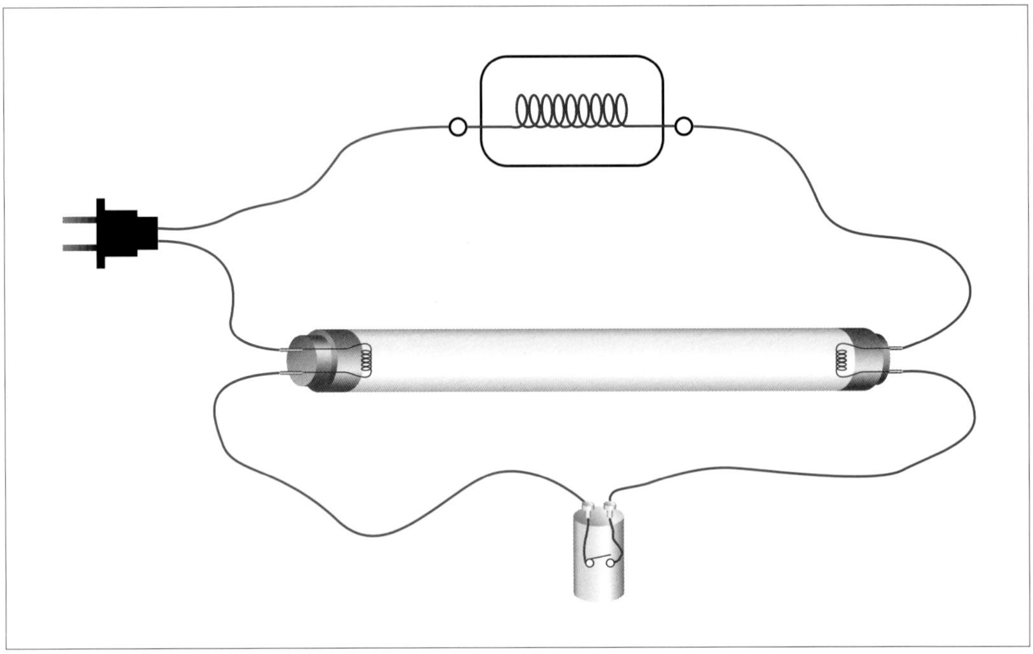

當插上電源剛開始啟動時，它的電流迴路是這樣的：（黃色線）

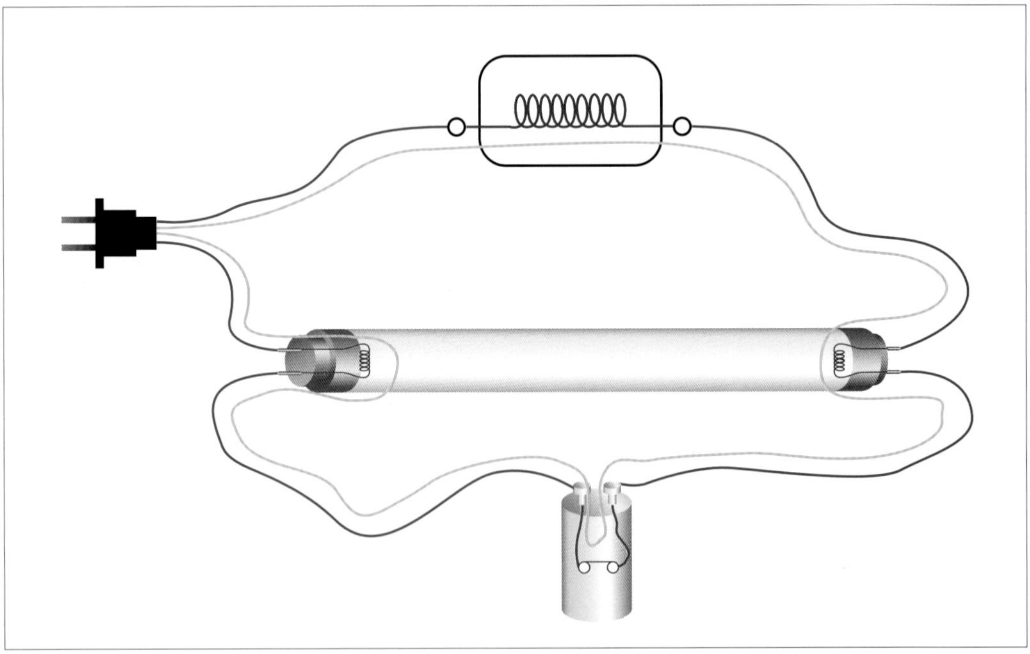

啟動完成燈管點亮之後，電流迴路就變成下圖。

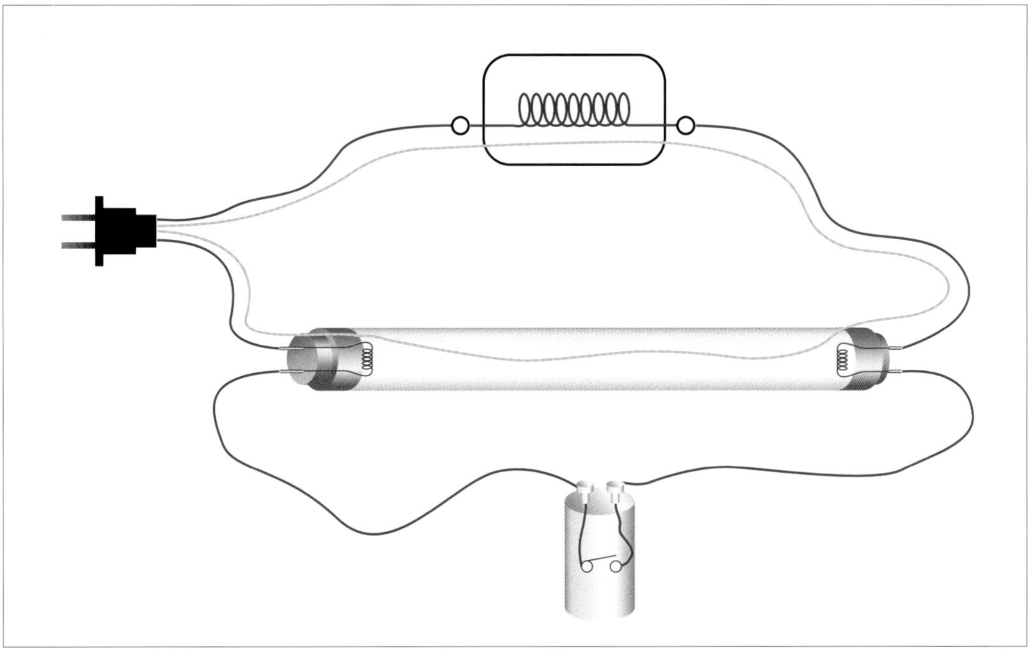

因為已經啟動完成了，所以就算將啟動器拆下；燈管仍然還是亮著。

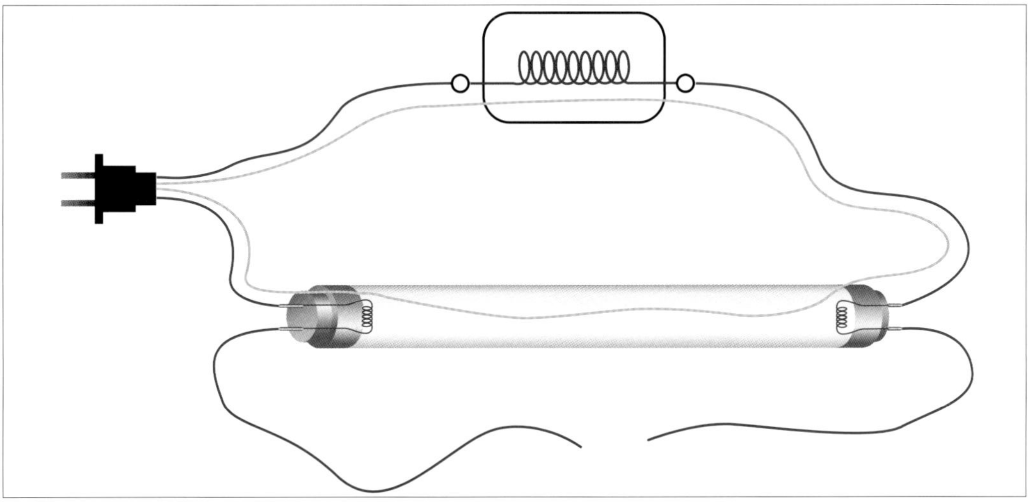

啟動器 (starter) 水電術語叫（始大答），它是有分級的，一般 40w 的燈管要用 4p 的，而 30w 以下的燈管用 1p，啟動器在點燈完成後會自動跳脫（切斷啟動迴路讓主迴路流經燈管），當然我們也可以用手動開關來代替啟動器，用一個加了彈簧的按鈕開關，要讓燈亮時就按一下開關，使燈管點亮，要關燈時就再按一下按鈕開關，使燈管主迴路短路，日光燈就熄滅。

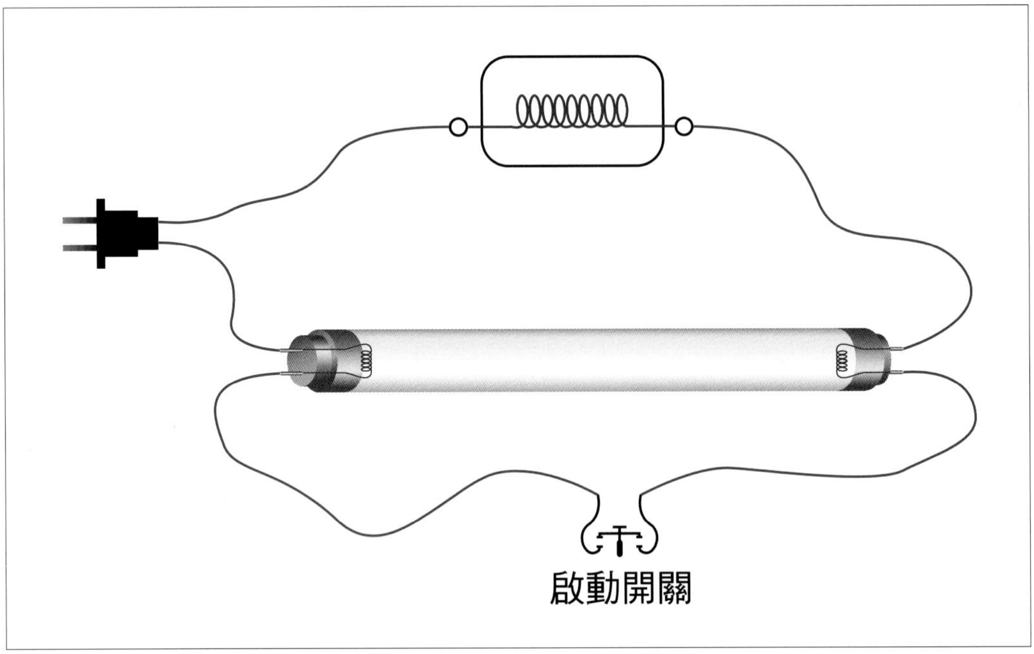

110v40w 的日光燈的安定器比較特殊，因為 40w 燈管需要二百多伏特的電壓才能點亮，而電源只有 110v，所以利用安定器作升壓，因此安定器就不一樣了。

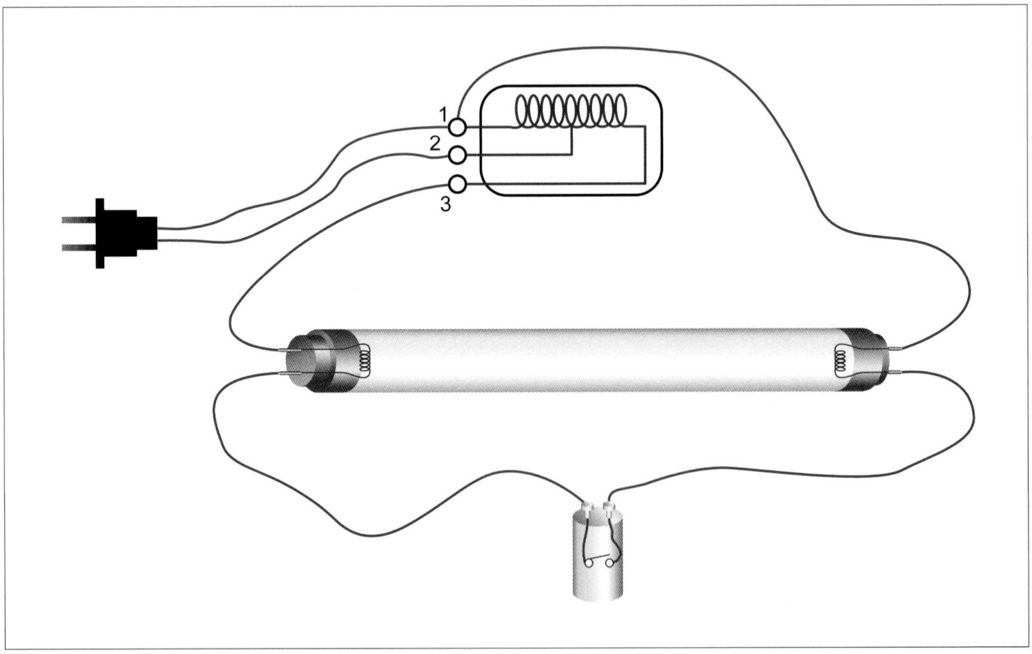

日光燈管內布滿特殊塗料，水銀及特殊氣體，會因注入不同氣體而使燈管點亮後呈現不同顏色，所以日光燈不一定是白光的，它可以被設計成紅色，黃色，綠色等不同顏色的燈管。

臉盆安裝

水電師父在安裝臉盆時是一個人獨自完成的，但建議初學者先由旁人協助，待熟練之後再獨自施工。下圖是臉盆的標準配件：

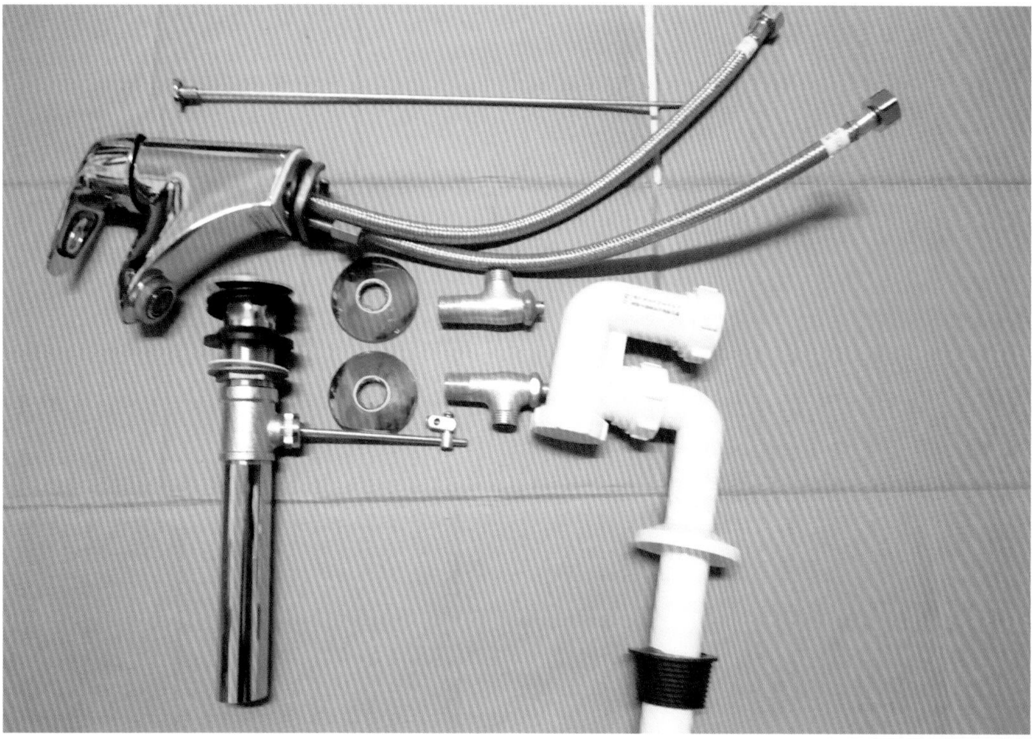

有混合龍頭，拉桿，落水頭，三角凡而，P 管，先介紹落水頭的安裝：將包裝拆開之後有下圖這些零件：

首先要處理的是連桿座與連桿，先拆卸開來：

然後按照下圖的順序組裝，比較常出錯的是中間那兩個白色內圓橡膠墊圈，常因遺失或忘記裝，而造成漏水。

組裝之後如下圖模樣，他是控制臉盆排水的開關，連接在落水頭下方。

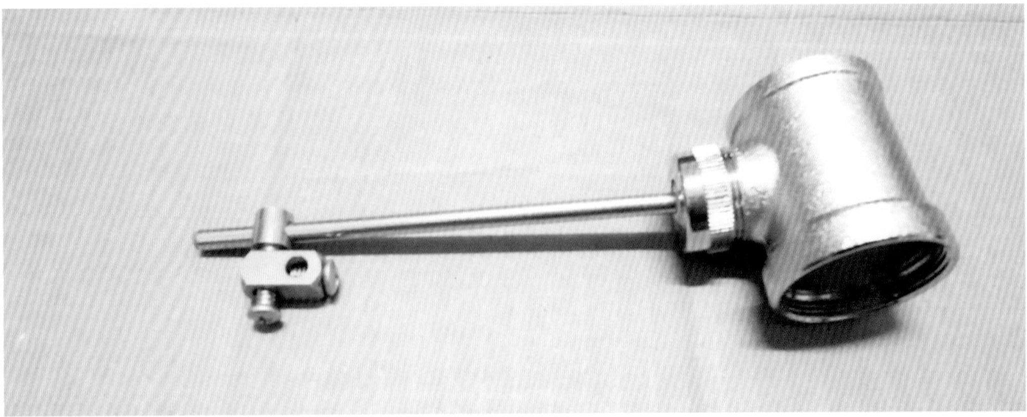

落水頭如下圖。

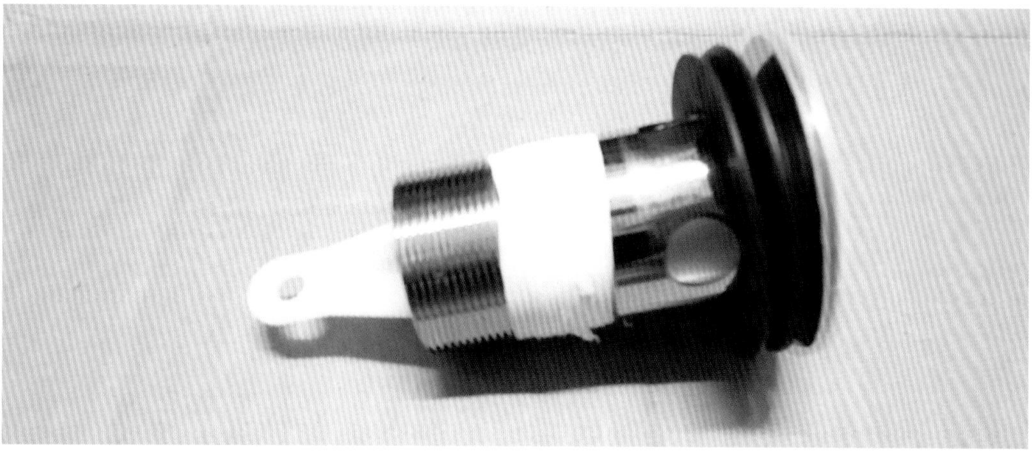

安裝前需纏上一層 5 至 10 圈的止洩帶，如上圖的位置，裝入臉盆的落水口。

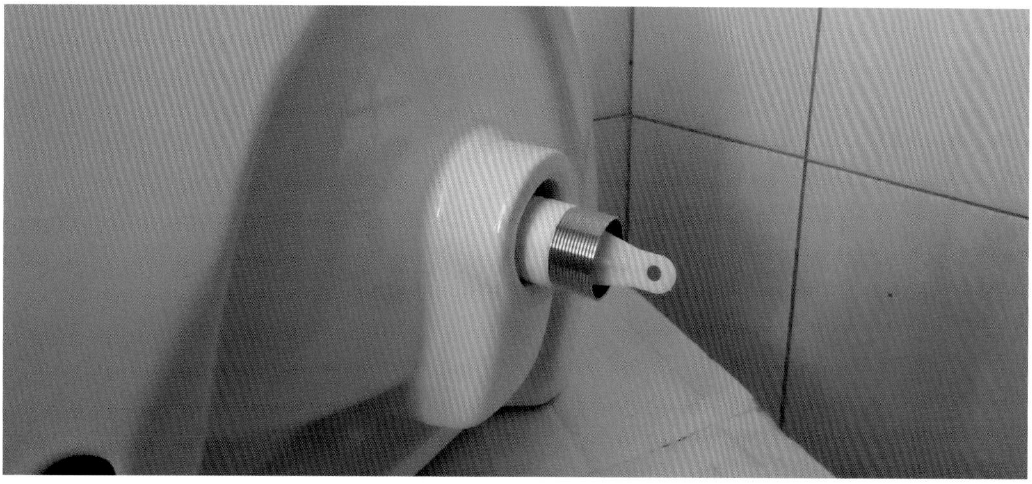

接著套上黑色的止漏橡皮墊及白色的襯墊及銅製的迫緊螺母。

用管鉗鎖緊。

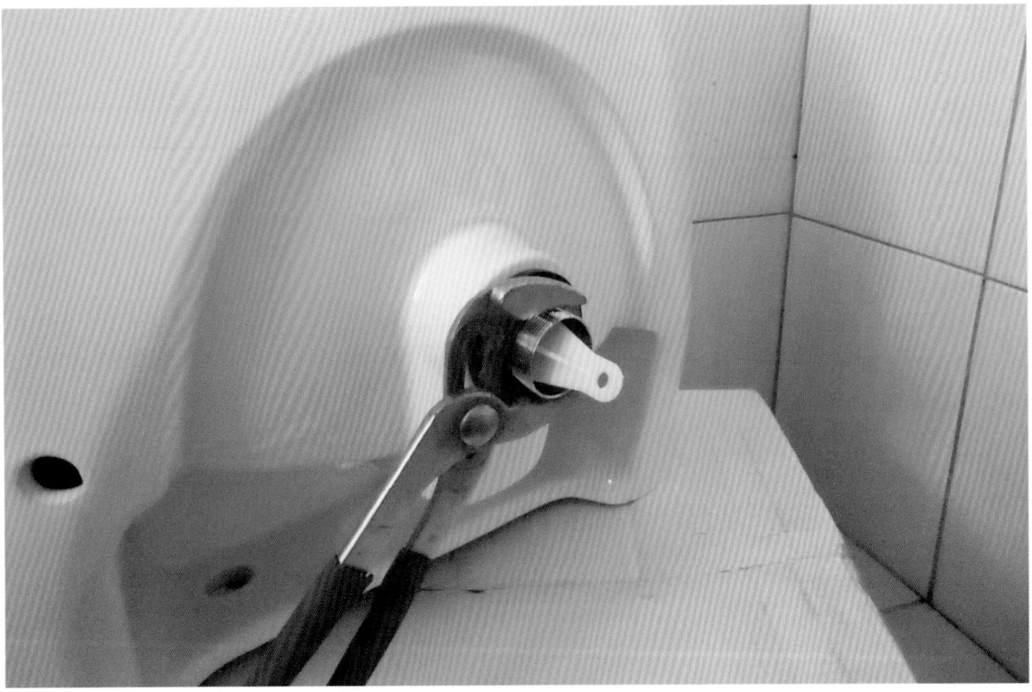

鎖緊之後在露出的螺牙上纏上 5 至 10 圈的止洩帶。

然後裝入連桿座。

連桿座不需轉到最底，只需轉幾圈到正確位置既可，如下圖。

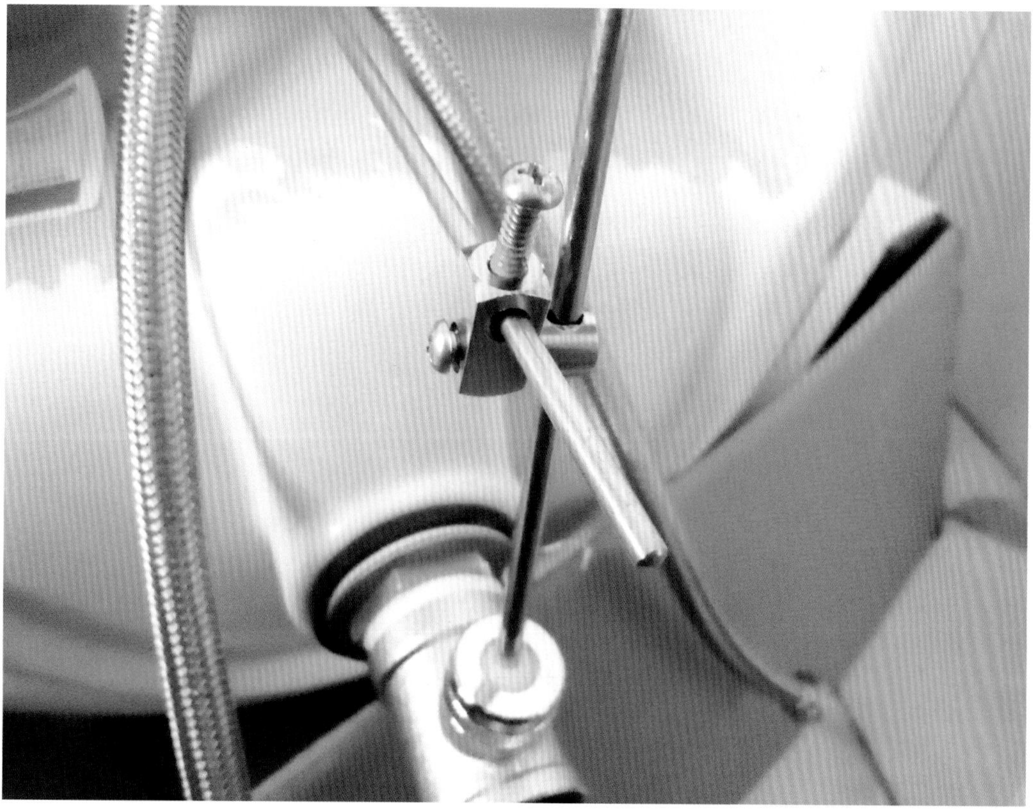

接下來組裝混合龍頭和拉桿。

先將固定螺母及墊片拆下，從臉盆上方穿入。

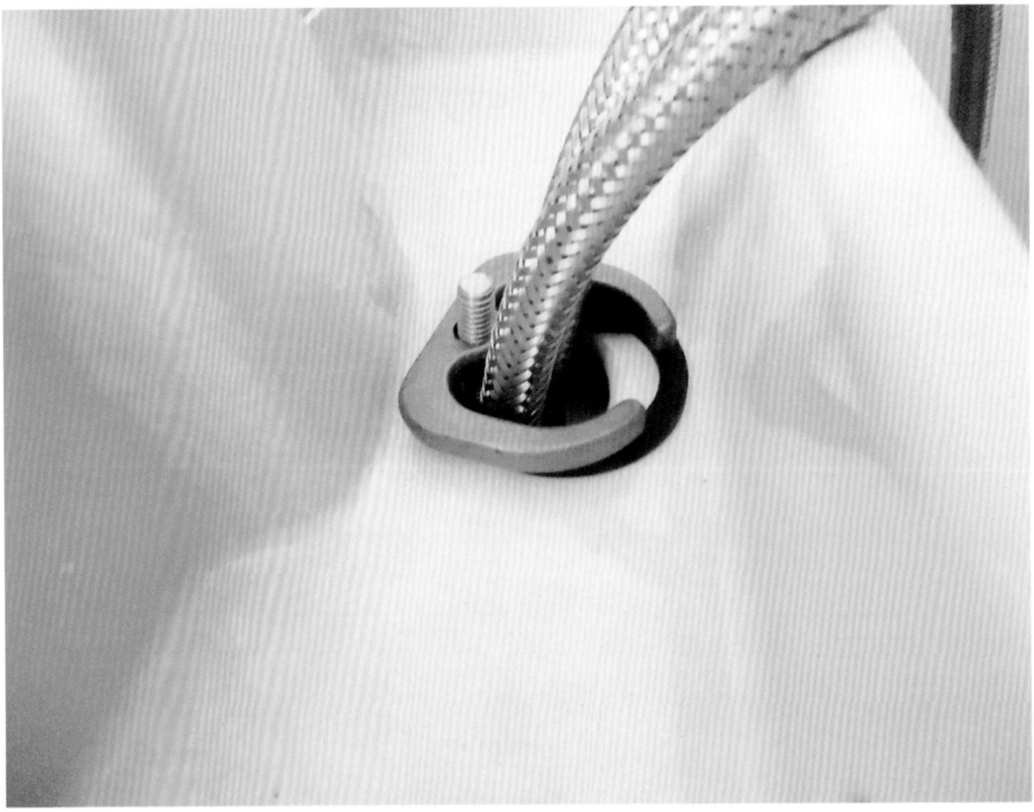

再將原先拆下的螺母及墊片從臉盆的下方裝上。

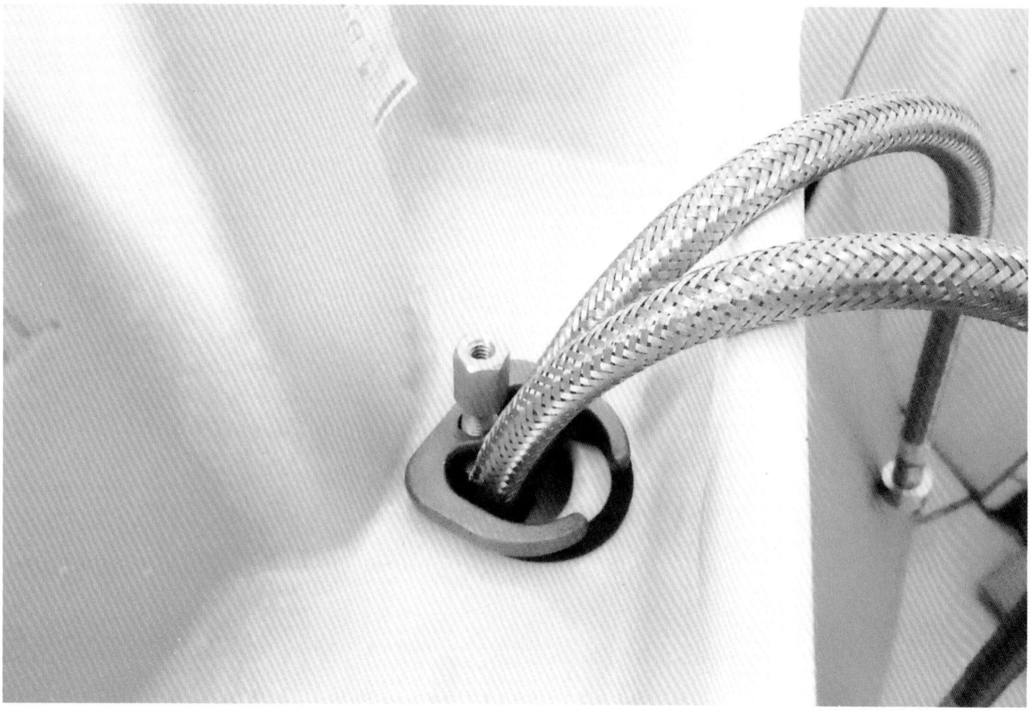

盡量往後裕留拉桿的空間，再將螺母鎖緊。

從上面穿入拉桿。

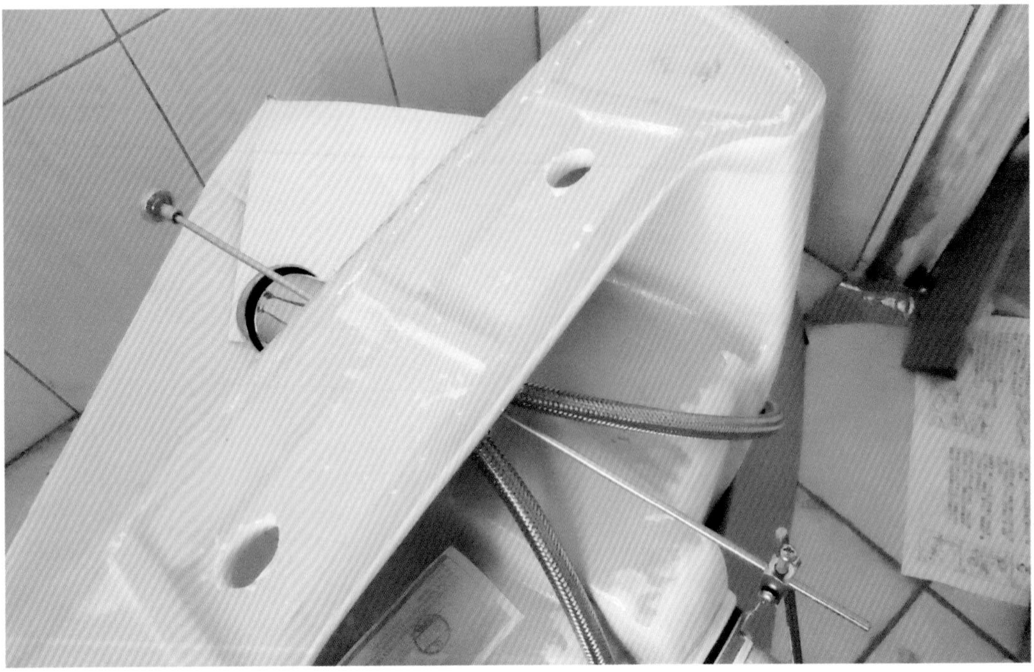

拉桿經校正組與連桿連接，這個校正組可校正拉桿的最順暢位置。

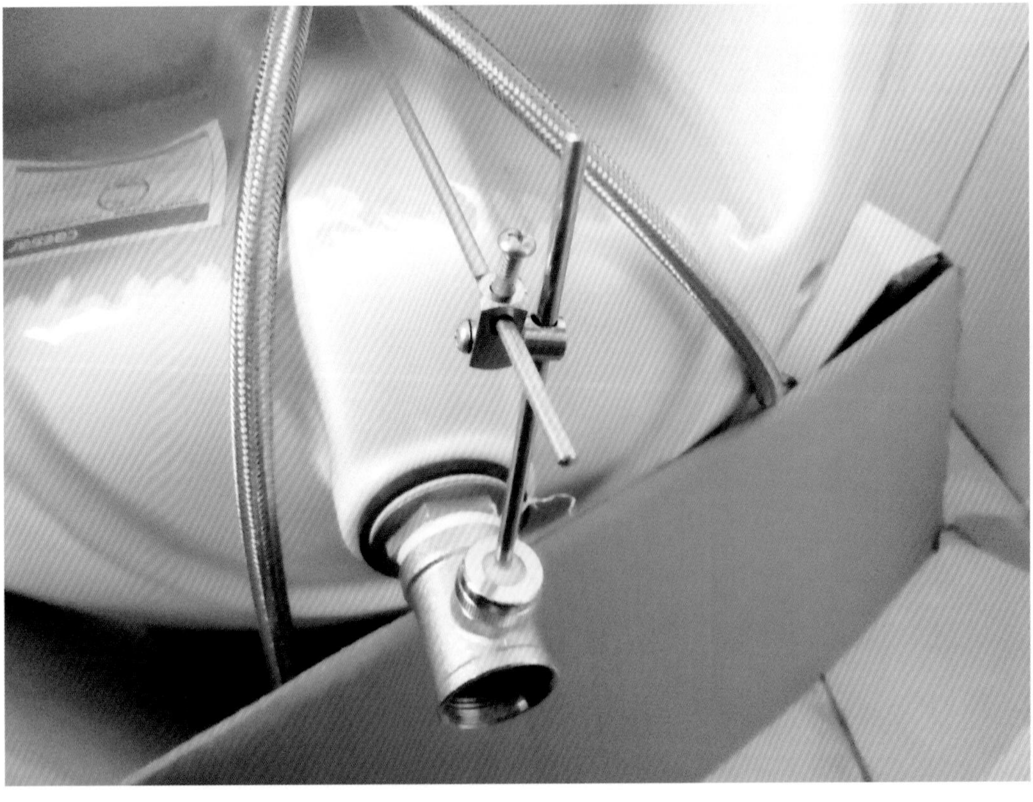

臉盆的部分已經組裝完成：

接下來是安裝三角凡而。

首先將壁面的冷熱水龍口及排水管做處理。

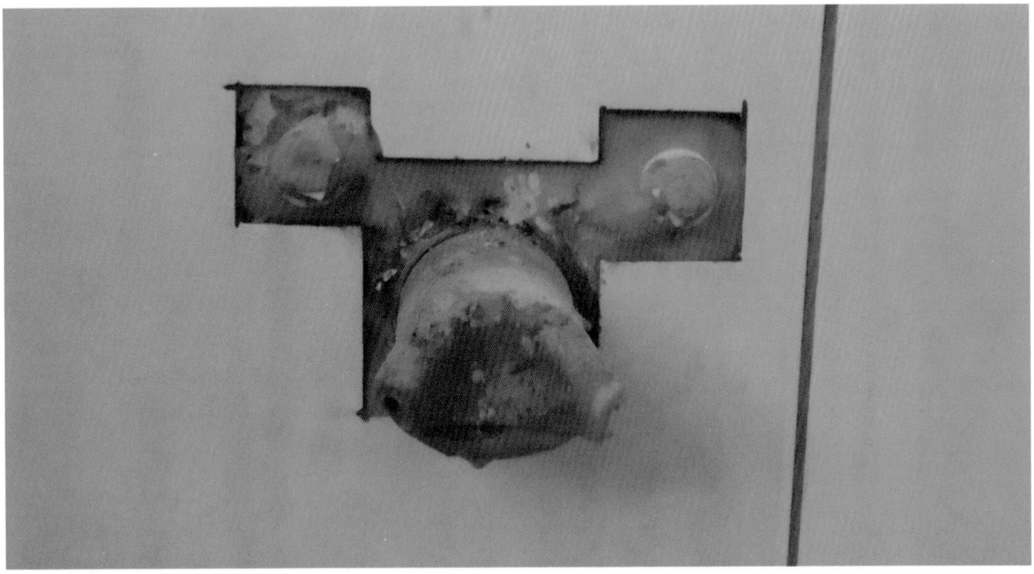

將冷熱龍口的塞頭拆除且將排水管鋸掉使之與壁面切齊。

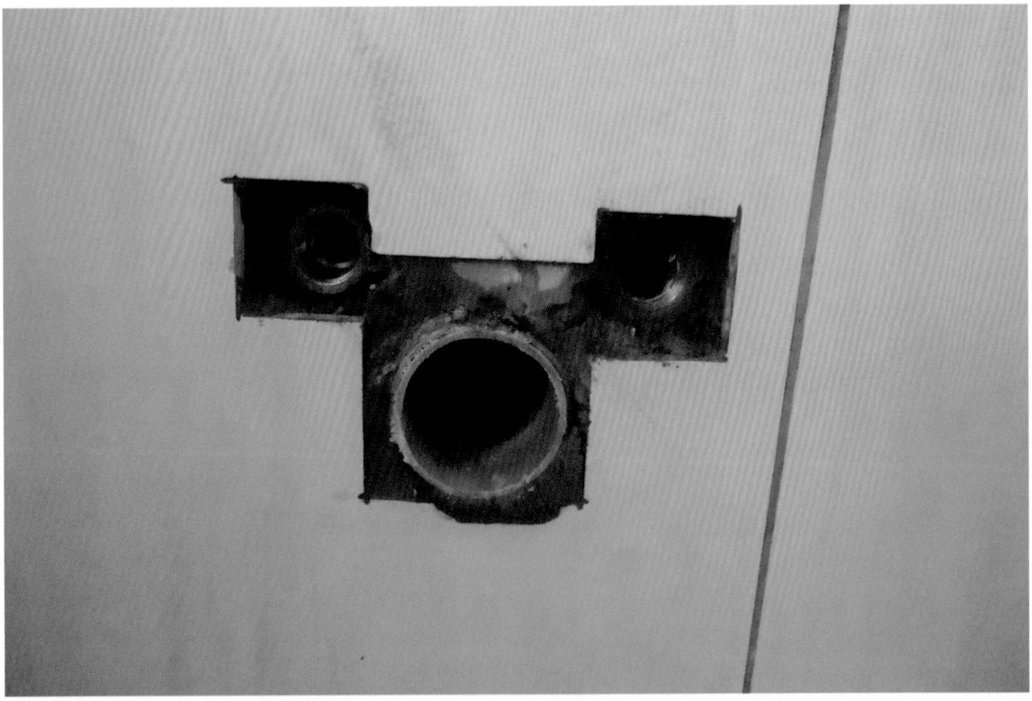

三角凡而纏上止洩帶 15 至 20 圈（纏止洩帶的要領是面對牙口做順時鐘方向纏繞，到圈數夠之後，扯斷紙洩帶再用手指將它掄緊）

將三角凡而鎖入牆壁上的龍口

（不可用蠻力，大約用單隻手＋板手，感覺有點吃力而且方位正確即可）

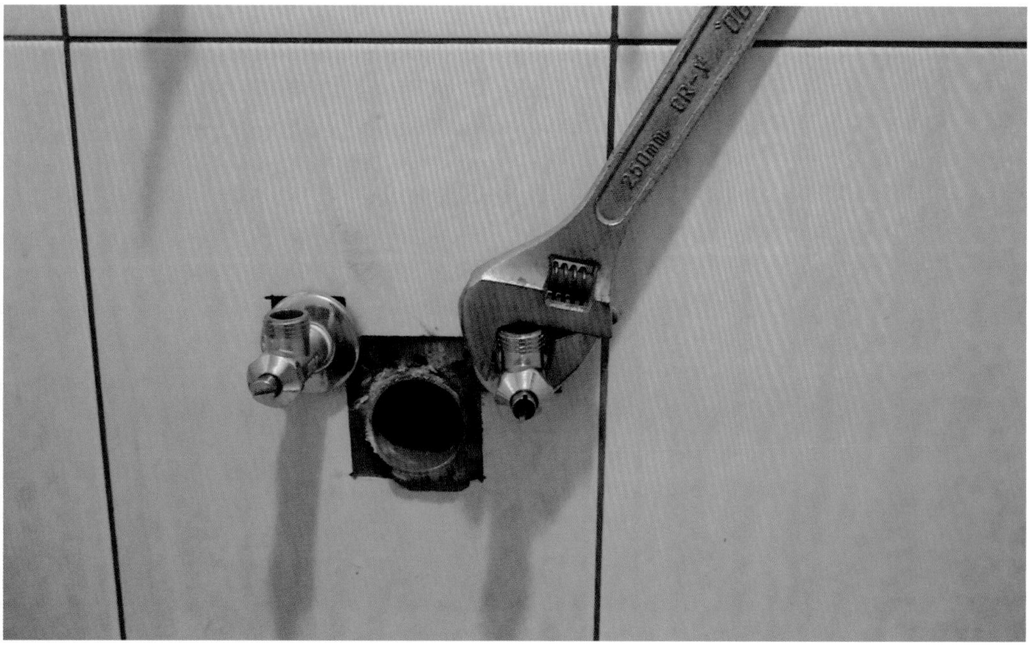

右邊是冷水，左邊是熱水。

接下來是打壁虎，首先要量臉盆背面兩個壁虎孔的間距，及臉盆最上緣與壁虎孔之間的高度差(假設為 A)，一般臉盆的最上緣高度都定在 80 公分，所以壁虎的高度是 80-A。

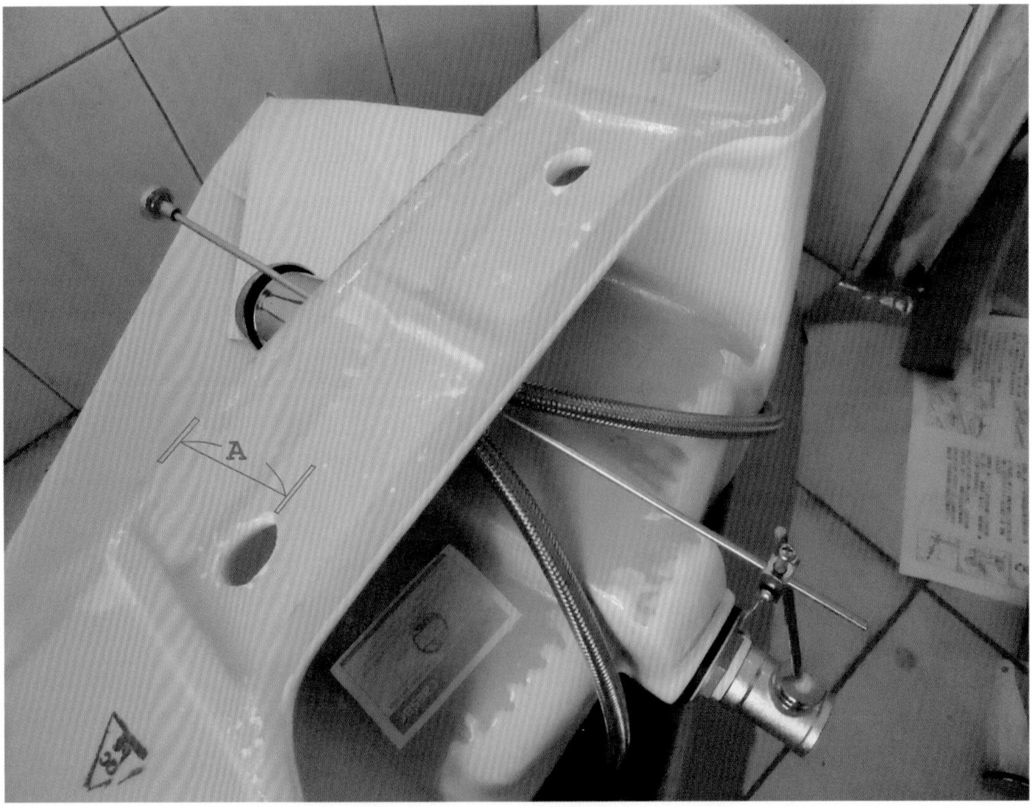

如果是長柱腳，臉盆最上緣的高度就必須實際量測，方法是找一個平整的地面，如下圖。

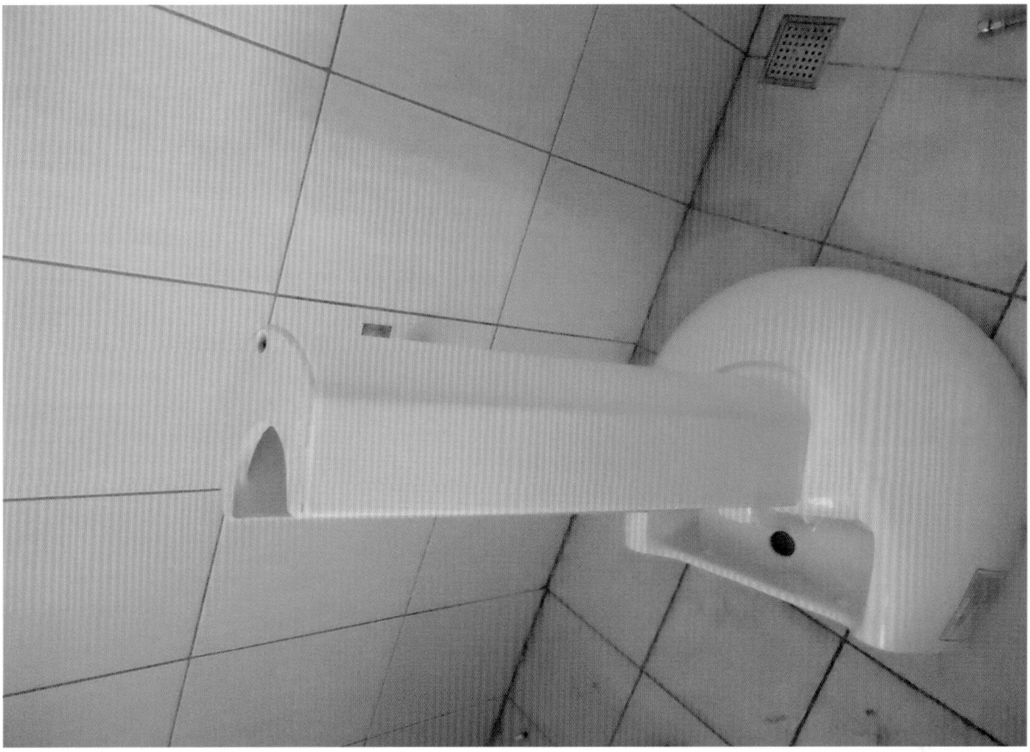

再量長柱腳底部與地面之間的長度。

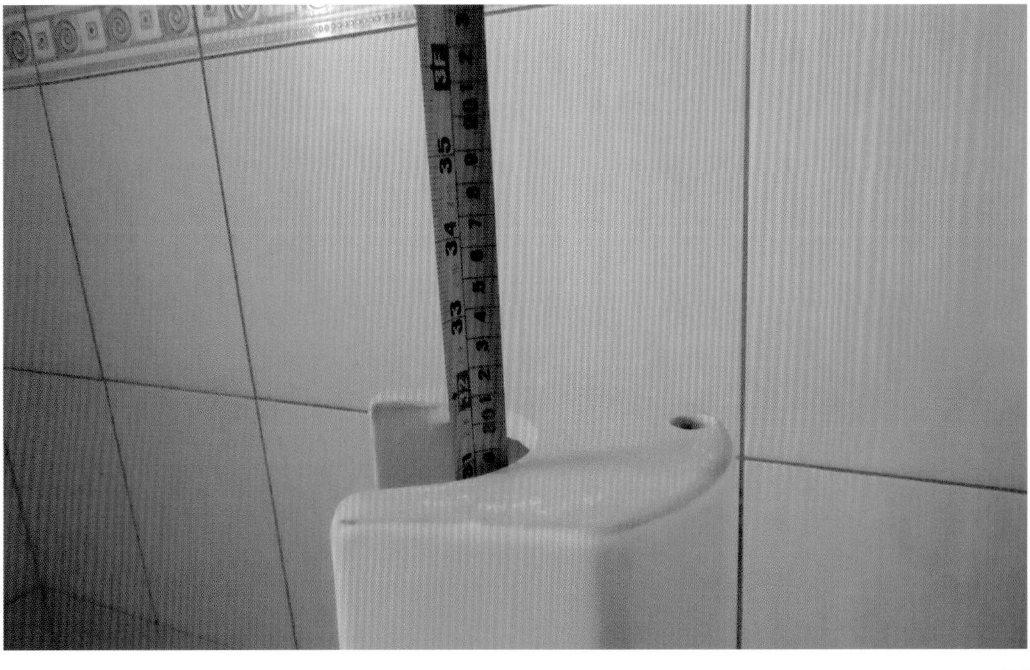

這個長度就是臉盆最上緣的高度。

再減掉 A 就是壁虎的高度，依照壁虎的高度與寬度在壁面畫上記號。

用十字起子＋鎚子將記號處敲一個小凹槽，可防止鑽尾在光滑瓷磚表面滑動。

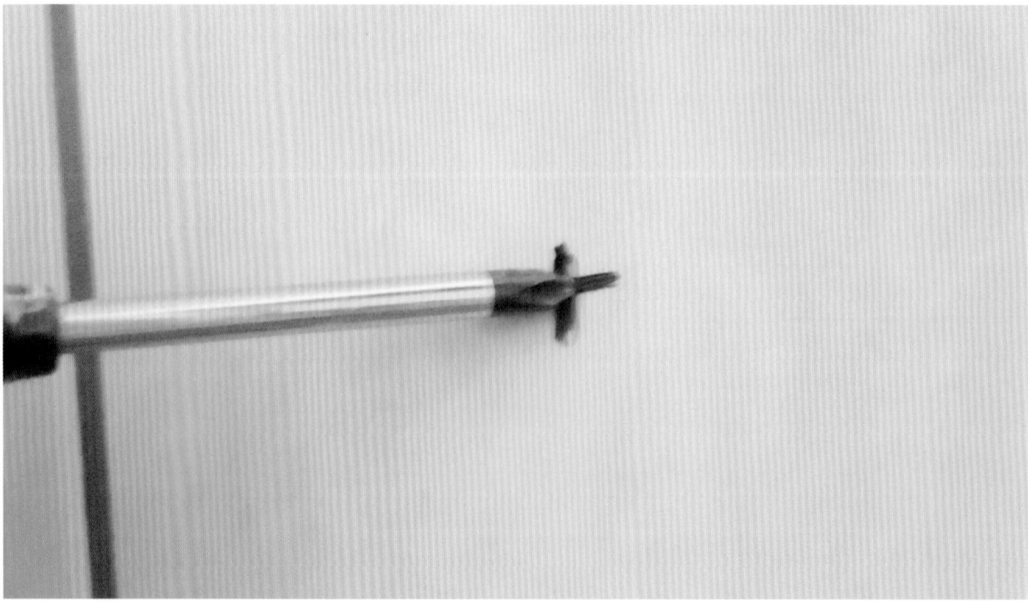

鑽孔之前先將三角凡而套上塑膠袋，防止水泥碎削大量掉入三角凡而出水口。

臉盆的壁虎是 3 分的，所以要用 3 分的鑽尾，鑽至 5 公分深度，然後打入臉盆專用壁虎。

稍微逼緊之後取下螺母與華司，如下圖。

此時是重頭戲，先掛上臉盆。

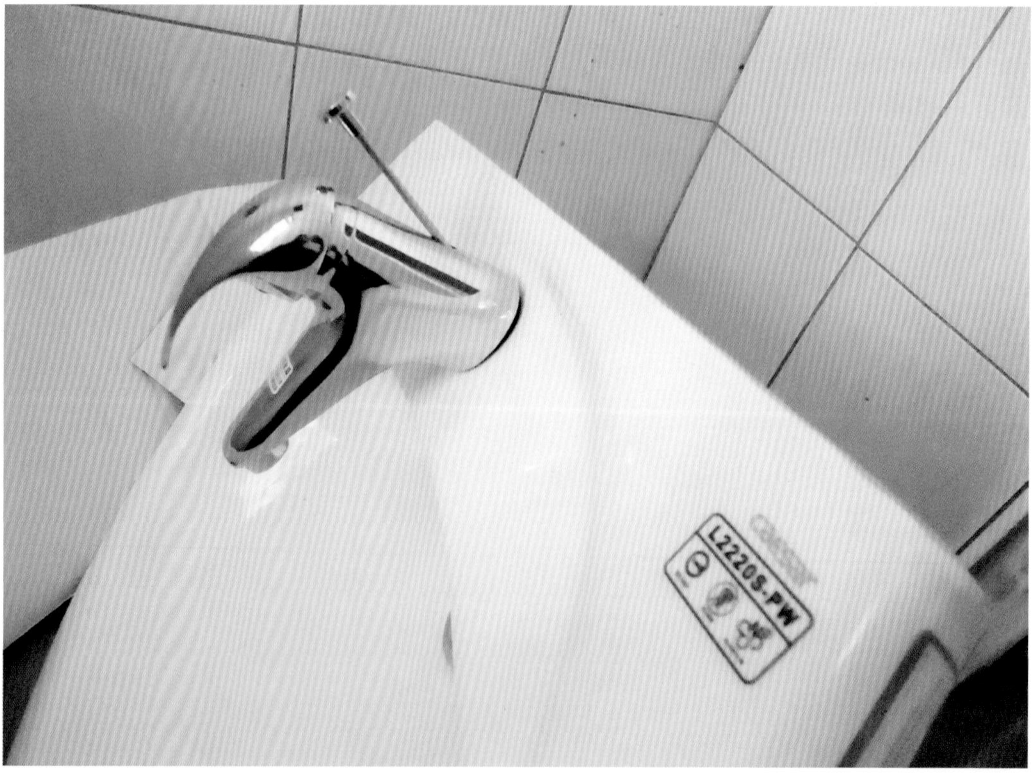

用一隻手頂住，另一隻手鎖上螺母（初學者最好請旁人協助）

兩個壁虎都鎖上螺母之後，就可放輕鬆，用版手將兩個螺母輪流鎖緊，但是不要逼太緊，只要鎖到用手拍臉盆感覺不會晃動就可。

然後接上冷熱水軟管。

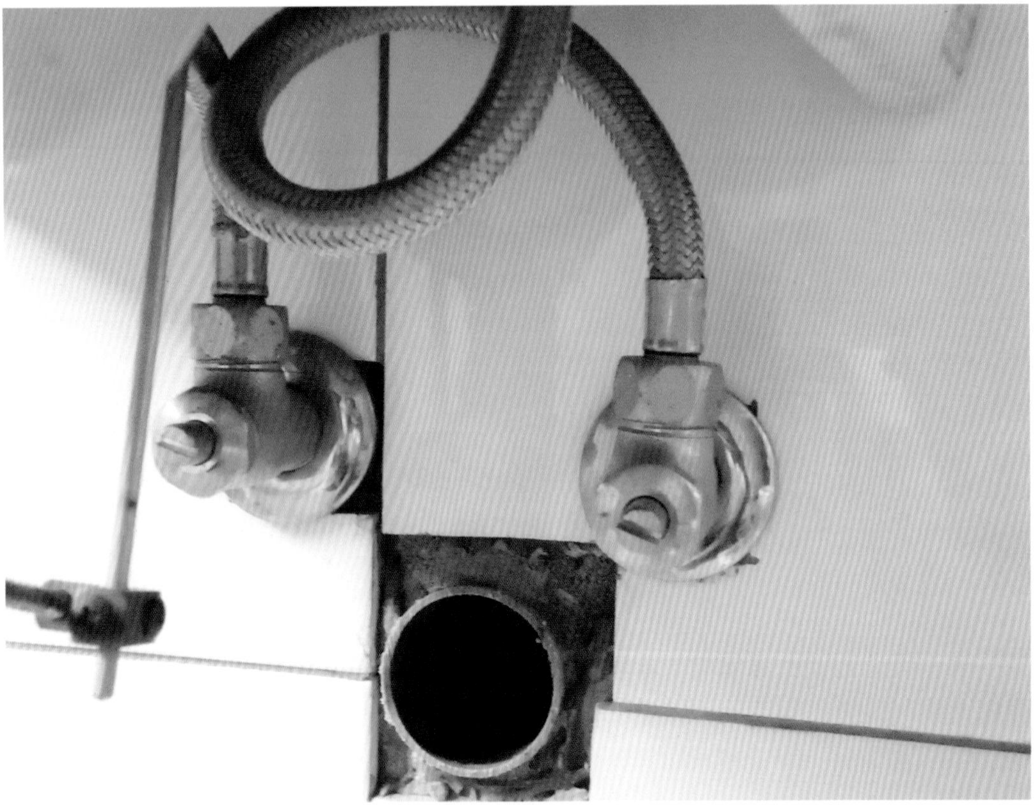

接下來是安裝 p 管。

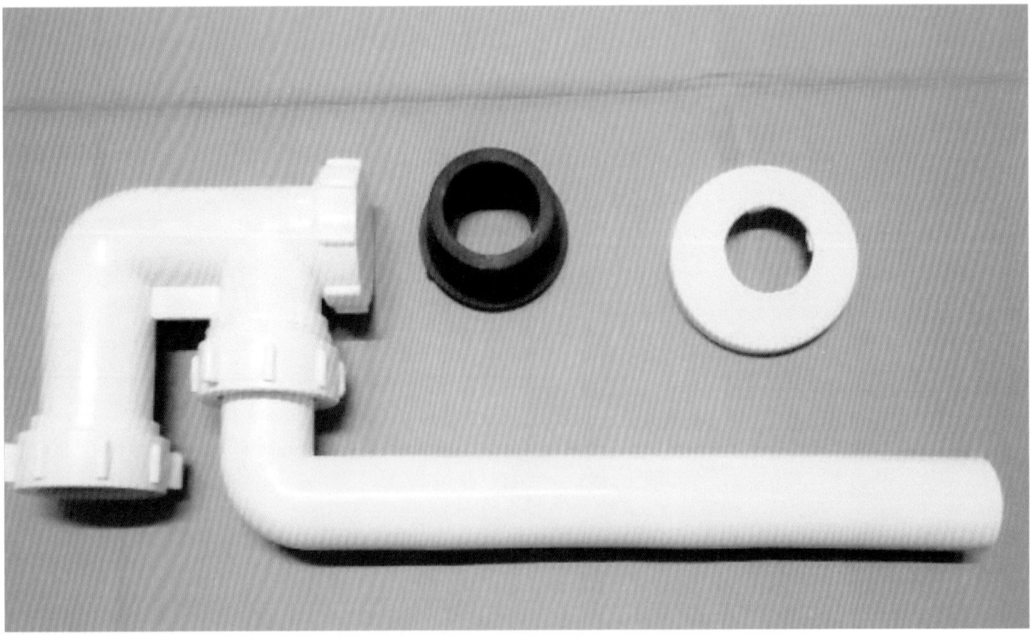

連桿座的延長管纏上 5-10 圈的止洩帶之後，鎖入連桿座的下部，實際用 p 管決定他的長度（大約是接入 p 管 3-5 公分處），用簽字筆劃上記號。

再用工具鋸掉多餘部分。

而 p 管接入牆內排水管大約 3 公分，太長的部分要鋸掉。

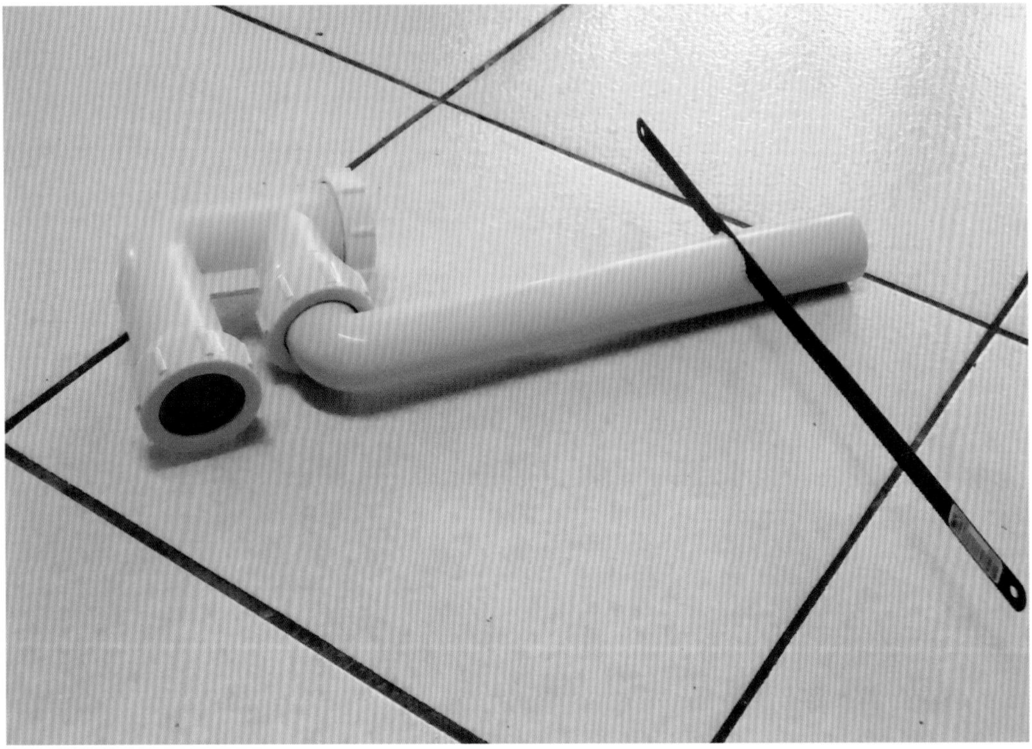

牆面的排水管裝入黑色的排水塞(阿匹克)。

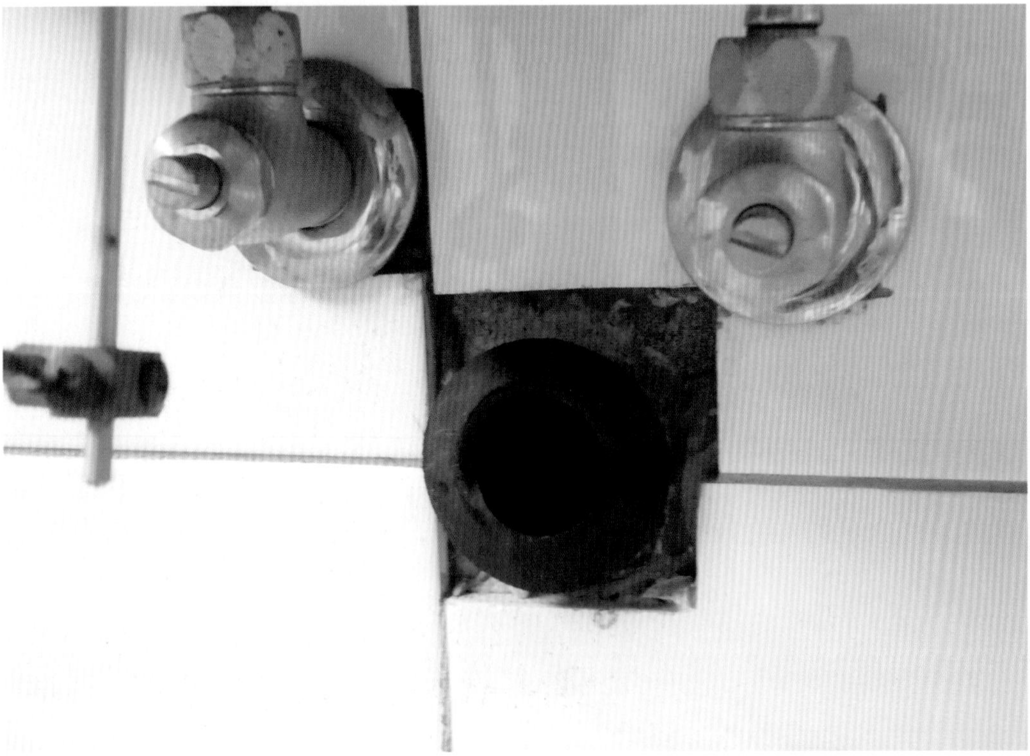

接下來。

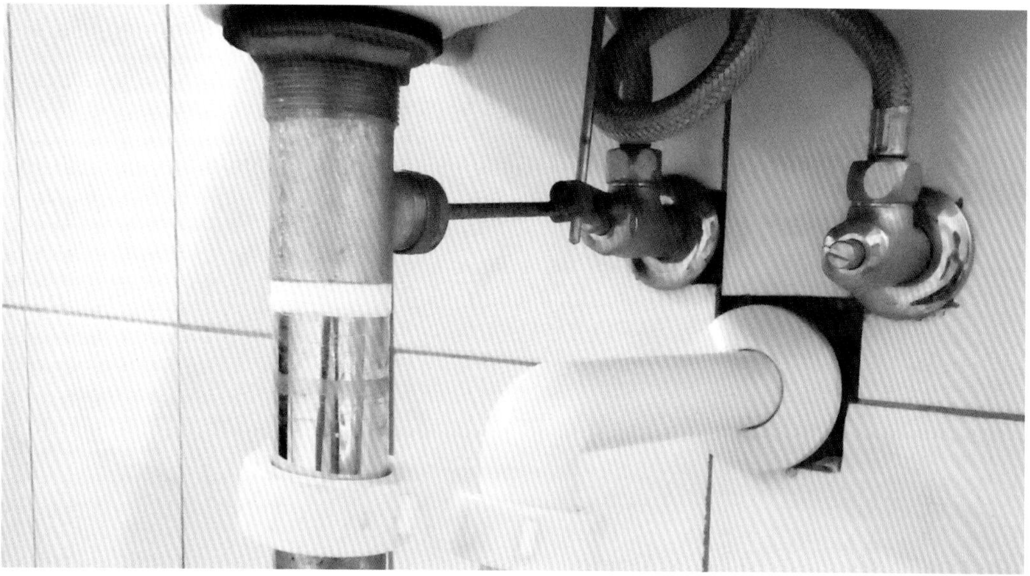

接上 p 管，用手鎖緊。

然後要試水，用一字起子將兩個三角凡而的止水栓打開，查看軟管接接合處是否漏水，打開混合龍頭，拉起拉桿讓水停留在臉盆內，待水位超過溢水孔之後，壓下拉桿讓水排出，再檢查落水頭及 p 管有無漏水，若無問題就可安裝磁腳。

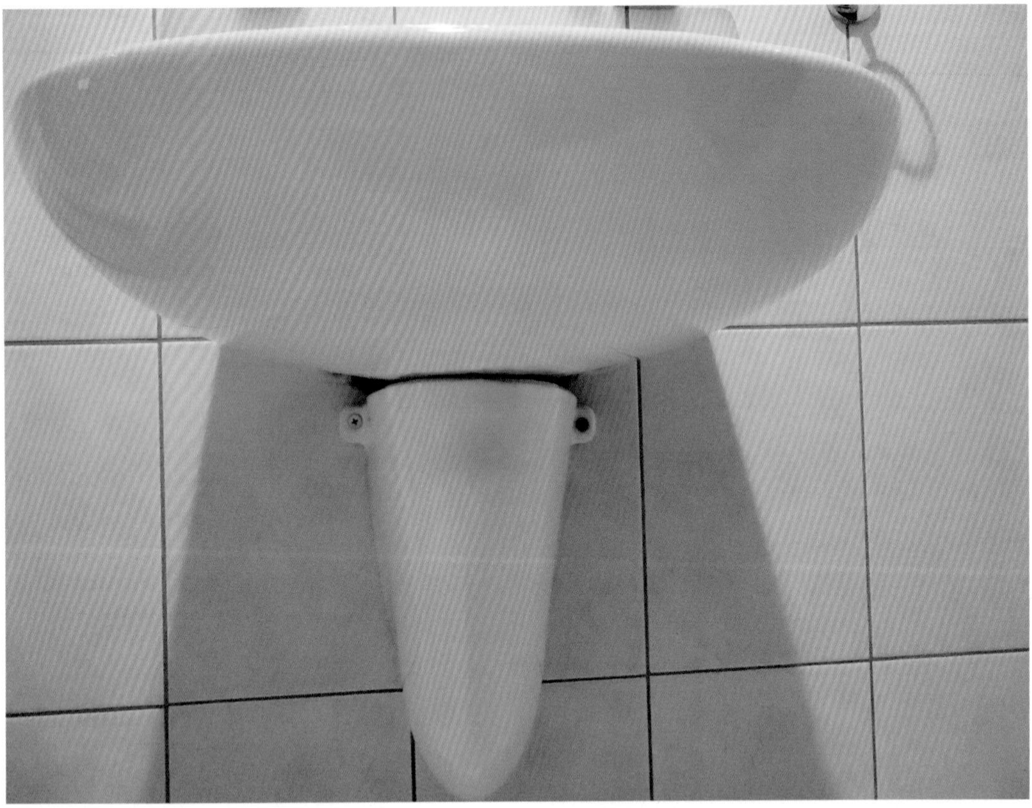

先合上磁腳，在壁虎孔做上記號，鑽孔打入壁虎（磁腳的壁虎是一分半的）。

再裝上磁腳，如果是長柱腳就不用打壁虎，但是必須先將臉盆的 3 分壁虎的螺母鬆開來（盡可能鬆開但是不要取下螺母），讓臉盆下方有足夠的空間塞入長柱腳，塞入就定位之後再鎖緊螺母使臉盆壓住長柱腳，臉盆安裝就完成了。

蓮篷頭安裝

這是一個蓮蓬頭施工不良的照片，不僅左右兩邊長短腳，而且修飾蓋沒有貼近牆壁，粗糙，毫無美觀可言，而且日後會造成大問題。

因為裝飾蓋與牆面的縫隙過大，每次淋浴時，水因此滲入牆內。

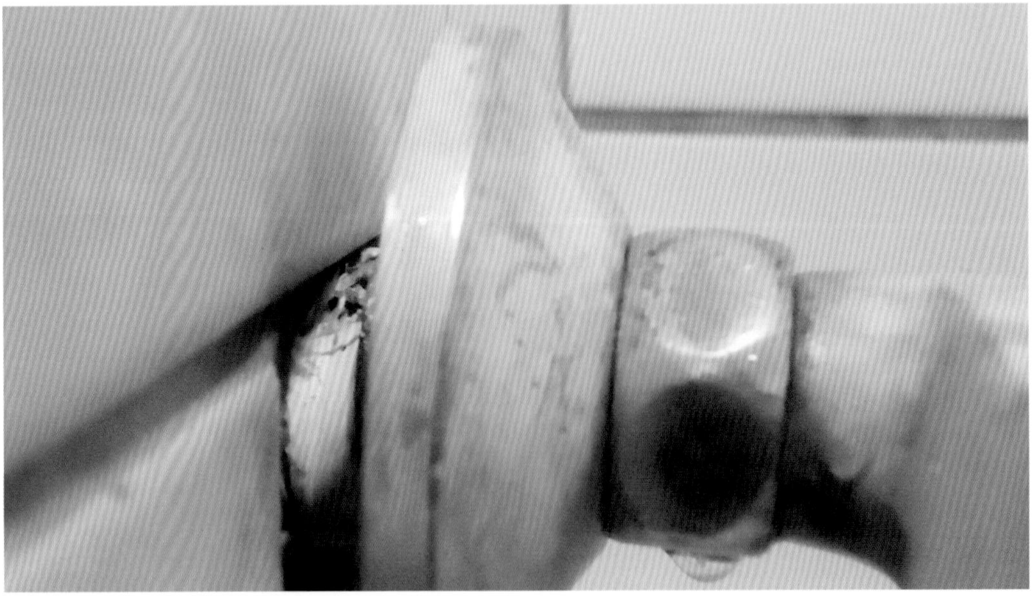

因此整個牆壁內飽含水分。日積月累，在瓷磚縫隙會產生嚴重的水痕。

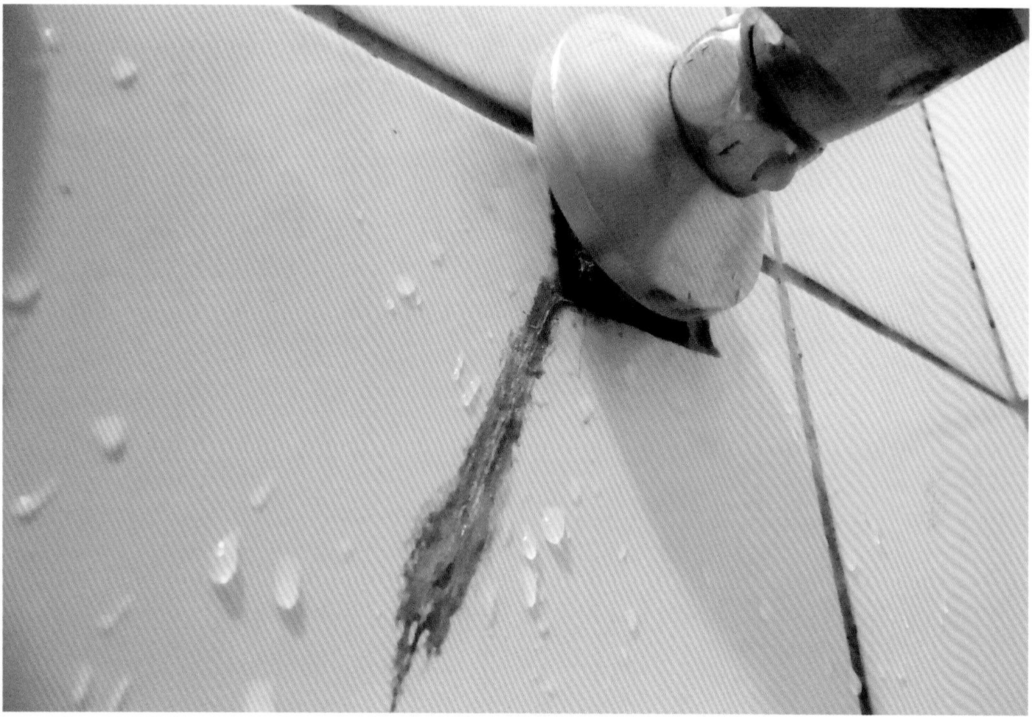

若是磚牆的話，甚至會使隔壁的牆面造成壁癌。

一般蓮蓬頭預留的冷熱水龍口的間距大約在 15cm 至 16cm 之間，左邊是熱水，右邊是冷水。

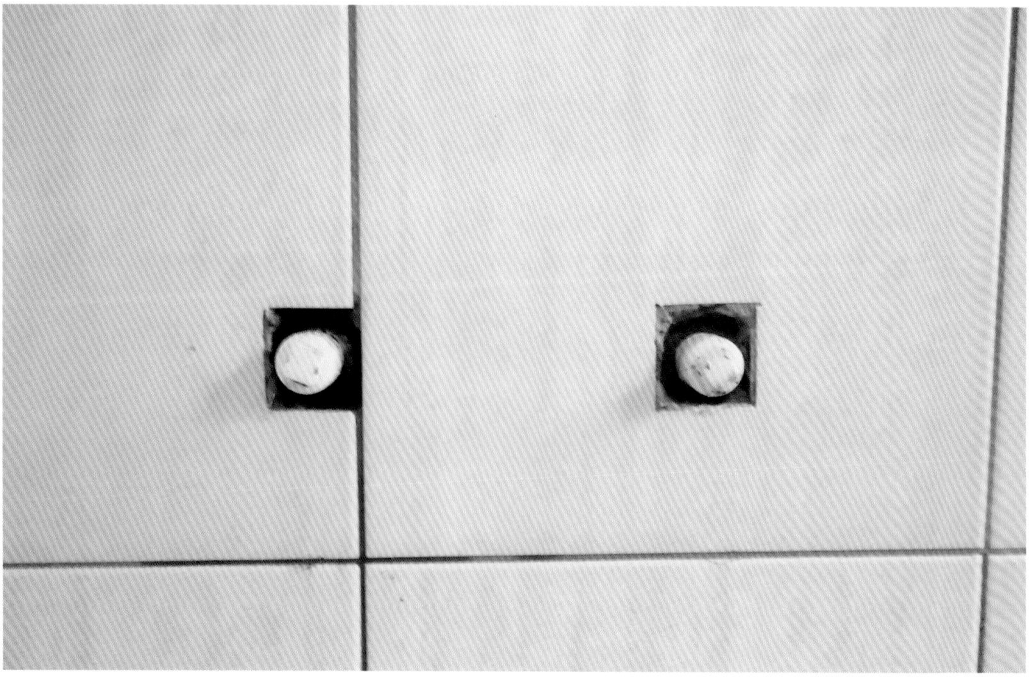

將牙塞頭拆除，龍口周圍稍做清理。

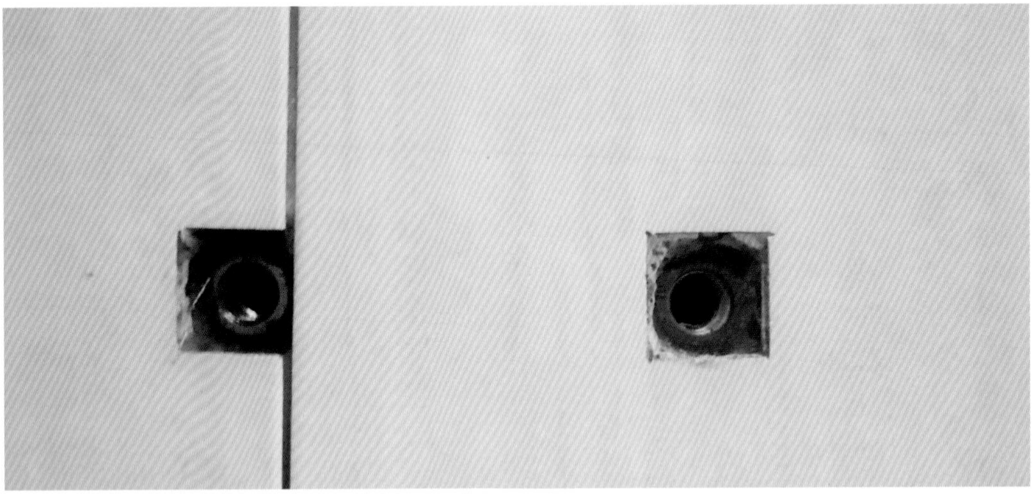

如果龍口與牆面距離太深的話。

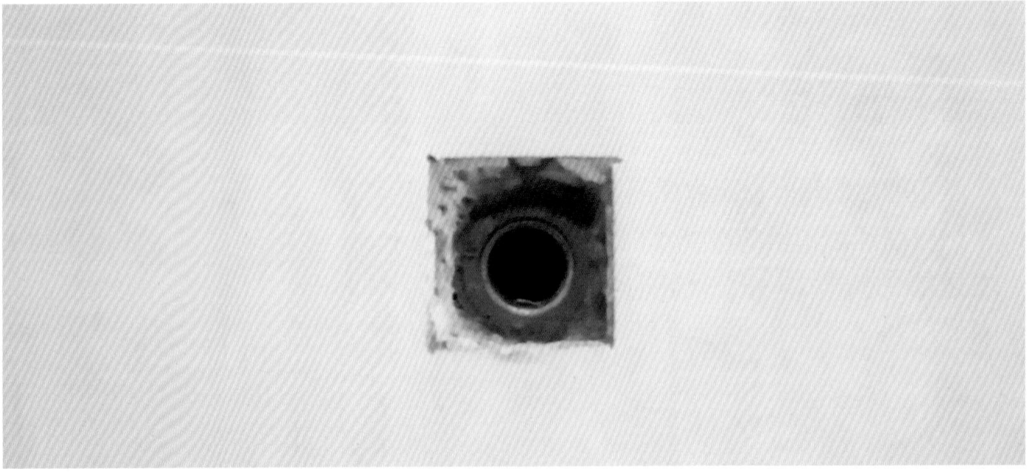

就須再加一層內外牙。

內外牙的長短有很多種，以不凸出牆面且左右兩邊深度相同為原則。
（但是經常無法達到目的）

然後試裝牛角彎，兩邊鎖到緊之後。

很明顯的，兩邊長短腳，右邊的牛角彎必須裁掉一些長度來拊合左邊的牛腳彎

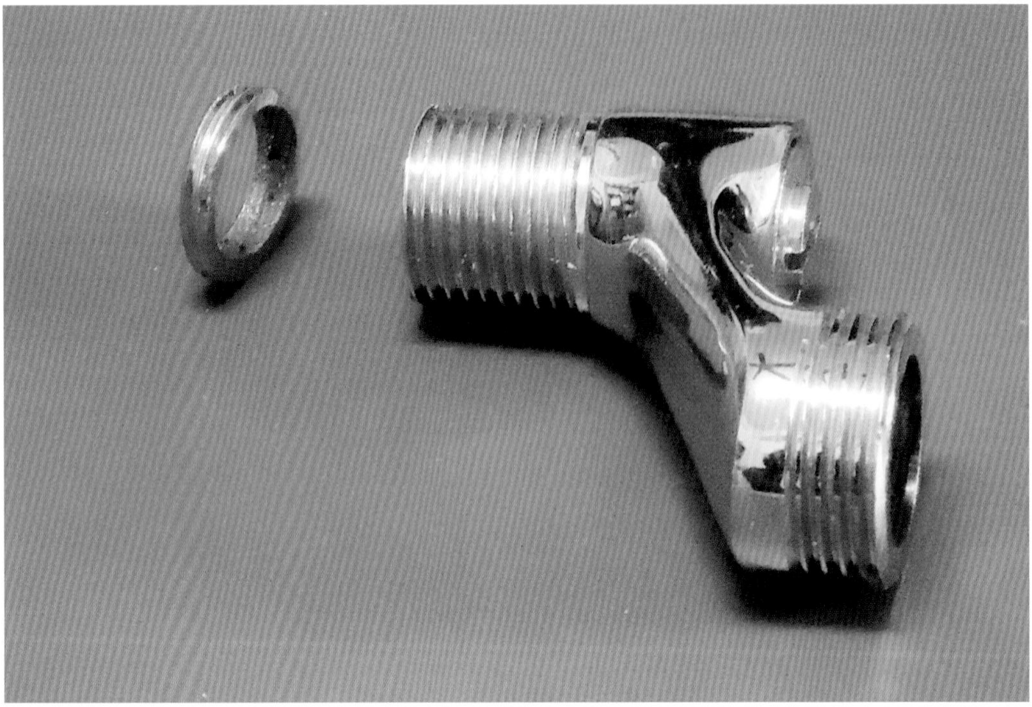

一般都是用砂輪機切割，
因為牛角彎是用鑄銅製造的，如果克難一點用鋸片將它鋸斷並不困難。

長短處理好之後在牙口纏上 15 至 20 圈的止洩帶。

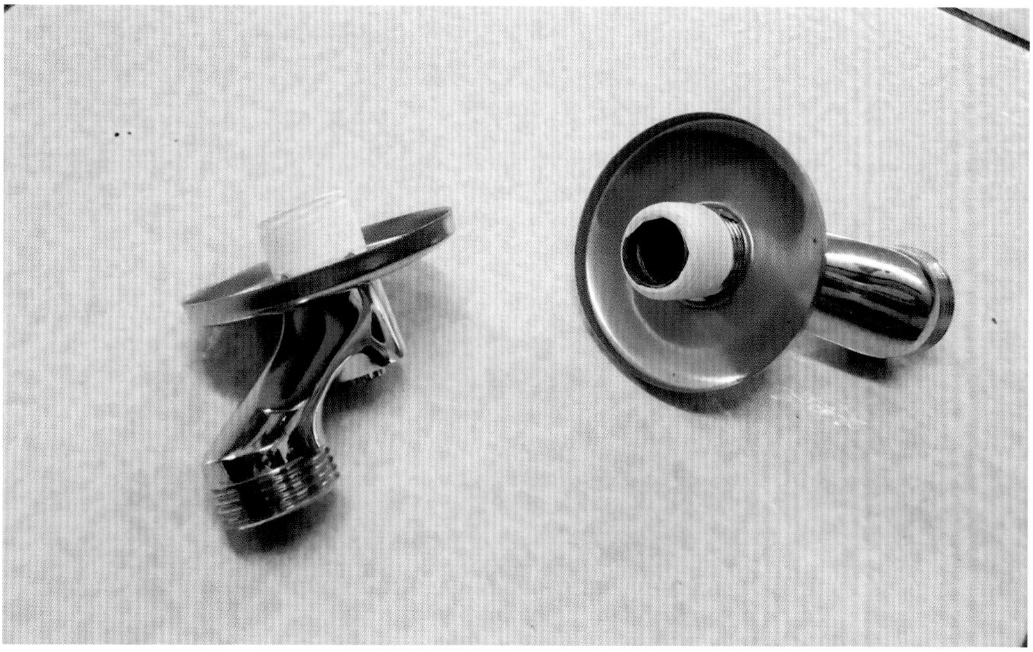

分別鎖上龍口，順時鐘方向，不要用板手，這樣會造成嚴重刮傷，如下圖。

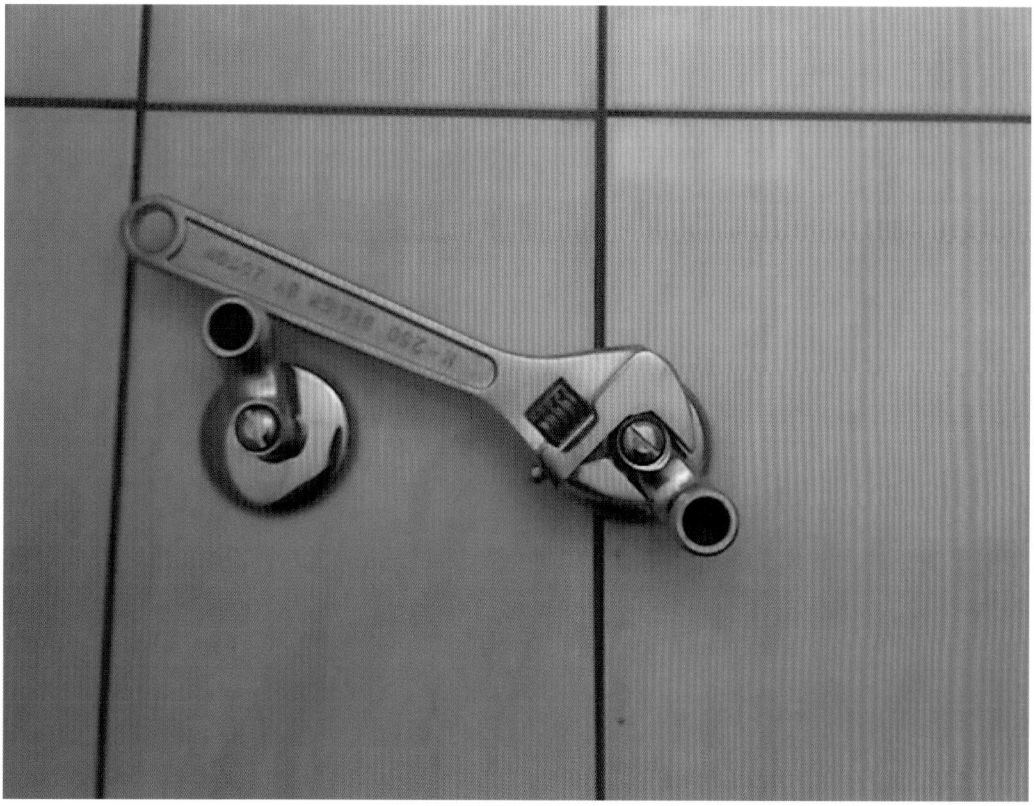

正確的做法是用歪夾或管鉗夾住螺牙部分來鎖緊。

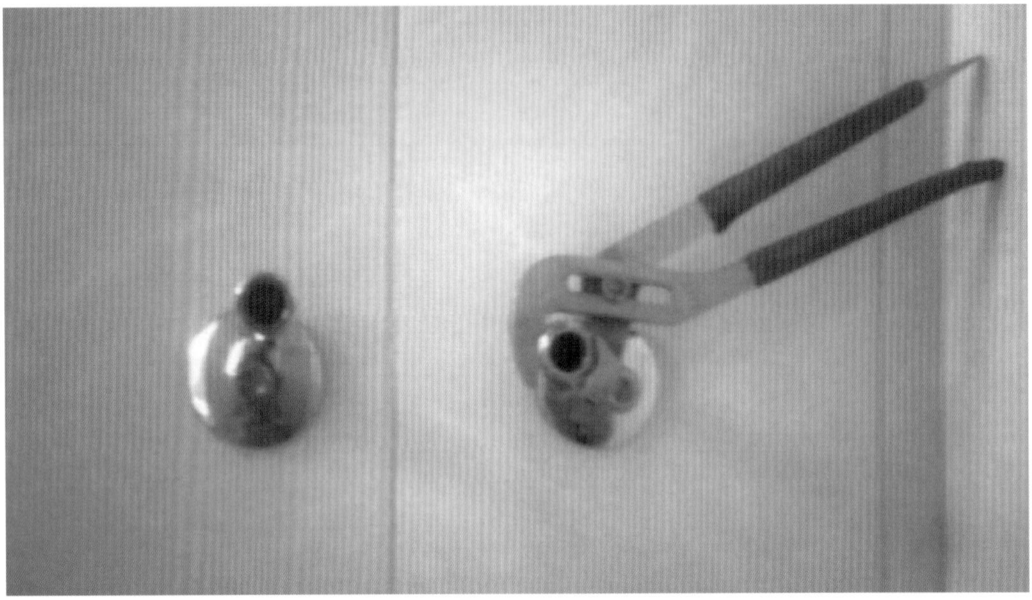

鎖緊時不要用蠻力，只要用單隻手感覺有點吃力即可，要斟酌與蓮澎頭本體連接的最佳位置（左右兩邊同步調整，盡量使本體呈現水平狀），而且還要注意一點，就是止洩帶的缺點，它只能轉進不能轉退，只要稍微轉退一些，就會漏水，在斟酌當中特別要注意這一點，如果轉過頭了，寧可退出重新再做一次。

牛角彎定位之後就可裝上本體，六角管帽可用板手鎖緊。

就完成了，如下圖是個完美蓮澎頭安裝。

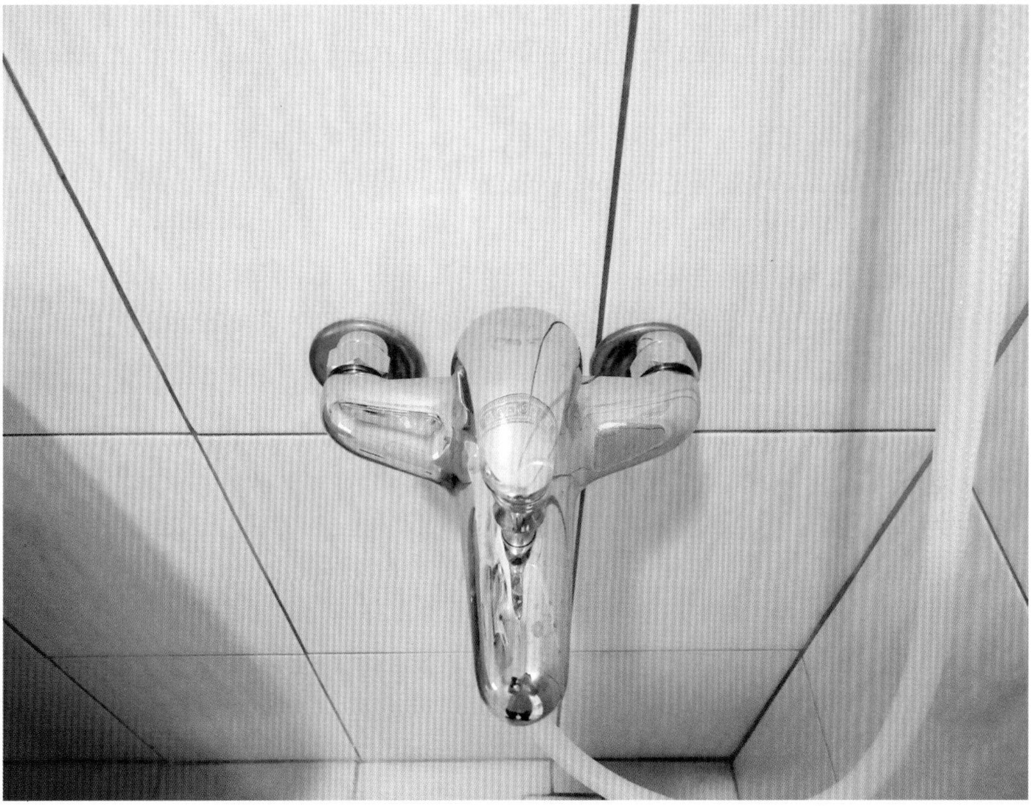

最細漢的水電工

在任何一個工地裡，都有很多工種，有水電工，模板工，鐵工，土水工，灌漿工，油漆工，以及外部放樣的，搭鷹架的，做鋁門窗的，粗工等等，其中只有水電工最低聲下氣，不敢得罪任何人。

鐵工最討厭水電管路妨礙到他的綁鐵空間，所以心情不好時就直接敲斷水電管，模板工心情不好時老是會故意不小心鑽到水電管，灌漿工不爽時會朝著排水管一直電，電到排水管破裂，放樣的會故意偏離基準線一兩公分使白鐵管出壁，土水工不小心就把出線盒抹平了，也把排水管灌滿水泥。不管任何工種，只要對水電的不爽，都可讓他付出慘痛的代價，所以水電工不敢得罪任何人，在工地裡他是最細漢的。

因為水電管路實在太脆弱了，經不起有心或無心的破壞，長期以來，水電工就是居於劣勢，必須額外增加成本來巴結其他工種，在有水電工的現場，"涼的"一定是水電工供應的，目的只是請他們高抬貴手，而他們也是視為理所當然，有時候還會嫌不夠，水電工就是這樣卑恭曲膝的才能在工地裡存活。

但是現今，可能是風水輪流轉，景氣不好，其它工種開始巴結水電的，他們是為了下一場工地的合約，因為其實水電工是很有影響力的，從工地開工初期到交屋完成後的保固期，水電工一直都在現場，他所接觸的人際關係比其他工種還深，而且業主(或建設公司)已經體會水電管線是整個建築物的神經系統，只要有一處出問題，整棟建物就生病了，所以開始重視水電管線的安全問題，也會追究出問題的原因，只要水電工指出哪個包商很難配合，他就會被列入黑名單(日後的工作可能不保)。雖然如此，水電工仍然放下身段迎合其他工種，因為事前的預防比事後的追究與修補便宜太多了，所以水電工還是最細漢的。

n.o.t.e

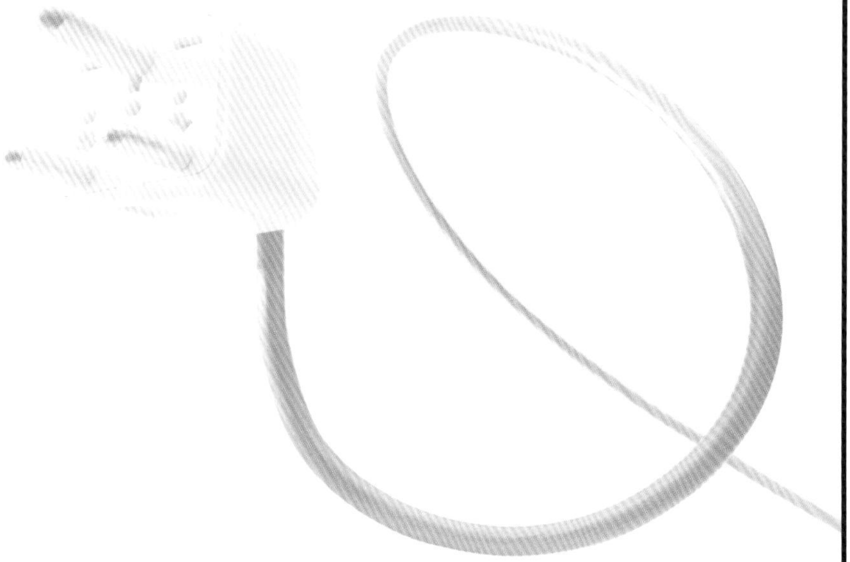

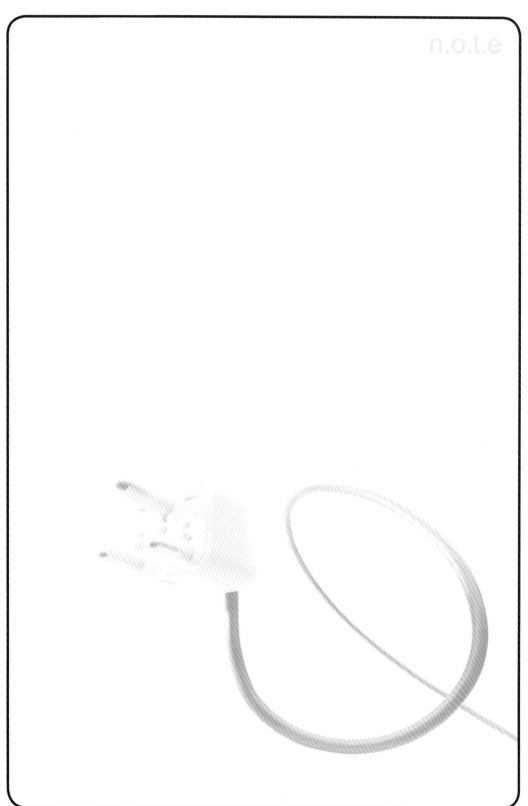

國家圖書館出版品預行編目(CIP)資料

家庭水電DIY妥當教戰手冊 / 陳盛允著. -- 初版. -- 臺北市 : 博客思, 2012.05
面 ; 公分
ISBN 978-986-6589-62-1(平裝)

1.家庭電器 2.機器維修

448.4 101003736

作　　者：陳盛允
責任編輯：張加君
美術編輯：J・S
出 版 者：博客思出版事業網
發　　行：博客思出版事業網
地　　址：台北市中正區重慶南路1段121號8樓之14
電　　話：(02)2331-1675或(02)2331-1691
傳　　真：(02)2382-6225
E—MAIL：books5w@yahoo.com.tw或books5w@gmail.com
網路書店：http://store.pchome.com.tw/yesbooks/
http://www.5w.com.tw、華文網路書店、三民書局
總 經 銷：成信文化事業股份有限公司
劃撥戶名：蘭臺出版社　帳號：18995335
網路書店：博客來網路書店 http://www.books.com.tw
香港代理：香港聯合零售有限公司
地　　址：香港新界大蒲汀麗路36號中華商務印刷大樓
C&C Building, 36,Ting, Lai, Road, Tai,Po, New,Territories
電　　話：(852)2150-2100　　傳真：(852)2356-0735
出版日期：2012年6月 初版
定　　價：新臺幣550元整（平裝）

ISBN - 978-986-6589-62-1